Bernd Lindemann · Lokale Rechnernetze

Lokale Rechnernetze
Einführung und praktische Beispiele

Dr.-Ing. Bernd Lindemann

Die Deutsche Bibliothek – CIP-Einheitsaufnahme

Lindemann, Bernd:
Lokale Rechnernetze: Einführung und praktische Beispiele /
Bernd Lindemann. – Düsseldorf: VDI-Verl., 1991

ISBN-13: 978-3-642-95829-8   e-ISBN-13: 978-3-642-95828-1
DOI: 10.1007/ 978-3-642-95828-1

Vorwort

Die Menge der zu verarbeitenden Informationen nimmt ständig zu. Aber nur die kurzfristige Verfügbarkeit aktueller, zuverlässiger Informationen sichert Effektivität und Produktivität eines Unternehmens. Die Möglichkeit, stets auf neue Bedingungen und Situationen schnell reagieren zu können, bringt Wettbewerbsvorteile. Für moderne Unternehmen und Institutionen ist deshalb eine effektive, zukunftsorientierte Informationsverarbeitung notwendig.

Zur weiteren Erhöhung der Produktivität der Informationsverarbeitung sind flächendeckende, arbeitsplatzbezogene, schnelle und preiswerte Zugriffsmöglichkeiten zu Verarbeitungskapazitäten, Informationsspeichern und Übertragungseinrichtungen erforderlich. Die in einer Institution vorhandenen und geplanten EDV-Systeme, Minirechner und Personalcomputer müssen funktions- und leistungsgerecht miteinander verbunden werden, um eine direkte und schnelle Kommunikation zu ermöglichen. Im innerbetrieblichen Bereich erfolgt dies in zunehmendem Maße durch den Einsatz Lokaler Netze.

Lokale Netze sind das entscheidende Element bei der Automatisierung der Büroarbeit und der industriellen Fertigung. Sie sind Voraussetzung für vielfältige Systeme der integrierten Informationsverarbeitung. Für die meisten Betriebe und Einrichtungen wird die Nutzung Lokaler Netze zunehmend zur Selbstverständlichkeit. Diese Entwicklung ist darin begründet, daß Lokale Netze primäre Bedürfnisse der Wirtschaft und der Industrie erfüllen. Abhängig vom Leistungsumfang werden Lokale Netze in Übertragungssysteme, Transportsysteme und Lokale Rechnernetze eingeteilt. Diese Untergliederung wird im folgenden nur dann angewendet, wenn sie für die Darstellung unerläßlich ist.

Das Gebiet der Lokalen Netze hat sich als eine eigenständige Disziplin innerhalb der Informationsverarbeitung etabliert. Das vorliegende Buch soll eine Einführung in das Gebiet der Lokalen Netze vermitteln. Es wird angestrebt, das Verständnis für die im Zusammenhang mit Lokalen Netzen auftretenden Probleme zu fördern und Möglichkeiten für ihre Lösung aufzuzeigen. Das Buch ist für jene gedacht, die in ihrem Verantwortungsbereich Entscheidungen über die Einführung Lokaler Netze zu treffen haben.

V

Darüber hinaus werden jedoch auch ausgewählte, vor allem den Fachmann interessierende Fragen behandelt. Bei den aufgeführten Beispielen geht es nicht in erster Linie um eine detaillierte Beschreibung, sondern um die Erläuterung der zugrunde liegenden Konzepte und Verfahren.

Unter der fachlichen Leitung des Autors wurde in den Jahren 1978 bis 1983 im Zentralinstitut für Isotopen- und Strahlenforschung Leipzig, der Akademie der Wissenschaften der DDR, ein Lokales Rechnernetz für die experimentelle Forschung entwickelt. An der Technischen Hochschule Leipzig hat der Autor zweisemestrige Vorlesungsreihen über Lokale Netze sowie an der Bildungsstätte der Akademie regelmäßig Lehrgänge über dieses Gebiet gehalten. Erfahrungen aus diesen Tätigkeiten sind bei der Niederschrift verwertet worden.

Der Autor dankt Frau Dipl.-Ing. Z. Glaser, VDI-Verlag Düsseldorf, für die gute Zusammenarbeit und die zügige Realisierung.

Der Autor

Leipzig, Oktober 1990

Inhaltsverzeichnis

1 Einführung

Ein Lokales Netz (LAN – Local Area Network) ist ein Kommunikationssystem, das einer Anzahl von unabhängigen Geräten und Systemen innerhalb eines territorial begrenzten Bereiches (Betriebsgelände, Büro- oder
Verwaltungsgebäude, Produktionshalle u. dgl.) eine Kommunikation mit
hoher Übertragungsgeschwindigkeit ermöglicht. Lokale Netze sind Systeme für den Hochleistungs-Informationstransfer. Kommunikation im
umfassenden Sinne ist ein Prozeß, bei dem Informationen zwischen Personen, zwischen Personen und Maschinen oder zwischen Maschinen ausgetauscht werden. Ein Kommunikationsprozeß beginnt beim intuitiven
begrifflichen und modellhaften Denken einer Person, die eine Aussage
weiterleiten will, oder bei der Aufbereitung der zu übertragenden Information durch einen Rechner und endet entweder im Denkprozeß der empfangenden Person oder im Verarbeitungsprozeß eines Rechners, der die Information empfangen hat.

Technik und Technologie Lokaler Netze sind das Ergebnis mehrerer Entwicklungen, insbesondere der auf der Mikroelektronik beruhenden
modernen Informations- und Kommunikationstechnologien.

Lokale Netze

- ergänzen bestehende isolierte Einzelsysteme um Kommunikationswege
  und erweitern dadurch die Leistungsfähigkeit und das Anwendungs-
  spektrum dieser Systeme,
- bieten eine hohe Flexibilität in bezug auf einen nahezu kontinuierlichen
  Systemausbau und eine gleitende Anpassung an technologische Veränderungen.

Bei der Gestaltung von Lokalen Netzen werden folgende Sachziele verfolgt, die im Einzelfall unterschiedlich gewichtet sein können: Datenverbund, Funktionsverbund, Kapazitätsverbund und Lastverbund.

Lokale Netze gehören zu den internen Netzwerken. Diese dienen der be-
triebsinternen Kommunikation (Inhouse-Kommunikatikon), die mit Hilfe
von Lokalen Netzen, von Telekommunikationsanlagen, von Datenver-
arbeitungs-Netzen und/oder von Klein-Netzen (SAN – Small Area Network) realisiert werden kann.

Telekommunikationsanlagen (TKAnl) erlauben den Anschluß von Endgeräten an eine zentrale Vermittlungseinrichtung. Durch Zusammenschaltung von mehreren TKAnl über Verbindungsleitungen können beliebig große Inhouse-Netze aufgebaut werden. Die Endgeräte sind in der Regel sternförmig an die Vermittlungseinrichtungen angeschlossen. Die Verbindungen zwischen den Endgeräten werden in den Vermittlungseinrichtungen über sogenannte „Koppelnetze" hergestellt, die analog oder digital aufgebaut sein können [1-1].

Datenverarbeitungs-Netze sind homogene Hersteller-Netze. Sie verbinden sowohl Rechner und ihre entfernt aufgestellte Peripherie (Drucker, Datenendgeräte) als auch Rechner untereinander. Die Übertragung wird in Front-End-Prozessoren vermittelt. Zur Sicherstellung des hierarchischen Gefüges der Systeme und der Kompatibilität zwischen den Systemelementen haben sich Hersteller-Standards herausgebildet. Typische Beispiele dafür sind:

- DCA (Distributed Communications Architecture) von UNIVAC,
- DECNet von Digital Equipment,
- NCN (Nixdorf Communication Network) von Nixdorf,
- SNA (Systems Network Architecture) von IBM,
- TRANSDATA von Siemens.

Klein-Netze (SAN) sind Einrichtungen für die Datenübertragung bei mittleren Übertragungsgeschwindigkeiten von 10 bis 100 KBit/s und Entfernungen von maximal 50 Metern. Sie schließen die Lücke zwischen den Lokalen Netzen mit einer relativ hohen Leistung und den einfachen seriellen Datenverbindungen wie das V.24-Protokoll. SAN sind für Multimastersteuerungen sowie für verteilte Verarbeitung in Büros, mobilen Einrichtungen und industriellen Apparaturen geeignet. Ein Beispiel ist der digitale Datenbus D/SUP 2/B.

Integrierte Lokale Netze (ISLN – Integrated Services Local Network) sind in der Lage, Informationen in Form von Sprache, Daten, Text, Festbild und Video zu übertragen. Eine Sonderform der Lokalen Netze sind die PC-Netze. In der Regel handelt es sich dabei um homogene Netze, bei denen ausschließlich Geräte miteinander vernetzt werden, die mit dem gleichen Betriebssystem arbeiten.

Obwohl die Entwicklung Lokaler Netze gegenwärtig noch nicht abgeschlossen ist, sind sie leistungsmäßig den anderen Kommunkationssyste-

men des internen Bereiches auf dem Gebiet der Daten- und Textüber-
tragung weit überlegen.

1.1 Entwicklung und Hauptmerkmale Lokaler Netze

Infolge der Entwicklung auf dem Gebiet der Mikroelektronik konnten in
den letzten Jahren zahlreiche Arbeitsplätze mit Personalcomputern ausgestattet werden, die zunächst keine Verbindung untereinander hatten. Bei
der Nutzung dieser Systeme wird jedoch in vielen Fällen nach kurzer Zeit
die Leistungsgrenze erreicht, und es ist notwendig, einen Datenverbund
zu realisieren, d. h., den Zugriff auf räumlich verteilte Datenbestände und
Programme zu ermöglichen und damit auch die Möglichkeit zu schaffen,
aufwendige Probleme auf mehreren Rechnern gleichzeitig zu bearbeiten.
Für solch einen Daten- und Leistungsverbund wurden die Lokalen Netze
geschaffen. Diese bieten als weiteren Vorteil die Möglichkeit, Massen-
speicher, schnelle Drucker und andere teure Peripheriegeräte an einer
Stelle im Netz für alle Teilnehmer gemeinsam bereitzuhalten und damit
die Kosten gegenüber dem Einsatz vollständig dezentraler Personalcomputer (samt mehrfacher Peripherie) zu senken. Etwa zur gleichen Zeit wurden Lokale Netze in größeren Forschungseinrichtungen entwickelt, die
komplexe Aufgabenstellungen zu bearbeiten hatten, für die ein einzelner
Rechner zu klein und zu langsam war. Der Ausweg bestand in der Anwendung des Prinzips der verteilten Informationsverarbeitung, indem mehrere (auch größere) Rechner auf einem Institutsgelände zum Zwecke des
Daten-, Kapazitäts- und Lastverbundes miteinander gekoppelt wurden.
Der Verbund von Großrechnern sowie der Anschluß von Terminalsyste-
men an einen Rechnerverbund stellt heute ein weiteres Anwendungsgebiet für Lokale Netze dar. Da der Anteil der innerbetrieblichen Kommunikation im Vergleich zum außerbetrieblichen Informationsaustausch in
der Regel wesentlich größer ist, hat eine umfassende Rationalisierung auf
diesem Gebiet große Bedeutung. In vielen Bereichen verläuft die Entwicklung gegenwärtig weg vom zentralisierten Großrechner zum Verteilten
System. Dies setzt eine billige, schnelle und zuverlässige Technologie für
betriebsinterne Netze voraus, wie sie Lokale Netze bieten.

Obwohl Lokale Netze bisher vor allem durch die Bürokommunikation bekannt geworden sind, gewinnen sie auch auf die Fertigungstechnik zuneh-

mend Einfluß. Mit wachsender Fertigungsautomatisierung wird die Verknüpfung über leistungsfähige Netze unabdingbar.

Lokale Netze werden vielfach auch als eine Schlüsseltechnologie für die computerintegrierte Fertigung CIM (Industrieautomation) betrachtet. Sie sind eine wesentliche Voraussetzung für die Integration verteilter Automatisierungslösungen, die in der Regel bereits durch die Verkopplung mehrerer Geräte oder Einrichtungen entstanden sind.

Lokale Netze werden schon seit Anfang der 70er Jahre entwickelt, ihr Konzept ist aber erst in den 80er Jahren richtig bekannt geworden. Obwohl sie erst seit einigen Jahren existieren, können bereits fünf Generationen unterschieden werden:

1. Generation:
Verbesserung der Rechner-Rechner-Kopplung bzw. der Rechner-Peripherie-Kopplung innerhalb eines begrenzten Bereiches, z. B. innerhalb eines Gebäudes, durch die Verwendung eines Hochleistungskommunikationsmediums. Die bis zu diesem Zeitpunkt verwendeten Kopplungen mit Hilfe von Modems oder seriellen Schnittstellen erbrachten nicht die erforderlichen Leistungen.

2. Generation:
Hinzu kommt die Möglichkeit, Teilnehmer relativ beliebig an- und abschalten zu können. Die Kommunikation wird flexibler, das Hinzufügen weiterer Komponenten problemlos. Zur zweiten Generation gehören bereits relativ ausgereifte Vertreter des Gedankens Lokaler Netze.

3. Generation:
Es werden digitale Nachrichten, Daten und Texte transportiert. Weitere Möglichkeiten ergeben sich durch die Verwendung von Brücken und Gateways. Dadurch ist der Anschluß an andere Lokale Netze sowie an Fern-Netze möglich.

Für die meisten gegenwärtig kommerziell verfügbaren Geräte kann die dritte Generation als Status quo angesehen werden. Durch die Fortschritte der Mikroelektronik und der Übertragungstechnik zeichnet sich jedoch eine Weiterentwicklung ab [1-2].

4. Generation:
Die Systeme der dritten Generation wurden so erweitert, daß auch Sprache und Bilder in digitaler Form übertragen werden können. Lokale Netze bil-

den dann die Basis für Multiservice-Informationssysteme. Es besteht die
Möglichkeit zur wirklich vollständigen Integration aller Dienste öffent-
licher und interner Art [1-2].

5. Generation:
Es sind Hochgeschwindigkeitsnetze (High-Speed-LAN, HSLAN) verfügbar, deren Geschwindigkeiten zwischen 100 MBit/s und 600 MBit/s betragen. Bedeutende derartige Netze sind FDDI (Fiber Distributed Data Interface) und DQDB (Distributed Queue Dual Bus). Die HSLANs sind sowohl
für den Lokalbereich als auch als Metropolitan Area Network (MAN) einsetzbar, deren typische Ausdehnung zwischen 5 und 100 km beträgt.
MANs sind geeignet, mehrere Standorte eines Unternehmens miteinander zu verbinden.

Die Geräte, die an ein Lokales Netz angeschlossen sind und miteinander
Informationen austauschen (kommunizieren), werden als Endsysteme
oder Stationen bezeichnet. Je nach Ausrüstungsgrad können in einem
Lokalen Netz Großcomputer, Minicomputer, Arbeitsplatzsysteme, Personalcomputer, Textautomaten, Computer-Terminals, Datenerfassungs-
geräte, Plattenspeicher, Drucker, Roboter und andere kommunikationsfähige Endsysteme integriert werden. Eine Kommunikation zwischen zwei
Endsystemen eines Lokalen Netzes setzt aber stets voraus, daß beide Partner die für die jeweilige Kommunikationsanwendung notwendigen Kommunikationsregeln beherrschen. Diese Regeln sind vom Steuerverfahren
des Lokalen Netzes abhängig, das den Zugriff der Endsysteme zum Übertragungsmedium und den Transfer der Nachrichten durch das Netz realisiert.

Ein wesentliches Merkmal Lokaler Netze ist ihre Flexibilität und leichte
Erweiterbarkeit, d. h., es können jederzeit mit geringem Aufwand neue
Endsysteme in das Netz integriert und alte Endsysteme abgekoppelt werden. Bei vielen Lokalen Netzen ist dies sogar ohne Unterbrechung des laufenden Betriebes möglich.

Alle Endsysteme eines Lokalen Netzes sind mit einem Übertragungskanal
verbunden, der kollektiv genutzt wird. Das bedeutet, es erfolgen im steten
Wechsel unterschiedliche Übertragungen zwischen verschiedenen Stationen über denselben Kanal.

Durch die Beschränkung auf eine maximale Ausdehnung von einigen
Kilometern (mit den Hochgeschwindigkeitsnetzen sind auch Entfernungen von 20 km und mehr überbrückbar) ist es möglich, Übertragungsme-

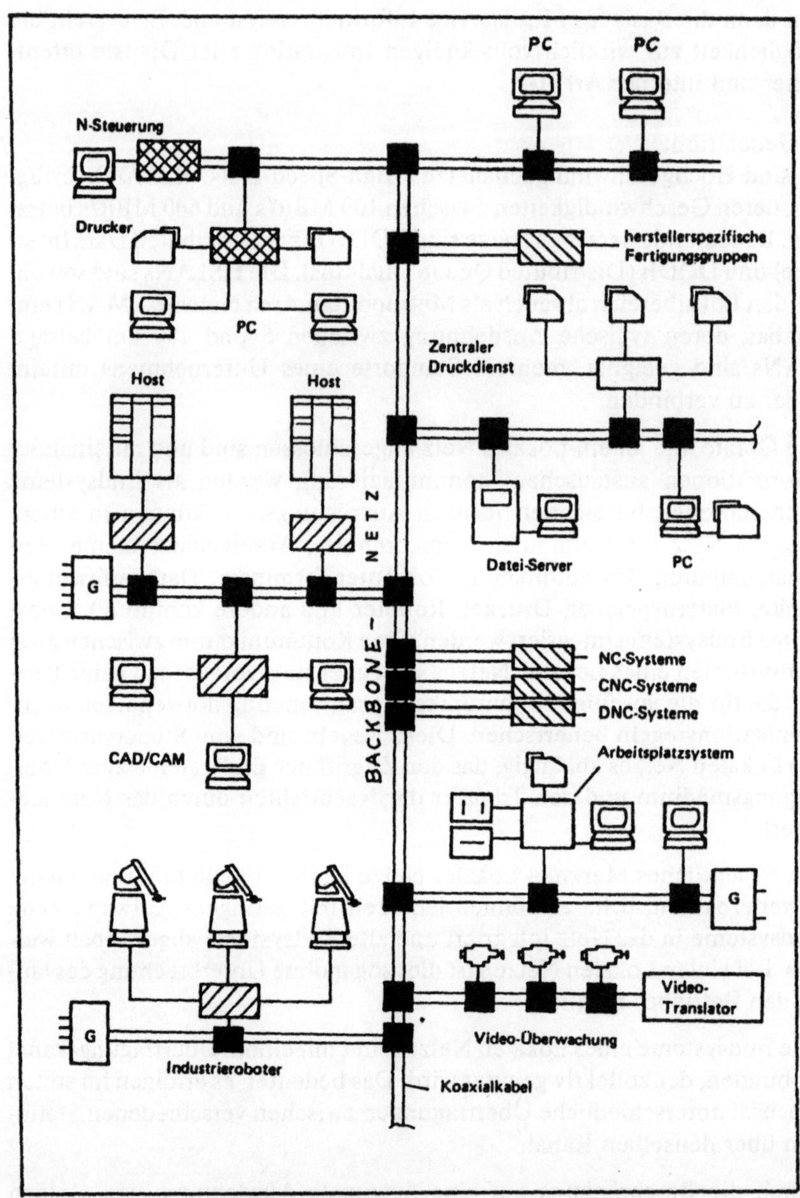

Bild 1-1. Integration unterschiedlicher Geräte und Systeme der Informationsverarbeitung in Lokalen Netzen

dien hoher Leistung zu verwenden. Die untere Grenze liegt bei etwa
1 MBit/s (in Ausnahmefällen auch darunter), die obere Grenze zur Zeit bei
mehreren 100 MBit/s. Diese Angaben beziehen sich auf die Gesamtkapazität. Die Übertragungskapazität für eine einzelne Verbindung ist system-
und anwendungsabhängig und liegt etwa zwischen 0,3 kBit/s und einigen
MBit/s. Die Übertragung der Nachrichten erfolgt in der Regel bitseriell,
wobei für Lokale Netze ein Transport der Nachrichten in Form von Paketen typisch ist. Das Netz ist weitgehend störsicher. Es stützt sich auf einen
Kommunikationskanal mittlerer oder hoher Datenrate, der eine niedrige
Fehlerrate aufweist (Richtwerte 10^{-9}). Datenrate und Typ einer Schnittstelle müssen der Einsatzsituation angemessen sein. Die Hersteller Lokaler
Netze sind bei der Konstruktion der Geräteschnittstellen nicht an CCITT-
und andere Vorschriften gebunden. Es ist deshalb eine Vielzahl von Geräte-Anschluß-Schnittstellen entstanden, wobei jedoch der Trend deutlich
ist, für Lokale Netze Standards einzuführen.

Neue Endsysteme werden mit direkten LAN-Interfaces ausgestattet, vorhandene über Adapter, z. B. mit V.24-Schnittstellen, angeschlossen. Lokale
Netze werden so selbst zu einer Schnittstelle hoher Geschwindigkeit für
Rechnersysteme aller Größenordnungen. Andererseits stellen sie nutzerfreundliche Schnittstellen durch die Vielzahl der Anschlußmöglichkeiten
zur Verfügung.

Das Lokale Netz befindet sich außerhalb der Posthoheit im Besitz und in
der Nutzung eines Betriebes, einer Verwaltung, eines Institutes oder einer
Einrichtung.

Der durch den Einsatz Lokaler Netze erreichbare Nutzen ist sehr vielfältig.
Die Lokalen Netze ermöglichen:

- eine kostengünstige innerbetriebliche Kommunikation, die flexibel und
  leicht erweiterbar ist,
- die Automatisierung neuer Bereiche durch die infrastrukturelle Versorgung von Betrieben und anderen organisatorischen Einheiten mit informationellen Ressourcen,
- eine wesentliche Einsparung von Arbeitszeit und Arbeitskräften,
- die kollektive Nutzung hochwertiger, teurer Geräte,
- die effektive Pflege und Nutzung von Datenbanken,
- die Nutzung von Computerverarbeitungskapazitäten am Arbeitsplatz,
  die größer als die Leistungsfähigkeit von Mikrocomputern sind,

- die Nutzung höherer Kommunikationsdienste wie elektronische Mitteilungssysteme, Filetransferdienst, Videotext,
- nutzerfreundliche Schnittstellen,
- die Lösung komplexer Aufgaben durch die Anwendung des Prinzips der
  verteilten Informationsverarbeitung.

1.2 Hauptanwendungsgebiete Lokaler Netze

Lokale Netze sind das entscheidende Element bei der Automatisierung
der Büroarbeit und der industriellen Fertigung und zugleich eine Voraussetzung für vielfältige integrierte Informationsverarbeitungssysteme. Sie
weisen Eigenschaften auf, die primäre Bedürfnisse der Wirtschaft, besonders der Industrie, erfüllen. Dies sind [1-3]:

- Hohe Übertragungsgeschwindigkeit. Sie wird gefordert, damit das Lokale Netz für den Nutzer transparent ist, so daß quasi verzögerungsfreie
  Zugriffe zu anderen Stationen mit Hilfe des Netzes möglich sind.
- Große Anzahl von Anschlüssen. Die Architektur des Lokalen Netzes
  muß ermöglichen, daß an das Netz eine große Anzahl von Stationen angeschlossen werden kann, damit sich das Netz gut an die betriebliche In-
  frastruktur anpassen läßt.
- Kostengünstiger Anschluß. Die Kosten für den Anschluß eines Gerätes
  müssen im Vergleich zu den Gerätekosten niedrig sein. Das heißt, nicht
  nur Interface und Stecker müssen kostengünstig sein, sondern auch der
  für einen Anschluß notwendige personelle Aufwand. Der Nutzer soll
  einen Anschluß selbst problemlos durchführen können.
- Gute Flächendeckung. Gefordert wird eine optimale Anpassung an die
  Struktur und die Räumlichkeiten eines Betriebes. Ein oder mehrere
  Lokale Netze müssen bei Bedarf den gesamten Betriebsbereich gut ver-
  sorgen, so daß auch entfernte Partner miteinander kommunizieren können.
- Hohe Zuverlässigkeit und Verfügbarkeit. Da ein Lokales Netz für die
  innerbetriebliche Organisation ein zentraler Grundbaustein sein soll,
  muß das Netz immer zur Verfügung stehen und darf auf den Ausfall
  eines angeschlossenen Gerätes nicht empfindlich reagieren. Das Netz
  an sich muß ausfallsicher sein.
- Niedrige Fehlerrate. Auftretende Übertragungsfehler müssen erkannt
  und durch Wiederholungen und andere Maßnahmen beseitigt werden.

Damit aber große Datenmengen übertragen werden können, muß die Fehlerrate ausreichend niedrig sein.

- Flexible Auslegung. Es muß möglich sein, ein Lokales Netz schnell und problemlos an wechselnde Bedürfnisse der Anwender anzupassen, wenn sich die betriebliche Organisation ändert.

- Herstellerunabhängigkeit. Der Anwender muß die Möglichkeit haben, mit geringem Aufwand Geräte von möglichst vielen verschiedenen Herstellern anschließen zu können. Dies erfordert der Kommunikationsaufbau der Betriebe und ist notwendig, um stets neue leistungsfähige Geräte in das Netz integrieren zu können.

- Multi-Media-Kommunikation. Von Lokalen Netzen wird gefordert, daß sie nicht nur Daten übertragen können, sondern auch Sprache sowie feste und bewegte Bilder. Erste Ergebnisse in dieser Richtung liegen vor.

Die Nutzung Lokaler Netze hat sich auf folgenden Gebieten bewährt (siehe Abbildung 1-1):

- Industrieautomation,
- Büroautomatisierung,
- rechenzentrumtypische Anwendungen (Verbund von Rechnern innerhalb von Datennetzen, Anschluß von Terminals an Rechnerverbund),
- integrierte CAD/CAM- und andere Lösungen,
- Forschung und Entwicklung,
- schulischer und ausbildungsspezifischer Bereich sowie
- Vermittlung von Dienstleistungen.

Bei diesen Einsätzen bietet das Lokale Netz Vorteile gegenüber den scheinbaren Konkurrenzsystemen – DV-Netze, Klein-Netze und Nebenstellenanlagen. Darüber hinaus erfolgt gegenwärtig eine Entwicklung, die LAN-Systeme und digitale Nebenstellenanlagen als Realisierung von Teilen des ISDN-Netzes (Integrated Services Digital Network) betrachtet [1-4].

Konkrete Beispiele Lokaler Netze für unterschiedliche Anwendungsgebiete sind in Kapitel 9 enthalten.

Industrieautomation

Die meisten Betriebe müssen heute in relativ kurzer Zeit neue Produkte planen, entwickeln und fertigen. Dabei sind Kosten, Qualität und Lieferfähigkeit gleichermaßen zu beachten.

Zur Lösung dieser Aufgabe werden große Hoffnungen in CIM (Computer Integrated Manufacturing) gesetzt, das alle Gebiete der Produktion – von der Planung bis zur Auslieferung – integrieren soll. Das CIM-Konzept umfaßt sowohl betriebswirtschaftliche als auch technische Verfahren. Je nach Betrachtung und Aufgabenstellung erhalten die verschiedenen Verfahren unterschiedliche Wichtungen. Nach [1-5] lassen sich die Komponenten des CIM zu vier Bereichen zusammenfassen (siehe Bild 1-2):

1. organisatorisch planende Funktionen (linker Quadrant oben). Sie enthalten die betriebswirtschaftlichen Planungen;

2. technisch planende Funktionen (linker Quadrant unten). Sie umfassen z. B. Entwicklung und Konstruktion (CAE, CAD) mit computergestützter Zeichnungserstellung, Entwicklung von NC-Programmen, Festigkeits- und andere Berechnungen, Arbeitspläne und Prüfpläne;

3. organisatorisch ausführende Funktionen (rechter Quadrant oben). Sie enthalten u. a. die Fertigungssteuerung mit Betriebsdatenerfassung (Rückmeldung von Ist-Daten) und die Überwachung von Arbeitsabläufen (Vergleich von Ist-Daten und Soll-Daten);

Organisatorisch planende Funktionen	Organisatorisch ausführende Funktionen
Absatzplanung Produktionsplanung Ressourcenplanung Kalkulation	Auftragsbearbeitung Wareneingang Bestandshaltung Werkstattsteuerung Versand
Technisch planende Funktionen	Technisch ausführende Funktionen
Arbeitspläne Stücklisten Zeichnungen Prüfpläne	Personal Maschinen NC-Systeme Roboter Transportsysteme Lagersysteme Qualitätsprüfung

Bild 1-2. Integration betriebswirtschaftlicher und technischer Verfahren in CIM [1-5]

4. technisch ausführende Funktionen (rechter Quadrant unten). Sie umfassen die eigentliche Fertigungs- und Realisierungsphase (CAM) mit
NC-, CNC- und DNC-Maschinen, Montagesystemen, Transportsyste-
men, Lagersystemen, Qualitätsprüfung usw.

Entsprechend dieser Einteilung ist die Büroautomatisierung in vielen
Fällen integraler Bestandteil der Industrieautomation. Diese vier Bereiche
stellen trotz einiger Überschneidungen in sich geschlossene Aufgabengebiete dar, für die in vielen Fällen bereits automatisierte Informationssysteme existieren, z.B. CAD/CAM-Systeme. Die Komplexität eines
CIM-Systems wird deutlich, wenn beachtet wird, daß alle Bereiche in
einem Gesamtsystem mit einer gemeinsamen Datenbasis integriert werden müssen.

CIM erfordert den gezielten Einsatz kompatibler Automatisierungseinrichtungen und Computersysteme zur Automatisierung des Produktions-
prozesses in allen Teilbereichen. Die wichtigsten Komponenten zur Realisierung des CIM sind die CAx-Systeme, die Systeme zur Produktions-
planung und -steuerung (PPS) mit der dazugehörigen Betriebsdatenerfassung (BDE) sowie die eigentlichen Automatisierungseinrichtungen.

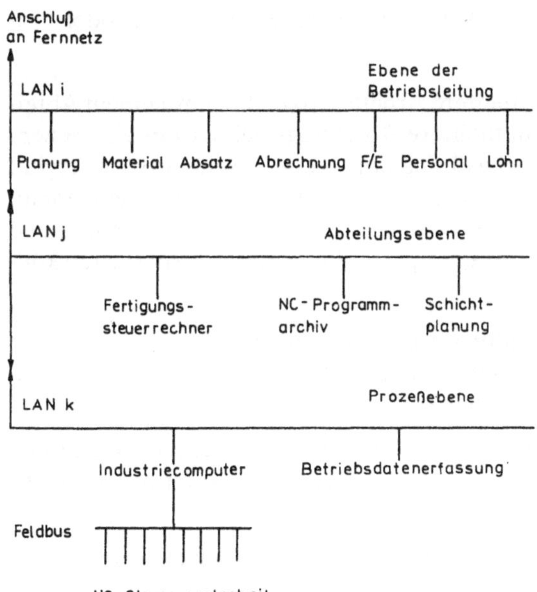

Bild 1-3. Lokale Netze im betrieblichen Kommunikationsprozeß

Die Lokalen Netze sind bei der Industrieautomation in zweifacher Hinsicht von Bedeutung:

1. Sie sind *ein* Mittel zur Automatisierung ausgewählter Teilsysteme. Beispiele dafür sind die Büroautomatisierung und die Fertigungsautomatisierung. Bestimmte Teilsysteme werden durch die Automatisierung mit Einsatz Lokaler Netze selbst zu integrierten Systemen, z. B. CAD/CAM-Lösungen.

2. Sie sind *das* Mittel zur Integration betriebswirtschaftlicher und technischer Verfahren zu einem automatisierten Gesamtsystem innerhalb eines Betriebes (siehe Bild 1-3).

Für größere Unternehmen ist normalerweise eine dreistufige Struktur der Lokalen Netze vorteilhaft. In solchen Netzen gibt es:

- zentrale Rechner, in denen Informationen verarbeitet und abgespeichert werden, die das gesamte Unternehmen oder einen seiner Standorte betreffen,

- Abteilungsrechner für die Verarbeitung und Speicherung der in einer Abteilung gemeinsam genutzten Informationen,

- Arbeitsplatzrechner für die Aufgaben einzelner Mitarbeiter oder Projektgruppen.

Dabei sind im allgemeinen mehrere Arbeitsplatzrechner mit einem Abteilungsrechner und wiederum mehrere Abteilungsrechner mit einem zentralen Rechner verbunden, so daß sich eine hierarchische Struktur ergibt, die der üblichen Organisation eines größeren Unternehmens entspricht. Es ist meist notwendig, daß die Arbeitsplatzrechner einer Abteilung und die Abteilungsrechner auch untereinander direkt zusammenarbeiten können.

Für Automatisierungseinrichtungen und Computersysteme werden meist von den Herstellern zur Vernetzung der einzelnen Komponenten Kommunikationssysteme angeboten. Dies trifft zu für:

- Steuerungssysteme wie speicherprogrammierbare Steuerungen, numerische Steuerungen und Robotersteuerungen zur Produktionsautomatisierung,

- Prozeßleitsysteme der Verfahrens- und Energietechnik sowie

- Mini- bzw. Prozeßrechner, sowie auch für Arbeitsplatzcomputer (Workstations) und Personalcomputer.

Diese Kommunikationssysteme haben oft Unterschiede bezüglich ihrer Leistungsfähigkeit, Funktionsweise und Funktionalität. Für den Nutzer bedeutet dies, daß er Geräte verschiedener Hersteller aufgrund der unterschiedlichen Kommunikationssysteme nicht oder nur mit hohem Aufwand miteinander koppeln kann. Diese Problematik veranlaßte bei der Firma General Motors Kaminski und seine Mitarbeiter, ein Kommunikationssystem auf der Basis internationaler Standards zu spezifizieren [1-6]. Erklärtes Ziel war ein herstellerunabhängiges, offenes Kommunikationssystem. Das Projekt wurde unter dem Namen MAP (Manufacturing Automation Protocol) bekannt. Für die Kommunikation in der Fertigungsautomatisierung ist MAP richtungsweisend und seit der Autofact-Demonstration 1985 weltweit anerkannt.

Eine analoge Problematik kennen Anwender von CAx-Systemen, die Minicomputer bzw. Workstations oder Personalcomputer einsetzen. Auch hier existiert oft das Problem inkompatibler Kommunikationssysteme verschiedener Hersteller. Da MAP vornehmlich auf Anwendungen im Fertigungsbereich zugeschnitten ist und die Bürokommunikation nicht optimal unterstützt, initiierte die Firma Boeing das Konzept TOP (Technical and Office Protocols) für die Kommunikation im Bürobereich. MAP und TOP erfüllen (fast) alle Kommunikationsbedürfnisse eines Fertigungsbetriebes. MAP- und TOP-Netze können durch Koppelbausteine miteinander verbunden werden. Die beiden Konzepte werden in Kapitel 9 behandelt.

Büroautomatisierung

Bis vor wenigen Jahren wurden im Bürobereich kaum Maßnahmen zur Produktivitätssteigerung und Effizienzverbesserung durchgeführt. Die elektronische Datenverarbeitung mit Großrechnern hat sich inzwischen für viele Büroarbeiten (z. B. Lohn- und Gehaltsabrechnung) bewährt, kann aber nur von einem Teil der im Büro Beschäftigten genutzt werden. In Zeiten schnellen technologischen Wandels beeinträchtigt ein schwerfälliger Verwaltungsapparat die Reaktionsfähigkeit eines Betriebes.

Büroarbeit und Kommunikation sind eng miteinander verbunden, denn die Kommunikation umfaßt in den Betrieben nicht nur die reine Nachrichtenübertragung, sondern auch die der Übertragung vor- und nachgelagerten Phasen des Verstehens, Interpretierens und Verarbeitens von Informationen. Die Büroarbeit ist weder räumlich (Sekretariat) noch auf bestimmte Berufsgrupen (Sekretärinnen) einzugrenzen. Vielmehr erscheint eine Typisierung der Büroarbeit nach den vier betrieblichen Basisfunktionen: Leitungsaufgaben, Fachaufgaben, Sachbearbeitungsaufgaben und Unterstützungsaufgaben als sinnvoll [1-7].

Begriffliches Verstehen sowie intuitives und kreatives Denken können nicht durch Technik ersetzt werden. Alle anderen Phasen der Bürokommunikation bieten Möglichkeiten für technische Unterstützung. Büroautomatisierung, d. h. automatisierte Bürokommunikation, bezieht sich somit immer nur auf einen (großen) Teil, nicht aber auf die Gesamtheit der Bürokommunikation. Im Büro lassen sich Produktivitätsreserven erschließen durch:

– verkürzte Durchlaufzeiten und weniger redundante Tätigkeiten,
– reduzierte Arbeitsteilung sowie
– verbesserten Zugriff auf Informationen.

Die Büroautomatisierung ist das Gebiet, auf dem Lokale Netze weltweit erstmals in größerem Umfang eingesetzt wurden. Dies gilt besonders für Lokale Netze mit dem Steuerverfahren CSMA/CD.

Als Darstellungsart der Information überwiegt im Büro bei den Führungskräften deutlich die akustische (Sprach-) gegenüber der optischen (Text- und Bild-)Kommunikation bei den Fachkräften.

Es können zwei Aufgabengruppen der Bürokommunikation unterschieden werden [1-8]: die allgemeine Basis-Bürokommunikation und die spezielle Bürokommunikation.

Die *allgemeine Basis-Bürokommunikation*, die von allen Funktionsgruppen im Bürobereich wahrgenommen wird, umfaßt solche Formen wie Telefonieren und Texte verarbeiten. Die Geräte und Systeme, die diesem Bereich zugeordnet werden können, sind nicht auf bestimmte Aufgabenträger zugeschnitten, sondern es ist zweckmäßig, sie allen Funktionsgruppen zugänglich zu machen.

Zu automatisierende Aufgaben aus dem Gebiet der allgemeinen Basis-Bürokommunikation sind z. B.

– Texterfassung und -gestaltung mittels Personalcomputer,
– elektronische Ablage und elektronische Post,
– Dateiverwaltung für Gebrauch am Arbeitsplatz,
– Kalenderverwaltung,
– Erzeugung von Bürografik,

– Rechenfunktionen für freie Programmierbarkeit in einer einfachen
  Sprache.

Die Einführung der Bürografik als eine der Aufgaben ist deshalb wichtig,
weil der Mensch komplexe Zusammenhänge in grafischer Darstellung
schneller und sicherer erfaßt als in verbaler Form.

Die *spezielle Bürokommunikation* umfaßt Informations- und Kommunikationsarten und -prozesse, die charakteristisch für ganz bestimmte Benut-
zergruppen und deren Tätigkeiten sind. Sie stellen unterschiedliche
Anforderungen an die verwendeten Geräte und Systeme. So sind die Infor-
mations- und Kommunikationsarten der Führungskräfte sowie der Fachleute (Fachaufgaben) grundlegend anders als die der Sachbearbeiter
(Sachbearbeitungsaufgaben), die in der Regel gut strukturierbar, formalisierbar und vorwiegend durch Routinearbeit gekennzeichnet sind.

Für die Bürokommunikation stehen immer mehr Geräte und Systeme zur
Verfügung. Durch Kopplung derartiger Geräte und Systeme in Lokalen
Netzen ergeben sich kurze Kommunikationszeiten im innerbetrieblichen
Bereich. Es sollten dabei Rechner höherer Leistung für Spezialaufgaben
(Server) sowie spezielle Geräte wie zum Beispiel Laserdrucker eingesetzt
werden, um die am Arbeitsplatz vorhandenen Möglichkeiten durch die
Inanspruchnahme von Netzdienstleistungen zu erweitern. Die außer-
betriebliche Kommunikation wird automatisch über sogenannte Gateway-
Rechner gewährleistet, die den Anschluß an öffentliche Datennetze rea-
lisieren.

Lokale Netze können die Basis für eine integrierte Bürokommunikation
sein, wenn sie folgende Anforderungen erfüllen:

– kostengünstige innerbetriebliche Datenkommunikation, flexibel, erweiterbar;

– Bereitstellung höherer Kommunikationsdienste (siehe Seite 21), Zugriff zu gemeinsamen Datenspeichern, Druckern usw.;

– Unterstützung standardisierter Schnittstellen nach innen, z.B. Kompatibilität zwischen den Anwendungsprogrammen (Textverarbeitung),
  dem elektronischen Mitteilungssystem und dem Dateisystem;

– Unterstützung standardisierter Schnittstellen nach außen, z.B. zu
  öffentlichen Netzen;

– Flexibilität gegenüber stark schwankender Nutzeraktivität, die für das
  Büro typisch ist;

– ausreichende Leistungsreserven zur Einbeziehung weiterer, später zu
installierender Dienste wie Sprachübertragung über das Lokale Netz;

– Möglichkeit der Einrichtung unterschiedlicher Dienstklassen zur Anpassung an verschiedene koexistierende Nutzeranforderungsprofile;

– Kosteneffektivität zum Abbau des Akzeptanzhemmnisses;

– transparente Arbeitsweise zur Erreichung software-ergonomischer
Nutzerschnittstellen.

Die Begriffe Personalcomputer und Arbeitsplatzcomputer werden häufig
synonym verwendet. In der Tat ist eine Unterscheidung schwierig (16- bzw.
32-Bit-Prozessor), und die Unterschiede verwischen sich. Seitdem auch
bei den Bürocomputern immer mehr PC-Funktionen verfügbar gemacht
werden, schwinden im Vergleich mit den Mikrocomputern die Unterschei-
dungsmerkmale auch hier. Als autonome Systeme werden in einem LAN
auf der Ebene der untersten Leistungsklasse Personalcomputer eingesetzt.
Sie gewähren eine effektive Erfassung, Bearbeitung, Speicherung und
Ausgabe von Daten und Texten. Zur Standardsoftware der PC gehören
Textverarbeitungssysteme und Datenbanksysteme. Die Frage, ob in einem
Lokalen Netz außer den Personalcomputern ein oder mehrere Großcomputer notwendig sind, ist vom Aufgabenspektrum abhängig (oft werden die
Entscheidungen über die Beschaffung eines Großcomputers und die eines
oder mehrerer Lokalen Netze noch getrennt behandelt). In der überwie-
genden Anzahl der Einsatzfälle für Lokale Netze ist es aber ausreichend
und darüber hinaus auch zweckmäßig, wenn nur Personalcomputer integriert sind. Das bedeutet, daß die erforderliche Applikationsleistung dann
in ihrer Gesamtheit durch die PCs erbracht wird.

Diese Vorgehensweise ist für die Büroautomatisierung etabliert, weil die
Leistung der Personalcomputer im Rahmen der technischen Entwicklung
steigt und Lokale Netze billiger werden. Dies hat zur Folge, daß es immer
mehr Lokale Netze für integrierte Gesamtlösungen gibt, in denen nicht
mehr ein Großrechner, sondern eine Reihe von Personalcomputern die
nunmehr verteilte Gesamtleistung erbringt.

Rechenzentrumtypische Anwendungen

Zu dem Verantwortungsbereich der Rechenzentren, die für die Versorgung
einer Einrichtung mit rechentechnischen Leistungen im Sinne einer Infra-

struktur zuständig sind, gehören zahlreiche Aufgaben, für deren Lösung
Lokale Netze eine perspektivische Alternative zu traditionellen Ansätzen
darstellen. Diese Aufgaben sind:

— Verbundbetrieb von Großrechnern. Neben anderen Möglichkeiten der
  Rechnerkopplung hat sich der Verbund von mehreren Großrechnern
  über ein Lokales Netz als eine effektive und kostengünstige Lösung zur
  schnellen Kopplung mehrerer Rechner bewährt. Für diesen Zweck wurden spezielle Hochleistungs-LAN entwickelt (Bild 1-4a). Ein Beispiel
  ist das Lokale Netz Hyperchannel, das im Abschnitt 9.4 behandelt wird.

— Terminalzugriff auf Rechnerverbund (Cluster-Betrieb). Diese Betriebsweise gehört dann in die Regie eines Rechenzentrums, wenn am Lokalen Netz ein oder mehrere Großrechner angeschlossen sind. Beim Cluster-Betrieb, der auch unabhängig vom Rechenzentrum möglich ist,
  wird das Lokale Netz als eine neue, universelle Schnittstelle verwendet
  (Bild 1 – 4b).

— Großrechner als Ressource im LAN. Hard- und softwaremäßig ist es
  möglich, einen Großrechner gemeinsam mit Rechnern anderer Leistungsklassen in einem LAN zu integrieren. Dabei dient der Großrechner als Spezialressource (Last-, Datenverbund) und übernimmt aus der
  Sicht des LAN die Funktionen eines Servers. Inwieweit dies zweckmäßig ist, muß von Fall zu Fall entschieden werden. Bewährt hat sich
  diese Betriebsart z. B. für LAN mit Hintergrundspeicher (Back-End-
  Storage-Netze), bei denen ein hoher Durchsatz erreicht wird.

— Zugang zu Fern-Netzen. Sollen ein oder mehrere Großrechner einer
  Einrichtung zu einem oder mehreren Fern-Netzen Zugang erhalten,
  dann ist es zweckmäßig, den oder die Großrechner mit einem geeigneten Lokalen Netz zu verbinden, das an einer Stelle über einen Spezialrechner (Gateway) Zugang zum Fern-Netz hat. Diese Lösung ist effektiv und kostengünstig, da die Hardware für den Anschluß eines Rechners an ein LAN weniger Aufwand und Kosten verursacht als die An-
  schlußhardware an ein Fern-Netz.

— Anschluß nicht systemeigener Peripheriegeräte. Es ist für einen Groß-
  rechner typisch, daß die Peripheriegeräte auf den unterschiedlichen
  Ebenen zum System kompatibel sein müssen. Mit Hilfe von Lokalen
  Netzen kann diese Einschränkung erweitert werden, indem für Periphe-
  riegeräte nur noch der LAN-Anschluß notwendig ist, der für bestimmte
  LAN-Typen billiger und leichter verfügbar sein kann.

– Anschlußverlängerung für periphere Geräte. Die maximal zulässige
Länge der Interfaceleitungen kann mit Hilfe eines LAN vergrößert werden.

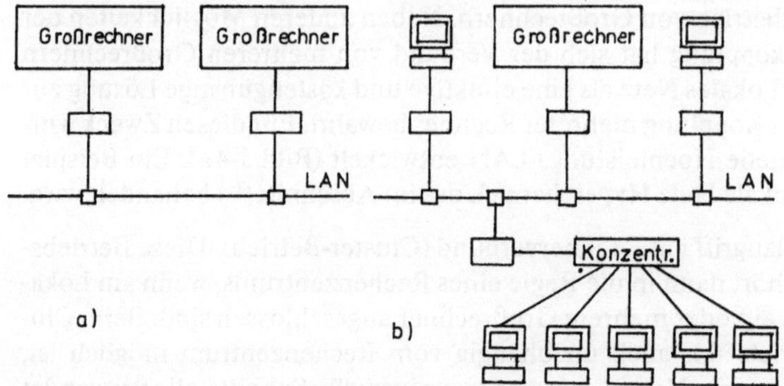

Bild 1-4. Rechenzentrumtypische Anwendungen Lokaler Netze

Besonderheiten in der gerätetechnischen, programmtechnischen und
technologischen Lösung beim Einsatz eines LAN im Bereich eines
Rechenzentrums ergeben sich nach [1-9] u. a. aus:

– der Koexistenz traditioneller Nutzungstechnologien mit dem Netzbetrieb,

– dem Anschluß von Rechnern, die gerätetechnisch und programmtech-
nisch dafür nicht vorbereitet sind,

– der Notwendigkeit einer ständigen Überwachung und Steuerung des
Netzes in Verantwortung des Rechenzentrums sowie

– den spezifischen Anforderungen an die Nutzerschnittstelle.

Forschung und Entwicklung

In diesem Bereich wurden die ersten Lokalen Netze entwickelt, weil hier
schon zeitig qualitativ neue Anforderungen zu erfüllen waren. Für das sich
verändernde Benutzerprofil boten die Großrechner, bezogen auf die Gesamtheit der realen und potentiellen Nutzer, in immer geringerem Maße
optimale Lösungen. Sie ermöglichen keine genügende Flexibilität, da es
relativ aufwendig ist, neue Programmpakete im Rechenzentrum durchzu-
setzen. Andererseits sind die Leistungen der Mini- und Mikrorechner für
viele Aufgaben der Forschung und Entwicklung nicht ausreichend.

Für die Mehrzahl der Hilfs- und Nebenprozesse in Forschung und Entwicklung sind Büro-LANs geeignet, während das Einsatzspektrum Lokaler Netze für die Automatisierung der experimentellen Forschung sehr breit ist. Dabei wird zwischen der Laborautomatisierung, die die Bearbeitung von Routineprozessen zum Gegenstand hat, und der Experimentautomatisierung mit den Phasen Planung, Durchführung und Auswertung unterschieden. Ein LAN zur Laborautomatisierung dient vorwiegend zur Behandlung der Meßwerterfassung, der Meßwertverarbeitung und des Berichtswesens. Die Anforderungen an Lokale Netze zur Unterstützung der Experimentautomatisierung sind dagegen in Abhängigkeit vom zu bearbeitenden Experiment sehr unterschiedlich. Ein extremes Beispiel dafür sind Lokale Netze für Anwendungen in der Raumfahrt. Sie weichen von den typischen „erdgebundenen" Lokalen Netzen sehr ab und erfordern besonders modulare Fehlertoleranz, deterministische Datensicherheit, geringen Strombedarf, hohe Leistung (minimale Verzögerung), große Integrität und Testflexibilität.

Ein weiteres Aufgabengebiet sind Lokale Netze zur Unterstützung des gesamten Arbeitsablaufs in größeren medizinischen Einrichtungen (Akademien und Krankenhäuser). Solche Netze sind zunächst kostenaufwendig, schwierig zu implementieren und erfordern in der Erstellungsphase beträchtlichen Zeit- und personellen Aufwand. Trotzdem sind Lokale Netze für diese Anwendungen unverzichtbar.

Schulischer und ausbildungsspezifischer Bereich

Auf diesem Gebiet ist der Einsatz Lokaler Netze deshalb sinnvoll, weil es möglich ist, die Lernenden an Rechnern unterschiedlicher Leistungsklassen auszubilden und dabei Ein-/Ausgabegeräte sowie eine Programmunterstützung gemeinsam zu nutzen. Dies ist wichtig, da im Schul- und Ausbildungsbereich die Arbeitslast stark schwankt und das Nutzerprofil oft wechselt. Wegen der geringeren Kosten ist der Einstieg mit Personalcomputern günstig. Es gibt auch viele LAN in diesem Bereich, die ausschließlich aus Personalcomputern geringerer Leistung bestehen. Diese PC-Netze verursachen zwar weniger Kosten, sie sind aber auch leistungsschwächer als die anderen Lokalen Netze.

Ein großer Vorteil ist die Erweiterbarkeit der Netze durch neu entwickelte Rechner und andere Gerätetypen, die somit kurzfristig umfassend in die

Ausbildung einbezogen werden können. Die Anforderungen an den Datenschutz und an die Verfügbarkeit dieser Lokalen Netze sind geringer als in den anderen Anwendungsgebieten.

Vermittlung von Dienstleistungen

Der Einsatz Lokaler Netze auf diesem Gebiet, z. B. als Auskunfts- und Buchungssysteme, ist bereits weit verbreitet, dabei wurden viele praktikable Lösungen realisiert. Im kommunalen Bereich ist es möglich, Lokale Netze in Rathäusern u. dgl. einzusetzen, um Auskunftssysteme für die Bevölkerung zu schaffen. Aber auch in Dienstleistungseinrichtungen sind LAN oft zweckmäßig.

1.3 Kommunikationsdienste eines Lokalen Netzes

Der Zweck eines Lokalen Netzes besteht stets darin, Kommunikationsdienste (Netzdienste) zu realisieren, die Anwendungen unterstützen oder erst ermöglichen. Die Kommunikationsdienste werden in Basis-Kommunikationsdienste und höhere Kommunikationsdienste eingeteilt. Der Nutzer wird mit den Basis-Kommunikationsdiensten nicht konfrontiert, da ihre Funktionen nur die Voraussetzungen für die höheren Kommunikationsdienste liefern. Diese werden vom Nutzer entweder direkt oder über Applikationsprogramme aufgerufen. Nicht jedes Lokale Netz liefert alle möglichen Dienste. Das Spektrum wird sukzessive durch innovative Entwickler und Nutzer erweitert. Die Terminologie der Dienste ist nicht umfassend standardisiert. Zu den Basis-Kommunikationsdiensten, auf die später eingegangen wird, gehören solche Funktionen wie [1-10, 1-16]:

– Übertragungssteuerung (Steuerverfahren),
– Geschwindigkeitsumwandlung/-anpassung,
– Kodeumwandlung/-anpassung,
– Datagramm- und Paketübertragung,
– Fehlerkontrolle,
– Protokollumsetzung,
– Ressourcen-Sharing,
– Verwaltungsfunktionen,
– Befugnis- und Zulässigkeitsprüfungen,
– Synchronisation,

- Zuverlässigkeit,
- Sicherheitseinrichtungen (Bindery),
- Namen-Service,
- Internetzwerk-Verarbeitung,
- Subnetzwerk-Verarbeitung.

Zusätzlich zu den Basis-Kommunikationsdiensten gehört zu einem Lokalen Netz ein Satz Kommunikationsdienste auf einer höheren Ebene. Beispiele für diese Anwendungsdienste, die die Leistung und Nutzerfreundlichkeit eines Lokalen Netzes wesentlich beeinflussen, sind:

- File Service,
- zentrale und verteilte Datenbanken,
- Electronic Mail (elektronische Mitteilungssysteme),
- Dokumentenaustausch,
- Terminaldienste,
- Druckdienste.

Alle standardisierten Anwendungsdienste sind im Abschnitt 6.3.2 aufgeführt. Diese Dienste kann der Anwender unmittelbar nutzen, er kann aber auch auf sie applikationsspezifische Software aufsetzen. Höhere Kommunikationsdienste werden in der Regel durch Server realisiert. Das sind Spezialsoftware und/oder -hardware. Server als Geräteausführung werden im Abschnitt 2.3 behandelt. Lokale Netze, die nur Basis-Kommunikationsdienste bereitstellen, werden als Übertragungs- oder Transportsysteme bezeichnet und solche mit höheren Kommunikationsdiensten als Lokale Rechnernetze (siehe Kapitel 6).

Leistung und Komfort der höheren Kommunikationsdienste sind vom LAN-Betriebssystem abhängig. Dienste, Anwendungen und gemeinsame Betriebsmittel jeglicher Art sollten zentral, verteilt und/oder spezifisch genutzt werden können.

File Service

Den Kern eines File Service bilden die Dateipflegefunktionen. Sie ermöglichen einem Nutzer, Dateien in einen File Server zu schaffen, zu ändern und zu löschen. Dazu gehört, daß die Zugriffsrechte auf die Dateien überwacht werden, damit die angeschlossenen Nutzer nur auf diejenigen Dateien zugreifen können, zu denen sie die Zugriffsberechtigung besitzen. Zusätzlich muß zwischen den Stationen der Zugriff auf Dateien koordiniert werden, so daß die Datenintegrität auch in einer verteilten Mehrnutzerumgebung gewährleistet ist, wenn mehrere Stationen gleichzeitig dieselben Daten benutzen wollen. Zu den Dateipflegefunktionen des File Service in einem Lokalen Netz gehören:

– Erzeugen einer neuen Datei, Umbenennen einer Datei,
– Attribute einer Datei festlegen,
– Suchen einer Datei, Suchen in einer Datei,
– Öffnen einer Datei, Schließen einer Datei,
– Lesen einer Datei, Schreiben in eine Datei,
– Absenden einer Datei, Absenden von Teilen einer Datei,
– Empfangen einer Datei, Empfangen von Teilen einer Datei,
– einer Task Zugriff auf eine Datei gewähren,
– Statusinformationen einer Datei abfragen,
– Kopieren von einer Datei zur anderen,
– Dateien zum Löschen freigeben, Dateien löschen,
– Wiederherstellen einer gelöschten Datei.

Intern muß die File Service-Umgebung eine breite Palette von Unterprogrammaufrufen zur Synchronisation von Datenzugriff und Datennutzung bieten. Dadurch können die Dateianforderungen von allen Nutzern an die File Services des LAN weitergeleitet werden. Für die Zuordnung zwischen der logischen und der physischen Datenadressierung wird in der Regel eine Dateizuordnungstabelle (File Allocation Table = FAT) benutzt. Ein FAT-Schema ist eine einfach verknüpfte Liste von Pointern, die auf Plattenbereiche von z. B. 4 KByte weisen und den Daten einer bestimmten Datei entsprechen. Das Betriebssystem durchsucht die Liste und ermittelt so, wo sich die angeforderten Daten auf der Platte befinden. Jede Datei hat ihre eigene FAT-Liste, die enthält, wo die Daten der Datei gespeichert sind. FAT-Listen können nur vorwärts in aufsteigender Reihenfolge durchsucht werden und sind deshalb nur für sequentielle Dateizugriffe sehr gut geeignet. Bei größeren und häufig benutzten Dateien können die damit verbundenen langen Zugriffszeiten durch die Verwendung von FAT-Indextabellen vermieden werden.

Der File Service ist einerseits die Voraussetzung für den Zugriff auf zentrale Datenbestände in einem Lokalen Netz und kann andererseits dazu dienen, auf mehreren Computern zusammenhängende Dateien zu erstellen und zu nutzen. Dadurch wird die externe Speicherkapazität der Computer im Lokalen Netz stark erweitert.

22

Elektronische Mitteilungssysteme

Mit den elektronischen Mitteilungssystemen EMS (Electronic Mail) erfolgt eine Kommunikation von Person zu Person über eine Mailbox und nicht direkt von Station zu Station, wie dies bei Telex oder Teletex der Fall ist. Die Mitteilungen werden über ein Computer-Terminal, einen Personalcomputer oder eine multifunktionale Arbeitsstation eingegeben. Diese Arbeitsplatzgeräte stehen mit einer „Mailbox", also einem elektronischen Briefkasten, in Verbindung. Die Mailbox befindet sich in einem Computer und läßt sich als Speicher vorstellen, der von einer speziellen Software für EMS verwaltet wird. Der Zugriff zum Speicher erfolgt willkürlich, d. h., Sender und Empfänger der Mitteilungen sind zeitlich entkoppelt. Mit Hilfe eines EMS werden z. B. folgende Funktionen realisiert [1-7]:

— Adressieren mit Namen (auch Vornamen und Spitznamen sind möglich),
— Antworten, Weiterleiten, Wiedervorlegen, Versenden usw. durch einfachen Befehl,
— Verzeichnis der Mitteilungen im Posteingang und -ausgang,
— Verwaltung von „Betreffen",
— Identifikation der Ketten von Mitteilungen und Antworten sowie die Möglichkeit, diese Kette wieder aufzufinden,
— Kalenderführen mit automatischer Wiedervorlage,
— Archivierungs- und Retrievalfunktionen (z. B. Suche nach Autor, Datum, Betreff),
— integrierte Textverarbeitung,
— Verteilerliste mit Kurzadresse,
— Verzeichnis der Teilnehmer,
— Anpassung an unterschiedliche Terminals und Nutzergewohnheiten.

Es ist wichtig, daß die EMS-Software die typischen Arbeitsweisen der Nutzer unterstützt und bei Bedarf die Kompatibilität zu anderen EMS herstellt. Ein Mailbox-Rechner verwaltet den Eingang und Versand der Mitteilungen nicht nur für die Nutzer, die direkt an ihm angeschlossen sind, sondern auch für die Kommunikation mit anderen Rechnern, um z. B. Mitteilungen zu übersenden, damit sie andernorts in den elektronischen Briefkasten des Empfängers gelegt werden. Beispiele für die Anwendung von EMS, die sich aus der täglichen Büroarbeit ergeben, sind:

— Abstimmen von Terminen,
— Erinnern an fällige Arbeiten und Termine,
— Weitergabe von Hinweisen, Ideen, Bitten und Anfragen,

– Antworten auf Anfragen, Anträge und Bitten,
– Verteilen von organisatorischen Mitteilungen,
– Weiterleiten von Informationen an einen Stellvertreter oder an die Mitarbeiter einer organisatorischen Einheit,
– Sammlung von Tagesordnungspunkten,
– Übermittlung von persönlichen Informationen.

Mit Hilfe eines EMS können zum Beispiel mehrere, räumlich verteilte Mitarbeiter eine Aufgabe in einer längeren „elektronischen" Konferenz lösen. Jeder informiert über Zwischenergebnisse und liefert so möglicherweise einen wichtigen Hinweis für die aktuelle Arbeit des anderen. Es ist möglich (z. B. vor Besprechungen), einen Abstimmungsprozeß kontinuierlich aufrechtzuerhalten, indem z. B. ein Dialog über mehrere Tage so lange fortgesetzt wird, bis das anstehende Problem abschließend behandelt worden ist.

Das Spektrum der Anwendung von EMS reicht vom Großrechner über mittlere Anlagen bis zu Minirechnern, bei denen zur vorhandenen Software die EMS-Software hinzugefügt wird. Doch werden zunehmend EMS-Server entwickelt. Das sind Spezialrechner für EMS, die gegenüber den Universalrechnern mit EMS bezüglich des Preis-Leistungs-Verhältnisses überlegen sind. Diese EMS-Server sind in Lokale Netze leicht zu integrieren.

Außer den innerbetrieblichen EMS gibt es die Möglichkeit des externen Mailbox-Dienstes. So können alle EMS, die nach dem neuen Standard X.400 bis X.420 ausgelegt sind, weltweit miteinander Mitteilungen austauschen [1-13].

Dokumentenaustausch

File Service und Electronic Mail ermöglichen, daß eine Nachricht vom Sender zum Empfänger gelangt. Diese Dienste enthalten normalerweise keine Regelungen über die Interpretation der Daten. Deshalb sind Syntaxen oder Austauschformate oft zweckmäßig, damit die Anwendungen die empfangenen Nachrichten automatisch verstehen und interpretieren können. Dafür gibt es mehrere Möglichkeiten.

Bei dem Dokumentenaustausch wird zwischen Sender und Empfänger ein Bearbeitungsmodell definiert. Es werden nur Angaben zu den Dokumentstrukturen sowie der eigentliche Dokumentinhalt übertragen. Jedes Dokument wird einer Dokumentklasse zugeordnet, die die gemeinsamen Eigenschaften und Regeln für die ihr zugehörigen Dokumente enthält. Die Dokumentklassen werden formal beschrieben und sind damit maschinell von der empfangenen Applikation interpretierbar. Kennt der Empfänger bereits die Dokumentklasse, dann muß diese Information nicht mehr übertragen werden. Sind mehrere Dokumente der gleichen Klasse zu übertragen, so ist die Beschreibung der Klasse nur einmal anzugeben. Das Dokumentklassenkonzept erlaubt auch Editierunterstützung bezüglich einheitlicher Gestaltung von Dokumenten. Da es beliebig viele Dokumentklassen gibt, enthält ein Dokumentenaustauschsystem Beschreibungsmittel zur Definition von Dokumentklassen. Ein Beispiel für den Dokumentenaustausch ist ODA/ODIF (Office Document Architecture/ Office Document Interchange Format) [1-23]. Dies ist eine Norm für den Austausch und die **menschenlesbare** Darstellung von Dokumenten im Bürobereich. Als Inhalt sind Text, geometrische Graphik und Rastergraphik zugelassen.

Ein anderes Austauschformat ist SGML (Standard Generalized Markup Language), das sich von ODA dadurch unterscheidet, daß es „nur" eine Notation enthält, ohne daß ein Modell festgelegt wird. Für den Austausch von SGML-Dokumenten müssen die Partner deshalb zusätzlich Dokument Type Definitions vereinbaren. Dies ist nur für (große) geschlossene Nutzergruppen akzeptabel. EDIFACT (Electronic Data Interchange for Administration, Commerce and Transport) ermöglicht elektronischen Geschäftsverkehr dadurch, daß Geschäftsdaten in einem genormten Format zwischen unterschiedlichen EDV-Systemen ausgetauscht werden [1-24]. Obwohl solche Daten oft auch in Dokumenten vorkommen, wie Angeboten, Bestellungen, Lieferscheinen oder Rechnungen, so ist EDIFACT nur für die Übertragung dieser Daten gedacht, nicht jedoch für deren menschenlesbare Darstellung als Teil eines Dokuments. EDIFACT-Daten werden normalerweise zwischen DV-Systemen ohne Einwirkung des menschlichen Anwenders ausgetauscht.

Zentrale und verteilte Datenbanken

In einer Datenbank lassen ich zwei Funktionseinheiten unterscheiden, das sind das Datenbanksystem und die Datenbasis. Das Datenbanksystem ist ein Softwaresystem, das die Datenbankfunktionen (Speichern, Suchen, Ändern usw.) ausführt. Die Datenbasis enthält die dargestellten Informationen über die relevanten Teile der betrachteten Objekte. Da Aufbau, Nutzung und Pflege einer Datenbank aufwendig sind, besteht normalerweise die Notwendigkeit zur Mehrfachnutzung. Diese ist möglich, indem entweder eine zentrale Datenbank an ein Netz (Terminalnetz, Lokales Netz, Fern-Netz) angeschlossen oder indem eine verteilte Datenbank eingerichtet wird. In beiden Fällen kann als Kommunikationssystem ein LAN verwendet werden. Bei einer zentralen Datenbank wird den Nutzern des Netzes die Möglichkeit des Fernzugriffes auf die Datenbank gegeben – mehr nicht. Da die zentrale Datenbank oft zum Engpaß im System wird, ist es günstiger, eine Datenbank zu verteilen.

Bei einer Datenbank lassen sich grundsätzlich die beiden Funktionseinheiten – Datenbanksystem und Datenbasis – verteilen. Die Datenbasis sollte so verteilt werden, daß ihre Komponenten am Ort ihrer häufigsten Nutzung vorliegen. Das ist sowohl statisch als auch dynamisch möglich. Bei der statischen Verteilung wird im Verlaufe der Projektierung entschieden, welche Daten auf den einzelnen Rechnern des Netzes geführt werden, bei der dynamischen Verteilung hingegen wandern die Daten zu der Verarbeitungseinheit, an der sie zuletzt genutzt wurden bzw. wo nach statistischen Auswertungen am häufigsten mit ihnen gearbeitet wird.

Wenn in einer verteilten Datenbank die Datenbasis verteilt ist und nicht das Datenbanksystem, dann wird das Datenbanksystem zum Flaschenhals. Notwendig sind deshalb Programme, die sich physisch in der Nähe der ausgelagerten Daten befinden und die eine Zugriffsberechtigung auf die verteilten Daten besitzen. Diese Programme werden durch das Verteilte Datenbanksystem bereitgestellt. Verteilte Datenbanksysteme sind eine vergleichsweise junge Disziplin in den Bereichen der Datenbanktechnologie und Rechnernetze, die ab Mitte der siebziger Jahre stetig steigendes Interesse gefunden hat. Eine Datenbank heißt verteilt, wenn ein logisch integrierter Datenbestand physisch auf mehrere Rechner verteilt ist. Dabei bedeutet logisch integriert, daß einerseits jeder Rechner über ein Netzwerk Zugriff auf den gesamten Datenbestand hat und andererseits zwischen den Daten Abhängigkeiten statischer und dynamischer Natur bestehen.

Verteilte Datenbanksysteme sind wegen des starken Einflusses auf DB-Adminstration, Datenverteilung, Entwurf der Transaktions-Steuerung usw. entweder auf Lokale Netze oder auf Fern-Netze zugeschnitten. Eine umfassende Behandlung Verteilter Datenbanken befindet sich in [1-17].

Druckdienste

Die Druckdienste ermöglichen die gemeinsame Nutzung von Druckern auf der Basis von Druck-Servern mit Spoolfunktionen. So muß nicht für jeden am Lokalen Netz angeschlossenen Rechner ein eigener Drucker angeschafft werden. Dies ist dann interessant, wenn die Kosten für Drucker die Größenordnung der Rechnerkosten erreichen oder wenn sehr leistungsfähige Drucker (z. B. Laserdrucker) eingesetzt werden sollen.

Die entfernten Druckfunktionen ermöglichen einer Station, Daten auf den Druckserver zu übertragen, damit sie später auf einem der gemeinsam genutzten Drucker ausgedruckt werden können. Ferner gehört zu einem Druckdienst, daß die Stationen den aktuellen Status eines Druckers abfragen können und die aktuelle Job-Warteschlange des Druckers abrufen und aus ihr beliebige Jobs streichen können, die sie zuvor eingefügt hatten. Ein Druckdienst besteht im einzelnen aus den folgenden Funktionen:

- Erstellen einer Druck-Spool-Datei,
- Einfügen von Daten in eine Druck-Spool-Datei,
- Einreihen einer Spool-Datei in eine Warteschlange,
- Festlegen von Druckparametern,
- Durchsuchen einer Spool-Warteschlange,
- Abfragen des aktuellen Druckerstatus,
- Löschen eines Jobs aus der Spool-Warteschlange.

Terminaldienste

Diese Dienste ermöglichen, daß von einem Terminal oder Personalcomputer mit Terminalemulation aus jeder der vorhandenen großen und kleinen Hostcomputer angesprochen werden kann. Allgemein muß die für den ausgewählten Rechner übliche Art des Anschlusses berücksichtigt werden.

Als Hostcomputer (Endsysteme, Verarbeitungsrechner, Wirtsrechner) werden Computer (bzw. EDV-Installationen) bezeichnet, die für das Netz Quellen und Senken von Informationen darstellen. In Hostcomputern entstehen Nachrichten, die dem Netz zur Übertragung an andere Hostcomputer oder Terminals übergeben werden und an sie gelangen über das Netz von anderen Hostcomputern oder Terminals Nachrichten zur Verarbeitung.

Terminalunterstützung ist für Applikationsprogramme oder Nutzer notwendig, die Terminals zur direkten Kommunikation mit einer anderen Station benötigen. Die Unterstützung wird entweder durch Spezialhardware erreicht, die den direkten Anschluß der Terminals an das Netz gestatten, oder durch Spezialsoftware innerhalb der Endsysteme, die ermöglicht, daß Terminals unterschiedlicher Typen mit den Endsystem-Applikationen zusammenarbeiten. Beispiele für solche Software sind die virtuellen Terminalprotokolle und die Protokollkonverter, die die Terminalparameter in eine einheitliche Darstellungsform des Lokalen Netzes umwandeln.

2 Struktur Lokaler Netze

Ist die Leistung eines Rechnersystems für die Lösung eines Aufgabenkomplexes nicht ausreichend, dann kann entweder der Übergang auf ein Rechnersystem mit einer entsprechend größeren Leistung erfolgen oder eine Leistungssteigerung durch die Kopplung zwischen autonomen Rechnern erreicht werden. Dafür gibt es folgende Möglichkeiten:

— Externspeicher-Kopplung,
— Arbeitsspeicher-Kopplung,
— Kanal-Kopplung,
— Kopplung mehrerer Prozessoren über Multiport-Speicher,
— Kopplung über gemeinsamen Bus,
— Kopplung über Daten-(Fern-)Übertragungsleitung,
— Kopplung über i. a. einen Kommunikationskanal, der von allen Kommunikationspartnern gemeinsam genutzt wird.

Für Lokale Netze ist die zuletzt angeführte Variante typisch.

2.1 Definition Lokaler Netze

„Ein Lokales Netz (LAN; Local Area Network) ist ein Datenkommunikationssystem, das die Kommunikation zwischen mehreren unabhängigen Geräten ermöglicht. Ein LAN unterscheidet sich von den anderen Arten von Datennetzen dadurch, daß die Kommunikation üblicherweise auf ein in der Ausdehnung begrenztes geographisches Gebiet, wie ein Bürogebäude, ein Betriebsgelände u. dgl., beschränkt ist. Das Netz stützt sich auf einen Kommunikationskanal mittlerer oder hoher Datenrate, welcher eine durchweg niedrige Fehlerrate besitzt. Das Netz befindet sich im Besitz und Gebrauch einer einzelnen Organisation. Dies steht im Gegensatz zu Fern-Netzen, die Einrichtungen in verschiedenen Teilen eines Landes miteinander verbinden oder als öffentliche Kommunikationsmittel benutzt werden."

Diese von den Standardisierungsgremien ECMA und IEEE vorgelegte Definition ist bewußt allgemein gehalten, um im Zusammenhang mit der Entwicklung Lokaler Netze unnötige Diskussionen um Begriffe zu vermeiden! Dies erfordert jedoch, daß die wichtigsten Aspekte der Definition konkretisiert werden müssen. Zur Kennzeichnung und Abgrenzung Lokaler Netze gegenüber den anderen Systemen der Informationsverarbeitung sind mindestens die folgenden Kriterien notwendig:

- Grad der räumlichen Entfernung,
- Art der Verarbeitungsknoten VK,
- Art der Kopplung,
- Übertragungsmedien,
- Trägertechnologien,
- Steuerverfahren (Zugriffsverfahren),
- Kontrollstruktur,
- Topologie.

Für die zu realisierenden Kommunikationsfunktionen ist der Grad der räumlichen Entfernung zwischen den Verarbeitungsknoten VK wichtig. Dafür gibt es folgende Möglichkeiten:

1. räumlich konzentriert. Alle VK befinden sich in einem Gehäuse (Schrank) oder in mehreren unmittelbar benachbarten Gehäusen.

2. räumlich verteilt. Die VK sind über ein Gebäude, einen Komplex von Gebäuden oder ein Gelände verteilt.

3. geographisch verteilt. Die VK verteilen sich über ganze geographische Regionen, z. B. Städte, Länder, Kontinente.

Davon abgeleitet werden die Kommunikationssysteme unter Berücksichtigung der realisierten logischen Struktur eingeteilt in (siehe Bild 2-1):

- Verteilte Polyprozessor-Systeme (distributed processors),
- Lokale Netze (local area networks LAN),
- Fern-Netze (wide area networks WAN oder langhaul networks),
- Globale Netze (global area networks GAN).

Lokale Netze benutzen im Gegensatz zu Fern-Netzen keine öffentlichen Übertragungsleitungen (Post).

Die Übertragung der Nachrichten in Lokalen Netzen erfolgt bitseriell über verdrillte Leitungen, Koaxial-/Triaxialkabel, Lichtwellenleiter oder drahtlos. Diese Medien sind zum Überwinden relativ kurzer Entfernungen besonders gut geeignet, weil sie eine hohe Übertragungssicherheit von etwa 10^9 bei relativ niedrigen Kosten ermöglichen. Als Trägertechnologien werden Basisband- und/oder Breitbandübertragung angewendet. Die Steuer-

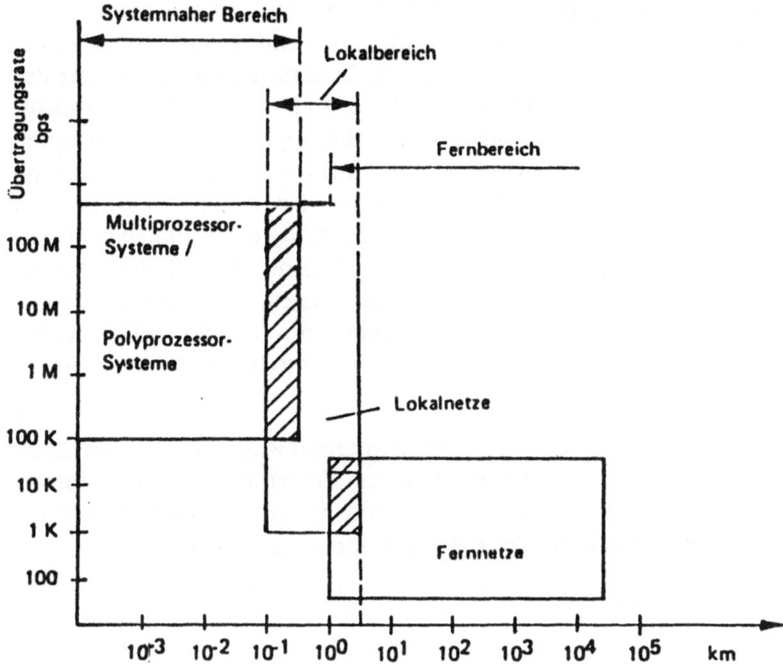

Bild 2-1. Lokale Netze und andere Kommunikationssysteme

verfahren (Zugriffsverfahren) regeln den Zugriff der Stationen zum Kommunikationskanal und den Transfer der Nachrichten über den Kanal. Für Lokale Netze sind Mehrpunktverbindungen typisch, bei denen im Gegensatz zu den Punkt-zu-Punkt-Verbindungen, wo eine Leitung jeweils nur zwei Stationen miteinander verbindet, an dieselbe Leitung mehr als zwei Stationen angeschlossen werden. Zwei in ein Mehrpunktnetz integrierte Stationen können nicht gleichzeitig senden. Deshalb müssen die Steuermechanismen den Fall behandeln, daß zu einem bestimmten Zeitpunkt mehrere Stationen senden wollen. Dafür wurden kollisionsfreie und kollisionsbehaftete Steuerverfahren entwickelt. Kollisionsfrei bedeutet, daß die Stationen nach einem derterministischen Algorithmus die exklusive Kontrolle über das Übertragungsmedium erhalten. Die kollisionsbehafteten Verfahren (Konkurrenzverfahren) erlauben den sendewilligen Stationen, spontan den Übertragungskanal zu benutzen. Dabei können Kollisionen entstehen, deshalb müssen diese Steuerverfahren eine Konflikterkennung und Konfliktbereinigung beinhalten. Overhead ist der Anteil der zu übertragenden Informationen (Nachrichten- und Paketrahmen sowie Steuernachrichten), der zur Abwicklung, Sicherung und Verwaltung des Nutzdatentransports notwendig ist. In Lokalen Netzen werden physikalische Übertragungsmedien eingesetzt, die Übertragungsgeschwindigkeiten von einigen 100 KBit/s bis zu einigen 100 MBit/s ermöglichen. Aufgrund dieser hohen Geschwindigkeiten bestehen bei den Lokalen Netzen im Gegensatz zu den Fern-Netzen keine Beschränkungen bezüglich der Overhead-Informationen. Deshalb werden vorwiegend einheitliche Übertragungsformate mit festen Strukturelementen eingesetzt – statt Formate mit optionalen Elementen. Außerdem ist es möglich, so umfangreiche Adressen zu verwenden, daß die Adressierung einer großen Anzahl von Stationen und Prozessen direkt möglich ist.

Die Steuerungsstruktur einer Rechnerarchitektur wird durch Spezifikation der Algorithmen für die Interpretation und Transformation der Informationskomponenten der Maschine bestimmt. Dabei ist zwischen den beiden hauptsächlichsten Steuerungsstrukturen zu unterscheiden:

— Systeme mit zentralisierter Steuerung („Master-Slave"-Prinzip),
— Systeme mit verteilter Steuerung (Prinzip der „kooperativen Autonomie").

Für Lokale Netze ist die verteilte Steuerung typisch. Mit ihr sind höhere Übertragungsraten möglich als in Systemen mit der zentralisierten Steuerung.

Bei gleichberechtigter (Peer-to-Peer-)Kommunikation kann jede der Partnerinstanzen von sich aus aktiv werden und Nachrichten an die andere schicken. Wegen der dabei möglichen Überschneidungen ist diese Art des Zusammenwirkens schwieriger zu koordinieren als das hierarchische Prinzip. Sie ist jedoch flexibler, da sie bei den unterschiedlichen Netzstrukturen die Zusammenarbeit „jedes mit jedem" erleichtert.

Polyprozessor-Systeme funktionieren nach dem Prinzip der verteilten Steuerung und Multiprozessor-Systeme nach dem der zentralisierten Steuerung [2-12].

Die Topologie beschreibt die Verbindungsstruktur zwischen den Stationen und den für eine Kommunikation notwendigen Vermittlungsstellen im Netz. Die irreguläre Netzstruktur, die als allgemeine Topologieform normalerweise bei Fern-Netzen vorliegt, erfordert relativ aufwendige Vermittlungsverfahren und ist deshalb für den Lokalbereich ungeeignet. Um hohe Übertragungsleistungen zu erreichen, werden bei Lokalen Netzen Einschränkungen in der Topologie akzeptiert, wie sie bei Stern-, Bus- und Ringstrukturen vorliegen.

Zusammenfassend kann ein Lokales Netz wie folgt gekennzeichnet werden:

1. Ein Lokales Netz ist ein Kommunikationssystem, das die Kommunikation zwischen mehreren unabhängigen Geräten in einer räumlich verteilten Umgebung realisiert.

2. Im Netz kann jede Station mit jeder anderen Station kommunizieren. Zwischen unterschiedlichen Rechnern und Geräten verschiedener Hersteller wird ein hoher Grad des Zusammenwirkens erreicht.

3. In Lokalen Netzen werden in der Regel keine öffentlichen Übertragungseinrichtungen benutzt.

4. Kennzeichnend für Lokale Netze sind hohe Übertragungsraten im Bereich von 1 MBit/s bis etwa 50 MBit/s.

5. Die Übertragung erfolgt vorwiegend bitseriell über verdrillte Leitungen, Koaxial-/Triaxialkabel, Lichtwellenleiter oder drahtlos. Als Trägertechnologien werden Basisband- und Breitbandübertragung verwendet.

6. Die Kommunikation erfolgt durch den Austausch von Nachrichten, d.h., die VK sind schwach gekoppelt.

7. Für Lokale Netze sind Mehrpunktverbindungen typisch, der Zugriff zum Übertragungsmedium wird durch kollisionsfreie oder kollisionsbehaftete Steuerverfahren (Zugriffsverfahren) geregelt.

8. Es bestehen keine Beschränkungen bezüglich der Overhead-Information. Als Steuerungsstruktur wird in Lokalen Netzen überwiegend die verteilte Steuerung angewendet.

9. Lokale Netze sind nach einfachen topologischen Strukturen (Stern, Ring, Bus) aufgebaut.

Durch die weiteren Ausführungen wird die Vielfalt der möglichen Realisierungen für Lokale Netze ersichtlich und dadurch klar, daß die oben aufgeführten Kriterien nicht stets gleichgewichtet gelten können.

2.2 Komponenten Lokaler Netze

Ein Lokales Netz ist ein komplexes System, das sich aus einer Vielzahl von Komponenten zusammensetzt, denn die bei einem Verteilten Informationsverarbeitungssystem mit interaktiver Betriebsweise gebotene Unmittelbarkeit, die gegenüber einem batchorientierten System die viel stärkere Integration eines solchen Systems in den Arbeitsablauf des Nutzers erlaubt, erfordert besonders den absoluten Ausschluß der Gefahr des Eintretens irgendwelcher Ausnahmesituationen im Systemverhalten. Deshalb ist für ein LAN das Erreichen andauernder Kommunizierfähigkeit oberstes Ziel, um den für das Funktionieren des Systems unumgänglich erforderlichen Informationstransfer unter (fast) allen Umständen aufrechterhalten zu können. Dabei gilt, daß das Lokale Netz für den Nutzer völlig transparent sein soll. Die Kenntnis der meisten Komponenten eines LAN ist folglich für die reine Nutzung nicht notwendig; sie ist jedoch erforderlich zur Entwicklung eines LAN, bei der Inbetriebnahme, für Erweiterungen, bei Störungen sowie zur Einschätzung der Leistungen eines LAN. Da sich das Gebiet der Lokalen Netze noch stark entwickelt, sind einzelne Komponenten noch nicht genau definiert, oder es werden nicht immer einheitliche Begriffe verwendet.

Es gibt unterschiedliche Möglichkeiten, ein Lokales Netz in Komponenten aufzugliedern. Ein guter Überblick über die LAN-Komponenten ist möglich, indem das Architekturmodell für Verteilte Systeme nach [2-3] für Lokale Netze angewendet wird. Dieses Modell ist gegenüber der zweiten Methode, der Anwendung des international anerkannten ISO-Referenzmodells für offene Systeme, das in Abschnitt 6 betrachtet wird, nicht durchgehend standardisiert. Mit dem ISO-Referenzmodell hat das Modell nach [2-3] trotzdem einige Gemeinsamkeiten. Es besteht aus drei Dimensionen (siehe Bild 2-2). Die vertikale Dimension kennzeichnet das Lokale Netz als einen Satz logischer Schichten. Diejenigen Komponenten, die in allen logischen Schichten wirken, sind als zweite Dimension auf der horizontalen Achse aufgetragen. Senkrecht zu dieser Ebene ist die dritte Dimension dargestellt, die diejenigen Komponenten enthält, die zur globalen Implementierung und Optimierung aller Teile des LAN notwendig sind, um ein effektives Gesamtsystem zu erhalten. In den logischen Schichten ist die Ebene der Kommunikationsprotokolle enthalten, die im Kapitel 6 im Zusammenhang mit dem ISO-Modell detaillierter behandelt werden.

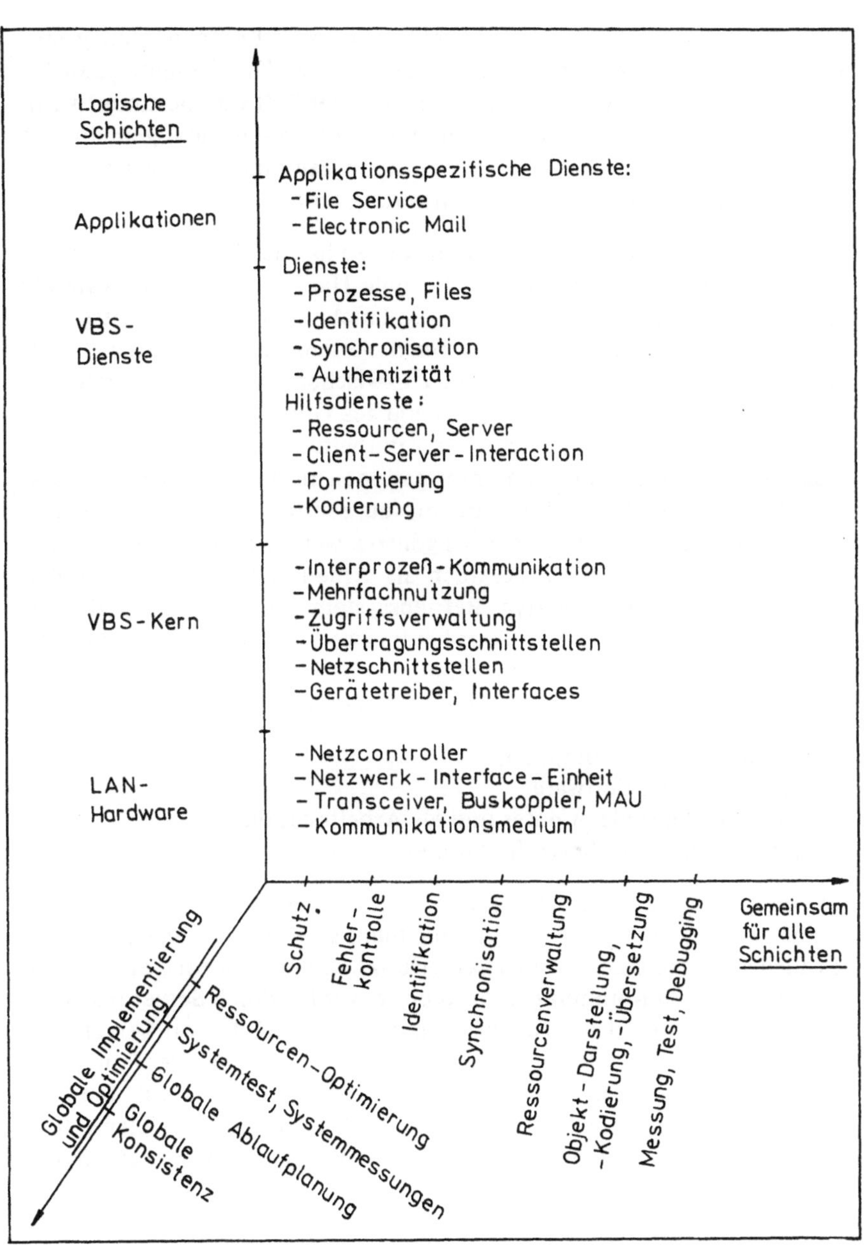

Bild 2-2. Modell eines Lokalen Netzes (nach [2-3])

In einem Lokalen Netz ist die Anzahl der Software-Komponenten größer als die der Hardware-Komponenten (vgl. Bild 2-2). Dies bedeutet, daß der Gebrauchswert eines LAN weitgehend von der Software bestimmt wird. Dabei ist aber zu beachten, daß eine LAN-Software nicht allgemein und universell sowohl für Aufgaben der Fertigungsautomatisierung (Realzeitsysteme) als auch der Büroautomatisierung anwendbar ist.

Im Zusammenhang mit den Lokalen Netzen hat sich das Server-Konzept durchgesetzt. Ein Server ist eine spezielle Hard- und/oder Software für ausgewählte Funktionen, die in der Regel mehrere oder alle Arbeitsstationen des Lokalen Netzes nutzen können. Anfangs bezog sich der Begriff Server nur auf Spezialcomputer, doch inzwischen wird er umfassender angewendet. Ein Server als ein eigenständiges Gerät ist ein Computer zur Unterstützung der Übertragung, der Verarbeitung, der Speicherung und/ oder der Ausgabe ausgewählter Informationen im Netz. Darüber hinaus ist es üblich, separate Server-Software im Netz zentral, verteilt und/oder spezifisch einzusetzen. Natürlich ist es günstig, wenn ein Server, der als Spezialcomputer realisiert wurde, auch als Arbeitsstation genutzt werden kann. Dies ist vom Servertyp, Betriebssystem u.a. abhängig und nicht immer möglich. Andererseits ist es häufig zweckmäßig, daß in die Arbeitsstationen ausgewählte Serverfunktionen integriert werden. Somit ergeben sich für Server in Lokalen Netzen vier Realisierungsmöglichkeiten:

– Server als Spezialcomputer,
– separate Server-Software,
– Server als Spezialcomputer und als Arbeitsstation,
– Arbeitsstation mit Serverfunktionen.

In einem leistungsfähigen PC oder Minicomputer können gegebenenfalls mehrere unterschiedliche Server implementiert werden. Umgekehrt kann es auch sein, daß eine einzelne Serverfunktion mehr als ein Gerät verwaltet. Die höheren Kommunikationsdienste werden durch Server realisiert, die Basis-Kommunikationsdienste entweder mit Hilfe von Server-Software oder durch LAN-Basissoftware. Die Bezeichnung und der Funktionsumfang der einzelnen Typen sind nur bei einigen Servern, z.B. den File-Servern und den Druck-Servern, einheitlich festgelegt, in vielen Fällen werden sie herstellerabhängig verwendet. Die wichtigsten Servertypen sind:

– File-Server (Dateiverwalter),
– Druck-Server (Print-Server),

- Datenbank-Server,
- EMS-Server (Elektronische Mitteilungssysteme, Mailbox),
- Interconnect-Server (Gateways, Brücken),
- Stapeljob-Server,
- Archivierungs-Server,
- Terminal-Server,
- Kommunikations-Server.

Die Druck-Server, die Stapeljob-Server und die Archivierungs-Server sind typische Server mit einer von den Nutzern direkt beeinflußbaren Warteschlangen-Verwaltung.

Als Client-Server-Prinzip wird eine Arbeitsweise bezeichnet, bei der ein Nutzer, der einen besonderen Dienst haben will (z. B. Ausgabe auf einem Laserdrucker), als Kunde (Client) einen Auftrag an einen Server gibt. Obwohl die Auftragsbeziehung eine gewisse Hierarchie impliziert, können Client und Server gleichberechtigt (Peer-to-Peer) miteinander kommunizieren. Die Rolle als Client oder Server ist nicht unbedingt fest zugeordnet. So kann zum Beispiel ein Server, um seinen Dienst zu erbringen, gegenüber einem „Unterauftragnehmer" wiederum als Client auftreten.

2.2.1 Hardware-Komponenten Lokaler Netze

Ein Lokales Netz besteht so wie jedes andere Kommunikations-Netzwerk aus drei Basis-Hardware-Elementen. Dies sind das Übertragungsmedium unterschiedlicher Struktur (Topologie), die Endsysteme (Stationen) und die Interface-Einrichtungen zwischen den Stationen und dem Netz. Das Lokale Netz ist ein verteiltes Übertragungs- und Vermittlungssystem, an das Stationen unterschiedlichen Typs angeschlossen werden können, die sich bezüglich Art und Leistung sehr voneinander unterscheiden. Wie bereits angeführt, werden die Stationen in die Server und die Arbeitsstationen eingeteilt. Der Anschluß der Stationen an das Lokale Netz erfolgt hardwaremäßig, indem die Computer entweder direkt oder indirekt mit dem Netz verbunden werden. Direkt bedeutet, daß in die Endsysteme Netzwerkcontroller integriert werden, die den Zugriff auf das Übertragungsmedium realisieren. Die Netzwerkcontroller sind meist gemeinsam mit einer Zusatzelektronik auf einer separaten Leiterkarte angeordnet. Beim indirekten Anschluß wird zwischen den Endsystemen und dem Netz eine Netzwerk-Interface-Einheit (Network Interface Unit NIU) geschaltet, die zum Endsystem hin eine V.24-, X.21- oder andere zweckmäßige

Schnittstelle und netzseitig die LAN-Schnittstelle aufweist (siehe Bild 2-3).

Eine dritte Möglichkeit besteht darin, daß die Stationen über konventionelle Schnittstellen (V.24, X.21 u. a.) an LAN-Boxen (Zugriffsboxen) angeschlossen werden. Das sind Kommunikationscomputer, die netzseitig ein LAN-Interface und stationsseitig mehrere Ports enthalten (siehe Bild 2-4). Die Ports werden simultan bedient. Die LAN-Boxen wirken als Multiplexer und realisieren zuverlässige virtuelle Transportverbindungen oder Datagrammtransfer zwischen den Stationen sowie die Anpassung der Nachrichtenformate und -geschwindigkeiten. Die Verwendung des indirekten Anschlusses hat mehrere Vorteile. An den Stationen sind keine Änderungen notwendig, da die Schnittstellen nach außen verlegt sind. Die Konfigurierung ist einfach. Die Flexibilität gegenüber Übertragungsmedium und -technik ist hoch. Sehr nachteilig sind jedoch die vielen notwendigen Protokollumwandlungen und die Begrenzung der Geschwindigkeiten durch die konventionellen Schnittstellen, zum Beispiel bei der V.24 auf 19.2 KBit/s. Die LAN-Boxen können auch ohne ein Lokales Netz eingesetzt werden, denn es ist eine notwendige Bedingung, daß die Ports einer Box auch alle untereinander kommunizieren können. Diese Einsatzform führt zwar zu einem kompletten Kommunikationssubsystem, hat aber mit einem Lokalen Netz nicht viel zu tun (siehe Bild 2-5).

Als *Übertragungsmedium* werden meist Lichtwellenleiter, Koaxialkabel, verdrillte Leitungen oder (seltener) Richtfunkverbindungen eingesetzt. Die Übertragung in Lokalen Netzen wird fast ausschließlich seriell durchgeführt. Der Anschluß der NIU oder Netzcontroller an das Übertragungsmedium erfolgt in der Regel nicht direkt, sondern über Netz-Anschluß-Elemente. Das sind kombinierte Sende- (Transmitter) und Empfangseinrichtungen (Receiver), die als *Transceiver* bezeichnet werden und auf elektronischer oder optischer Basis arbeiten. Besonders bei Bussystemen werden für diese Einheiten auch die Bezeichnungen *Buskoppler* oder MAU (Medium Access Unit) verwendet. Die Schnittstelle zwischen einem Transceiver und einer Ethernetstation wird als AUI (Access Unit Interface) bezeichnet. Die Enden eines LAN mit Baum- oder Linienstruktur werden entweder mit einer Kopfstation oder mit *Abschlußelementen* (Terminatoren) begrenzt, die den jeweiligen Wellenwiderstand haben, um das Signal an diesen Stellen zu vernichten und so Reflexionen zu vermeiden. Ein LAN auf der Basis von Lichtwellenleitern kann mit unterschiedlicher Topologie realisiert werden. So ist es möglich, den elektrischen Bus, z. B.

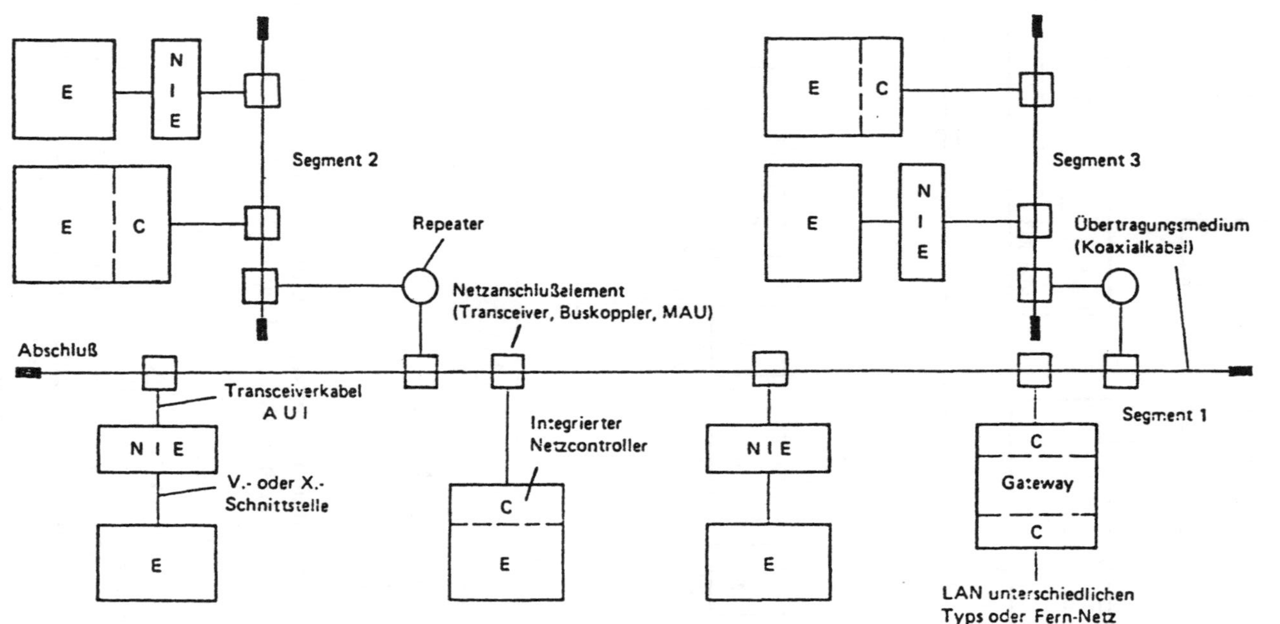

Bild 2-3. Hardware-Komponenten eines Lokalen Netzes am Beispiel eines Bussystems

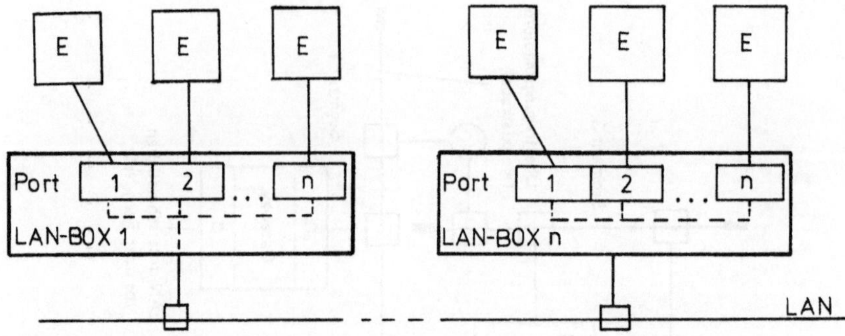

E – Endsystem

Bild 2-4. Lokales Netz mit LAN-Boxen

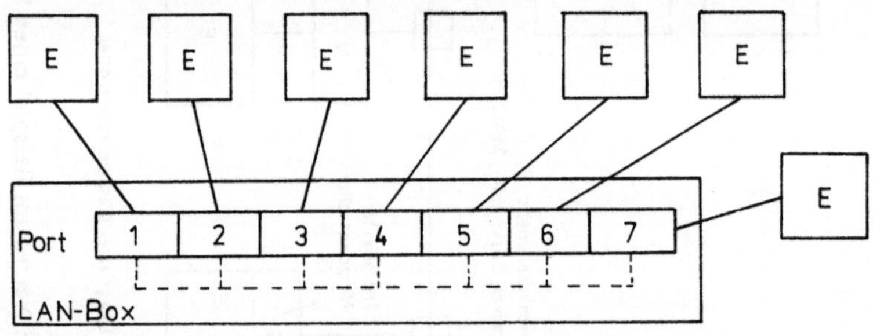

E – Endsystem

Bild 2-5. LAN-Box als Subsystem

ein Koaxialkabel, durch Lichtwellenleiter zu ersetzen und die Koaxial-kabel-Anschlüsse durch *optische T-Koppler*. Die Zahl von Stationen in solch einem System wird durch die Verlustleistungen im gesamten System begrenzt. Deshalb werden zunehmend *optische Sternkoppler* eingesetzt.

In der Praxis ist es zweckmäßig, den Anschluß an ein Lokales Netz mit Hilfe eines Satzes integrierter Bauelemente zu realisieren. Dann wird die Bezeichnung LAN-Controller (Netzwerk-Interface-Controller) gegenüber der oben angegebenen ersten Festlegung oft enger gefaßt (es gibt aber auch bereits einige integrierte Bauelemente, die alle erforderlichen Funktionen in einem Chip vereinigen). Aufbau und Funktion der LAN-Controller sind

40

typabhängig. Als integrierte Bauelemente werden LAN-Controller, Transceiver, serielle Interface-Adapter, Manchester-Kodekonverter, Medium-Interfaces, Protokoll-Handler und/oder Host-Interfaces verwendet (siehe Kapitel 7).

Es ist kennzeichnend, daß als Interface-Einheiten in den letzten Jahren eine Reihe sehr verschiedener Typen mit unterschiedlichen Schnittstellen zum Netz und zum Endgerät entwickelt worden ist. Dazu gehören auch *Front-End-Prozessor-Einschübe* (Boards). Sie ermöglichen, ein Lokales Netz mit unterschiedlichen Bus-Architekturen (Multibus, VME-Bus, Q-Bus, Uni-Bus u. a.) zu verbinden, um so die Integration nichtkompatibler Systeme zu erreichen.

Den Interface-Einheiten sind ebenfalls die nur bei Breitbandsystemen notwendigen *Modems* (Modulator-Demodulator) zuzuordnen. Sie wandeln die von den Stationen abgegebenen binären (seltener analogen) Signale in bandbegrenzte Signale um und setzen diese durch Modulation in den für die Übertragung benutzbaren Teil des Frequenzbereiches um und umgekehrt. Eine *Netz-Steuer-Einheit* unterstützt zentral die Kommunikation zwischen den Stationen, wenn das Steuerverfahren des Lokalen Netzes nicht verteilt ist. Eine Netz-Steuer-Einheit ist in Bild 2-3 nicht enthalten, da sie in die Netz-Zugangs-Logik integriert sein kann und nicht in jedem Fall benötigt wird. Im LAN mit Ringstrukturen sind in die Netz-Interface-Einheiten Signal-Verstärker-Elemente integriert.

Bei anderen LAN-Strukturen, die aus Segmenten gebildet werden, können solche Elemente als separate Bausteine, *Repeater*, eingesetzt werden.

Kopfstationen wirken als Frequenz-Umsetzer und sind nur bei Breitbandsystemen erforderlich (siehe Abschnitt 4.2). Bei einigen LAN-Produkten wird eine *Test- und Überwachungseinheit* als Zusatzeinrichtung geliefert.

2.2.2 Netzwerk-Betriebssystem

Die Übertragung einer Nachricht von einer Station zur anderen über die Hardware-Komponenten des Lokalen Netzes wird durch das Netzwerk-Betriebssystem realisiert, wobei ein Satz von Software-Protokollen in den verschiedenen Schichten abgearbeitet wird. Diese Protokolle sind integraler Bestandteil Lokaler Netze. In der Literatur über Verteilte Systeme wird der Begriff *Protokoll* benutzt als eine Vorschrift, die angewendet wird, um ein Interface zwischen zwei verteilten, voneinander entfernten, miteinander kooperierenden Modulen zu bilden. Diese Module sind ihrem Wesen nach gleich und befinden sich in derselben Schicht in verschiedenen Endsystemen oder Servern (siehe auch Kapitel 6). Ein Protokoll enthält Festlegungen zum Format und zeitbezogenen Ablauf des Informationsaustausches zwischen kommunizierenden Partnern. Es besteht aus einem Satz von Regeln, nach denen eine Nachrichtenverbindung errichtet, aufrechterhalten und zeitlich begrenzt wird und nach denen Nachrichten über diese Verbindung transportiert werden können.

Ein LAN-Betriebssystem hat vor allem folgende Aufgaben zu erfüllen [2-1, 2-5]:

1. Es unterstützt eine Vielzahl unterschiedlicher lokaler Betriebssysteme, wobei gefordert wird, daß die Erweiterung durch das Netzwerk-Betriebssystem keine umfangreiche Modifikationen des vorhandenen Betriebssystems erfordert. Deshalb wird es in den Stationen zweckmäßigerweise als separate Komponente implementiert.

2. Es ist zu unterscheiden zwischen der Kommunikation von Prozessen im selben Endsystem und der Kommunikation von Prozessen in verschiedenen Endsystemen (Inter-Prozeß-Kommunikation, IPC). Die IPC von Prozessen im selben Endsystem besorgt das lokale Betriebssystem in konventioneller Weise. Dagegen muß das Netzwerk-Betriebssystem die Inter-Prozeß-Kommunikation mit einem hohen Maß an Transparenz gegenüber dem Nutzer vollständig realisieren. Dabei ist es konzeptionell zweckmäßig, wenn die interne IPC als Sonderfall der allgemeinen (Netz-) IPC behandelt wird.

3. Die Steuerung des Lokalen Netzes soll nicht in einem Host zentralisiert sein. Jedes Endsystem arbeitet autonom unter seinem Betriebssystem und bei Bedarf mit anderen Endsystemen zusammen. Der Ausfall eines Endsystems soll nicht zum Ausfall des Gesamtsystems führen.

4. Jede Station muß in der Lage sein, Forderungen, die von anderen Stationen kommen, in Abhängigkeit vom eigenen Zustand oder von eingeleiteten Aktivitäten zu akzeptieren oder abzulehnen. Ferner soll eine Station die Möglichkeit haben, bei Akzeptanz eines Auftrages durch mehrere andere Stationen die geeignetste Station auszuwählen.

5. Das Netzwerk-Betriebssystem unterstützt automatisches Ressourcensharing, damit Programme, Daten und andere Ressourcen einem beliebigen Prozeß zugängig gemacht werden können, ohne zu wissen, wo die Ressource aktuell lokalisiert ist.

6. Es liefert einen Satz von Standard-Objektformaten, weil die internen Objektdarstellungen in jedem unterschiedlichen Hostcomputer voneinander abweichen. Aufträge werden in das Standardformat umgewandelt, zur entfernten Zielstation gesendet und dort bearbeitet. Die Ergebnisse werden danach im Standardformat zurückgesendet.

7. Das Netzwerk-Betriebssystem unterstützt die Inter-Prozeß-Kommunikation durch Prozeßnamen, damit ein Prozeßpaar ohne Rücksicht auf seine aktuelle Lokalisierung in den Endsystemen miteinander kommunizieren kann.

8. Das Netzwerk-Betriebssystem soll eine allgemeine Prozeßsteuerstruktur für das Prozeßmanagement besitzen.

9. Es ist in der Regel durchgehend strukturiert entwickelt. Seine Basisfunktionen sind in Module eingeteilt und in einer Hierarchie mehrerer Schichten strukturiert. Dadurch werden hohe Leistungen in den höheren Schichten erreicht, die durch Module der niedrigeren Schichten geliefert werden.

Die gegenwärtig realisierten LAN-Betriebssysteme können in vier Klassen eingeordnet werden [2-7]:

- netzwerkfähige Betriebssysteme,
- Multi-Image-Netz-Betriebssysteme,
- Single-Image-Netz-Betriebssysteme,
- Verteilte Betriebssysteme [2-2, 2-4].

Das Betriebssystem eines autonomen Computers, der keine Kommunikation und Kooperation mit anderen Computern ermöglicht, wird als lokales Betriebssystem (LOS) bezeichnet. Das LOS wird netzwerkfähig, wenn es Kommunikationskomponenten (KOM) enthält. Diese KOM in den Betriebssystemen der beteiligten Computer basieren auf denselben Kommunikationsprotokollen, während die LOS selbst unterschiedlich sein können. Mit solchen netzwerkfähigen Betriebssystemen wird nur eine Kommunikation erreicht, eine eigenständige Kooperation zwischen den LOS ist nicht möglich. Zur Kommunikation eines Nutzers des Computers A mit Computer B muß sich der Nutzer von A zunächst bei B anmelden. Erst danach können z. B. Dateien übertragen werden. Das Anwendungsprogramm in einem Computer nutzt außer dem Interface zum LOS (LOS-IF) das zu den KOM (KOM-IF) (siehe Bild 2-6a).

Netz-Betriebssysteme NOS (Network Operating System) sind eine Erweiterung der lokalen autonomen Betriebssysteme. Es wird so der Übergang von nur kommunizierenden zu kommunizierenden *und* kooperierenden Systemen erreicht. Ein Nutzer oder Anwendungsprogramm muß sich nicht vorher bei einem anderen System anmelden, um dessen Dienste nutzen zu können, denn die Betriebssysteme können bei der Abwicklung von Funktionsaufrufen eigenständig miteinander kooperieren. Die Verwaltung der Zugriffsrechte ist verteilt. Es existiert für alle im NOS integrierten Computer keine zentrale Instanz, die sämtliche Zugriffsrechte für alle Betriebsmittel verwaltet. In jedem Computer verwaltet der Administrator autonom seine lokalen Betriebsmittel und bestimmt, wann wer in welchem Umfang Zugriffsrechte erhält.

Mit dem NOS wird Ortstransparenz erreicht. Darüber hinaus ist auch Strukturtransparenz notwendig. Die Darstellung von Daten desselben Typs – beispielsweise reelle Daten – ist auf verschiedenen Computern in der Regel unterschiedlich. Um bei der Transformation der Daten eine typgemäße Interpretation zu erreichen, wird im NOS intern eine einheitliche Beschreibung verwendet (ASN1 im OSI), für die Konvertierungsroutinen existieren.

Beim Multi-Image-Netz-Betriebssystem kann ein Anwendungsprogramm sowohl die Dienste des eigenen LOS als auch die auf die anderen Computer verteilten Dienste über die NOS-Schnittstelle (NOS-IF A bzw. B) aufrufen (siehe Bild 2-6 b). Das NOS selbst greift auf die entsprechende LOS-Schnittstelle (LOS-IF) und die Kommunikationsschnittstelle (KOM-IF) zu. Bei unterschiedlichen LOS sind auch die NOS-Schnittstellen verschieden. Dies hat zur Folge, daß zum Beispiel bei der Zusammenschaltung eines OS/2- und eines UNIX-Systems der OS/2-Nutzer ein globales OS/2-Dateisystem und der UNIX-Nutzer ein globales UNIX-Dateisystem sieht. Das NOS übernimmt die entsprechenden Konvertierungen der Dateistrukturen und -inhalte.

Mit Hilfe eines Single-Image-Netz-Betriebssystems wird für unterschiedliche, autonome LOS eine einheitliche Funktionalität erreicht (siehe Bild 2-6 c). In diesem Fall gilt für Nutzer und Anwendungsprogramme auf allen Systemen dieselbe Systemschnittstelle (NOS-IF). Die Dateiarbeit wird von allen Stationen aus mit einem globalen, einheitlichen Dateisystem realisiert. Zu dieser Kategorie der Netz-Betriebssysteme gehört das Net-Ware-Betriebssystem von Novell [2-6].

Die bisher beschriebenen LAN-Betriebssystem-Konzeptionen gelten für einen Verbund autonomer Systeme mit entsprechenden LOS. Eine weitere Entwicklung sind die verteilten Betriebssysteme DOS (Distributed

Operating System), bei denen ein Betriebssystem in funktionale Komponenten aufgespalten wird, die auf die Computerknoten verteilt sind (siehe Bild 2-6 d). Durch die Kooperation zwischen den spezialisierten Funktionskomponenten wird die Funktionalität des verteilten Betriebssystems erreicht. Typische Funktionskomponenten sind zum Beispiel Datei-Server und Druck-Server. Alle Computer mit Anwendungsprogrammen haben eine identische Sicht auf das verteilte Betriebssystem in Form der Schnittstelle DOS-IF. Für ein verteiltes Betriebssystem ist typisch, daß sich in jedem Computerknoten ein identischer Betriebssystemkern befindet.

Das Dateisystem und die Zugriffsrechte werden als gewöhnliche Prozesse oder Dienste betrachtet. Das bedeutet, daß ein Nutzer an einer Workstation ohne jegliche Sekundärspeicher arbeiten kann, seine Daten befinden sich auf einem entfernten Dateiserver. Für verteilte Betriebssysteme ist typisch, daß die Autonomie der einzelnen Rechnerknoten verloren geht. Außerdem entfällt die Notwendigkeit der Behandlung unterschiedlicher Betriebssystem-Kodes auf jedem Knoten. Die Ortstransparenz wird uninteressant, da die Merkmale „lokal" und „entfernt" nicht mehr definiert sind. Das an der Stanford University entwickelte V-System ist ein bedeutendes verteiltes Betriebssystem.

Grundsätzlich gilt, daß die verwendete Software und nicht die Hardware bestimmt, ob es sich um netzwerkfähige Betriebssysteme, Single-Image NOS, Multi-Image NOS oder DOS handelt. Die Grenzen sind dabei nicht immer eindeutig. Ein netzwerkfähiges Betriebssystem und ein NOS kann auf vorhandener Hardware mit entsprechenden Betriebssystemen implementiert werden. Ein verteiltes Betriebssystem setzt meist eine spezielle Konstruktion (Neukonstruktion) voraus.

Entsprechend dem Modell eines LAN nach Bild 2-2 sind die Hauptbestandteile des Kern eines LAN-Betriebssystems [2-3]:

1. der Inter-Prozeß-Kommunikationsdienst,

2. eine Minimal-Software für

   – ein nachrichtenorientiertes Interface zu den Ein-/Ausgabestrukturen der Hardware- und/oder Firmware-Komponenten,

   – die Grundlage zur multiplexen Arbeit mehrerer Komponenten (Komponentenmultiplexen),

   – die Basis zum Erzeugen ausgewählter Prozesse (z. B. E/A-Ressourcen),

   – den Systemschutz und andere Verwaltungsfunktionen.

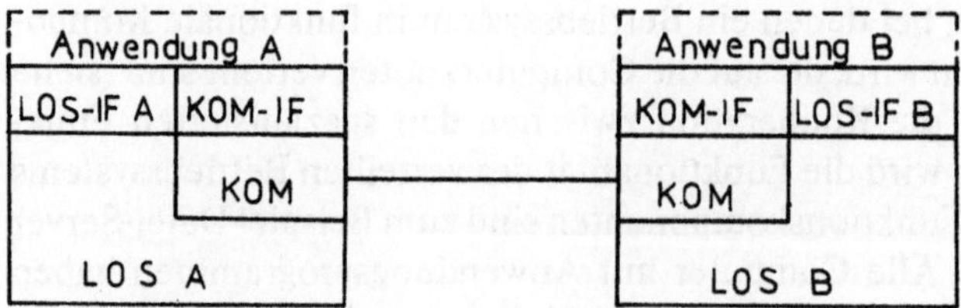

a) Netzwerkfähige Betriebssysteme

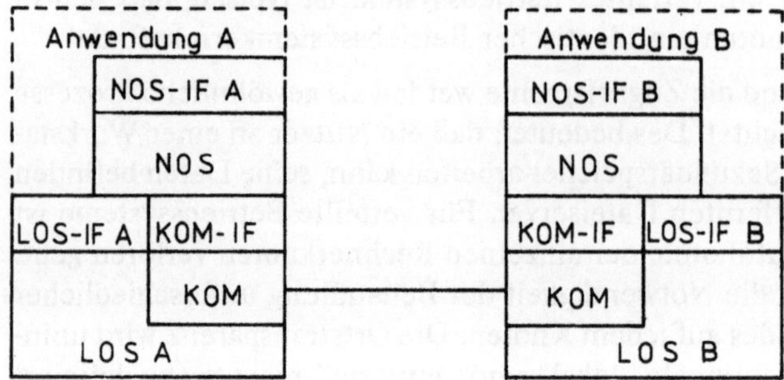

b) Multi-Image-Netz-Betriebssystem

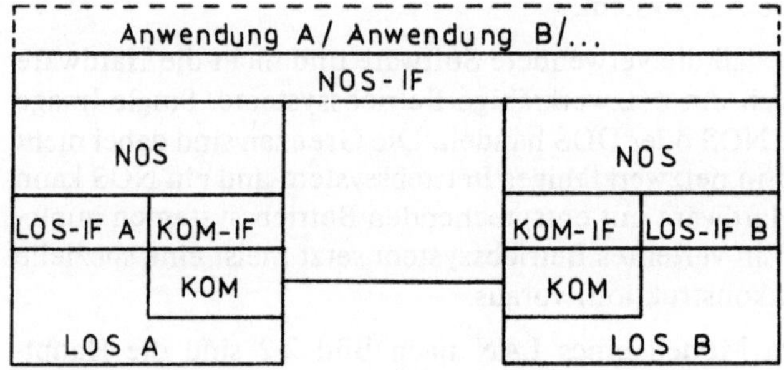

c) Single-Image-Netz-Betriebssystem

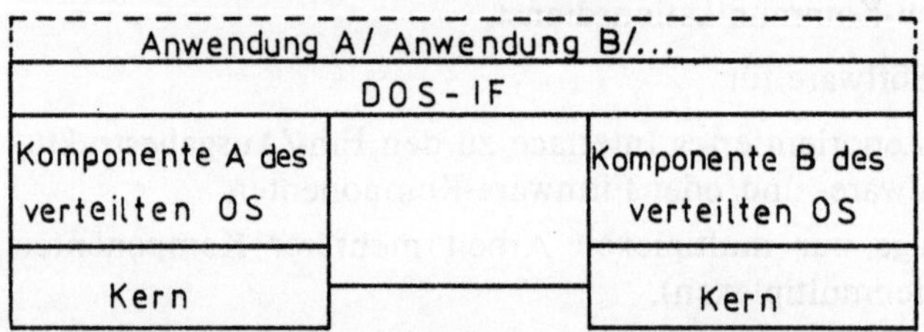

d) Verteiltes Betriebssystem

Bild 2-6. LAN-Betriebssysteme (nach [2-7])

Die Dienste, die die logische *Ebene des Netzwerk-Betriebssystems* liefert, ergeben sich aus der Gesamtheit der entsprechenden Dienste der Endsysteme und Server. Die untergeordneten Dienste, die durch das Netzwerk-Betriebssystem angefordert werden, ergeben sich aus dem Zugriff der meist privilegierten Server zu den Treibern der Kernkomponenten. Das sind logisch begrenzte, privilegierte Prozesse, die sowohl mit den untergeordneten physikalischen Objekten durch Interrupts und privilegierte Kommandos kommunizieren als auch mit den Objekten der höheren Ebene über nachrichtenorientierte Interprozeß-Kommunikationseinheiten. Das Netzwerk-Betriebssystem liefert so für ein umfangreiches Spektrum unterschiedlicher Applikationen Dienste in Form von Prozessen, Files, Identifikatoren, Synchronisationseinheiten u. a. Diese Schicht besteht aus Prozeßsubschichten, die die Dienstleistungen durch Basisprozesse zur Erzeugung, Verwaltung (Durchführung) und Auflösung realisieren (Prozeß-Server). Andere einfache Dienste erlauben den Zugriff zum Speicherraum außerhalb des Prozeß-Speicherraumes und zu anderen Hardware-Komponenten. Hilfsdienste sind ferner die Konsument-Server-Interaktion, Formatierung, Kodierung, Befugnis- und Zulässigkeitskennung.

Die Applikationsschicht enthält die Prozesse für applikationsabhängige Dienste. Das Problem der Applikationen Lokaler Netze wurde bereits im Kapitel 1 behandelt.

Bei Personal-Computern wird die Erweiterung des lokalen Betriebssystems um Netzfunktionen oft als Stations-Shell (Stations-Netzwerk-Shell) bezeichnet. Die Stations-Shell realisiert die Anbindung des PC-Betriebssystems an die Ressourcen und Dienste des Lokalen Netzes. Sie erweitert so den Funktionsumfang des PC-Betriebssystems und ermöglicht die Integration in die Netzumgebung. Liegt dem eine allgemein gültige Schnittstellenkonzeption zugrunde, dann können unterschiedliche PC-Betriebssysteme an das Netz angebunden werden [2-6].

2.2.3 Komponenten der Systemverwaltung

Die Komponenten der Systemverwaltung sind überwiegend als Software implementiert und ebenso wie das Netzwerk-Betriebssystem über die Endsysteme des LAN verteilt. Deshalb werden sie in der Regel auch direkt als Bestandteil des Netzwerk-Betriebssystems behandelt, und eine Abgrenzung erscheint nur unter pragmatischen Gesichtspunkten sinnvoll. Dennoch sollen die Komponenten der Systemverwaltung entsprechend [2-3] zunächst gesondert betrachtet werden, da sie administrative Funktionen realisieren, die bezüglich aller netzrelevanten Ressourcen unabhängig von ihrer Einordnung in die Schichtarchitektur wirksam werden.

In einem LAN werden die von den einzelnen Stationen angebotenen Dienstleistungen (Services) über ihren Namen angesprochen. Dies wird als *Identifikation* bezeichnet. Es besteht somit stets eine Abbildung zwischen der Menge der im LAN gerade bekannten Namen und der Menge der angebotenen Dienstleistungen. Eine Dienstleistung wird charakterisiert durch [2-7]:

— die Kennzeichnung desjenigen Lokalen Netzes, in dem sich der Rechner befindet, der diese Dienstleistung anbietet,

— die Stations-Adresse des Rechners,

— die Identifikation desjenigen Prozesses, der die Dienstleistung ausführt; diese Identifikation wird auch Port oder Sockel (Socket) genannt.

Der Nutzer einer Dienstleistung kennt deren Charakterisierung nicht, und er soll sie auch gar nicht kennen. Ihm genügt ein Name, unter dem er die Dienstleistung aufrufen kann.

Die *Fehlerkontrolle* beinhaltet die Bestimmung und Prüfung von Fehlern und Fehlfunktionen unterschiedlichen Typs (Fehlerdiagnose). Fehlerkontroll-Verfahren können sehr einfach sein, wie z. B. das Verfahren der Zustandsinformation oder des Wechsels von Anforderung und Quittung, bei dem Mehrfachsendungen sowie das Ausfüllen verlorengegangener Nachrichten durch nachfolgende Nachrichten vermieden werden. Aufwendiger sind Fehlerkontroll-Verfahren, bei denen der Bestand durch mehrfache Kopien gesichert wird oder die mit Mikro-Transaktion arbeiten. Es ist davon auszugehen, daß nicht ein einzelner Fehlerkontrollmechanismus alle möglichen Anforderungen für seine Anwendung in allen Schichten und für alle Dienstleistungen in allen Schichten erfüllt. Die Beherrschung der automatischen *Systemselbstdiagnose,* d. h. die Fehlerortung, gehört zu den Problemen, die für einen effizienten Betrieb von Computernetzen unbedingt befriedigend gelöst sein müssen. In [2-24] wird für Lokale Netze die Bestimmung der Mindestdauer des Systemselbsttests für die Fälle der Tolerierung von Einzel- und von Doppelfehlern diskutiert. Dies erfolgt unter der Voraussetzung, daß plötzlich eine umfassende Auskunft über den Systemzustand ohne Rückgriff auf schon vorbereitete Ergebnisse erwünscht ist. Die Fehlerdiagnose muß in jedem Fall mit Verfahren zur Fehlerbehandlung gekoppelt sein. In einem Lokalen Netz existiert eine große Anzahl unterschiedlicher *Ressourcen*, die innerhalb jeder Dienstleistung und jeder Schicht des Modells lokal verwaltet werden. Solche Ressourcen sind z. B. Speicher für Objektdarstellungen, Pufferraum, Zugriff zu Hard- und Firmware-Komponenten, Zugriff zu Kommunikationskanälen, Adreßraum und CPU-Zyklen. Das Nutzen der Ressourcen wird von der *Ressourcen-Verwaltung* geplant und durchgeführt. Um dies zu erreichen, ist außerdem eine Verwaltung der System-Zustandsinformation notwendig, die auch als integraler Bestandteil der Ressourcen-Verwaltung verstanden werden kann. Die Verfahren zur Ressourcen- und Zustandsinformations-Verwaltung haben in der Regel eine Nachrichtenübertragung mit geringer Verzögerung und hohem Durchsatz zum Ziel. Unter *Verzögerung* versteht man das Zeitintervall zwischen dem Zeitpunkt, an dem ein Prozeß bereit ist, eine Nachricht zu senden, bis zu dem Zeitpunkt, an dem das erste Nutz-Bit der Nachricht das Ziel erreicht. In Kommunikationssystemen ist es stets erforderlich, daß zur Organisation und Verwaltung der Übertragung die Nutz-Bits, die die eigentliche Information erhalten, durch Vor- und Nachblöcke erweitert werden. Die Gesamtheit der Vor- und Nachblöcke einer Nachricht wird als *Overhead* bezeichnet, der z. B. Identifikations-, Steuerungs-, Schutz- und andere Informationen enthält. Je größer der Overhead ist, um so größer wird die Verzögerung der Nachricht. *Durchsatz* ist definiert als die Zahl von Nutz-Bit pro Sekunde, die den Empfänger in irgendeinem Intervall erreichen. Sowohl die Verzögerung als auch der Durchsatz werden nicht nur durch die Übertragungs- und Warteschlangeneigenschaften des IPC-Transport-Mechanismus beeinflußt, sondern auch durch den Umfang des Overhead.

Der Begriff der *Synchronisation* verweist auf Mechanismen, die von miteinander kooperierenden Einheiten für den Zugriff zu mehrfach genutzten Ressourcen oder Befehlsereignissen verwendet werden. Beispielsformen der Synchronisation sind Dateneinheiten, die die Initialisierung, Entwicklung, Erhaltung und Begrenzung der verteilten, mehrfach genutzten Zustandsinformationen koordinieren, die für Ressourcenverwaltung, Schutz, Datenübersetzung, Fehlerkontrolle u. a. in verteilten Systemen notwendig sind.

Die Verteilung und Koordinierung der Zustandsinformation ist eines der Hauptprobleme in einem LAN. In einem nicht verteilten System „sehen" alle miteinander kooperierenden Einheiten denselben Systemzustand.

Dies ist in einem verteilten System nicht der Fall. Sogar dann, wenn die Möglichkeit von Fehlern ausgeschlossen wird, ist es für jede Einheit in einem kooperierenden Ensemble unmöglich, dieselbe Sicht ihres totalen Zustands im System zu erhalten. Ursache dafür sind die Verzögerungen bei der Übertragung der Nachrichten und der Mitteilungen über den Systemzustand. Fehlerkontrolle und Synchronisation wirken eng zusammen.

Schutz ist notwendig, um zu erreichen, daß

— nur berechtigte Einheiten Ressourcen lesen, modifizieren oder manipulieren können,

— unberechtigte Einheiten berechtigte Einheiten nicht am Senden, Modifizieren oder Manipulieren von Ressourcen hindern können,

— nur berechtigte Einheiten kommunizieren können.

Es ist nicht einfach, diese Forderungen in einem Lokalen Netz zu erfüllen.

Bei der Entwicklung von Schutzmechanismen müssen Annahmen über die Art der Bedrohungen gemacht werden, vor denen zu schützen ist, und darüber, was letztlich als sicher oder geschützt zu betrachten ist. Beispiele für Schutzmechanismen sind die Verschlüsselungsverfahren auf allen Ebenen, die Kennzeichnung als nur ausführbare Datei (sie kann dann nicht mehr kopiert oder eingesehen werden) und die Begrenzung der Anzahl der Nutzer, die gleichzeitig auf ein Ein- oder Mehrbenutzer-Paket zugreifen können. Zu diesem Komplex gehören auch Befugnis- und Zulässigkeitsprüfungen für die Nutzer Lokaler Netze.

Für die interne Funktion eines Lokalen Netzes ist Voraussetzung, daß innerhalb jeder Schicht und für jedes Interface *Objekte* definiert werden. Dies können Prozesse, Files, Verzeichnisse, Sequenzen von Anforderungen oder Antworten, Pakete, Frames usw. sein. Die *Darstellung* und *Kodierung* dieser Objekte muß spezifiziert werden.

Wenn Objekte von einer Station zur anderen bewegt werden, dann ist eine *Übersetzung* zwischen den unterschiedlichen Darstellungen der miteinander korrespondierenden Objekte notwendig. Dies erfolgt zweckmäßigerweise, indem in der Sendestation von der Originaldarstellung in eine abstrakte Standarddarstellung übersetzt wird und in der Empfangsstation wieder zurück in die (meist andere) lokale Darstellung. Dies hat den Vorteil, daß nicht in jeder Station die Möglichkeiten vorhanden sein müssen, von der eigenen lokalen Darstellung in alle anderen möglichen lokalen Darstellungen übersetzen zu können.

Eine der wichtigsten Eigenschaften von in verteilten Systemen verwendeten Sprachen besteht darin, daß eine bestimmte Information mit allen Namen oder Einheiten durch die Schichten transportiert wird, wobei eine automatische Übersetzung erfolgt. Dieses Problem wird in [2-8] behandelt. Trotz aller vorbeugenden Maßnahmen sind in Lokalen Netzen logische Mängel, Fehlfunktionen in der Hardware und Firmware sowie Mängel in der Leistung möglich. *Tests* und *Messungen* sind wichtige Mittel zur Diagnose dieser Mängel und für eine notwendige *Fehlerkorrektur* (Debugging). Messungen sind außerdem Voraussetzung für das Studium der Wirkung und Leistung der einzelnen Verfahren in Lokalen Netzen und nützlich, um ein besseres Verständnis dieser Systeme zu erreichen. Um den Rahmen dieser Einführung nicht zu überschreiten, können hier nicht alle Komponenten im einzelnen behandelt werden. Dies gilt besonders für die Komponenten zur globalen Implementierung und Optimierung, die sehr komplex, schwierig und deshalb bisher am wenigsten erforscht sind. Trotzdem dürfen die Bedeutung und Notwendigkeit gerade dieser Komponenten für das Gesamtsystem nicht unterschätzt werden.

Aus der Sicht des Nutzers sind für die Bewertung netzwerkfähiger Programme die Kriterien Paßwortschutz, Record-Locking, Concurrent Update und Datenmodell besonders interessant. Gegen unberechtigten Zugriff hilft der Paßwortschutz, der für die Ebenen Nutzergruppe, Nutzer, Datei, Datensatz und Feld gelten kann. Record-Locking ermöglicht, daß ein Datensatz in der Änderungsphase nicht von einem weiteren Nutzer bearbeitet werden kann. File-Locking sperrt dagegen während der Änderung eine ganze Datei.

2.3 Taxonomie

Im folgenden werden Stellung und Einordnung der Lokalen Netze innerhalb der Verteilten Informationsverarbeitungssysteme (VIVS) sowie die Merkmale und die Eigenschaften der Lokalen Netze im Vergleich zu anderen Kommunikationssystemen behandelt.

2.3.1 Lokale Netze und Verteilte Informationsverarbeitungssysteme

Wesen von VIVS

Bezüglich der Art des Zusammenwirkens der Rechner und/oder Prozessoren wird in zentralisierte, dezentralisierte und verteilte Informationsverarbeitung unterschieden. Die Verteilung von Systemkomponenten ist für IV-Anwendungen von grundsätzlicher Bedeutung. Bei zentralisierten Systemen muß die Organisation meist an den Rechner angepaßt werden, während verteilte Systeme die Anpassung eines IV-Systems an die Organisation ermöglichen. Bei steigendem Grad der Komplexität ist von einem bestimmten Punkt an ein verteiltes IV-System (VIVS) gegenüber einem zentralisierten Rechnersystem kostengünstiger. In der Regel ist ein Lokales Netz integraler Bestandteil eines VIVS. Dies setzt jedoch eine bestimmte Arbeitsweise voraus. Da mit einem VIVS eine qualitativ höhere Form der Informationsverarbeitung erreicht wird, interessiert im folgenden der Zusammenhang zwischen Lokalen Netzen und Verteilten IV-Systemen.

Das Wesen der verteilten IV besteht darin, daß eine komplexe Aufgabenstellung in Teilaufgaben zerlegt wird, die in autonomen interaktiven Systemkomponenten unabhängig voneinander zur gleichen Zeit bearbeitet werden. Die Teilaufgaben können miteinander konkurrieren.

Eine allgemein akzeptierte Definition für VIVS hat sich noch nicht durchgesetzt. Im folgenden wird unter einem VIVS ein System mit den nachstehenden Eigenschaften verstanden [2-9, 2-26]:

1. Ein VIVS besteht aus einer Anzahl von miteinander kommunizierenden und kooperierenden Teilsystemen.

2. Es erfolgt eine Parallelverarbeitung (simultane Bearbeitung mehrerer Programme oder Programmteile) durch mehrere Verarbeitungsknoten, die individuelle Betriebssysteme haben können.

3. Die Systemkontrolle (Ablaufsteuerung) ist über die einzelnen VK verteilt, die selbst entweder räumlich konzentriert, räumlich verteilt oder geographisch verteilt sind.

4. Die physische Verteilung dieser physischen und logischen Komponenten mit einer realisierten Kommunikation zwischen ihnen führt zu einem Kommunikationssystem.

5. Die Kommunikation zwischen den VK erfolgt durch den Austausch von Nachrichten (message switching). Zur Steuerung der Kommunikation werden zwei- oder mehrseitige Kommunikationsprotokolle abgearbeitet.

6. Es besteht eine kooperative Autonomie der Komponenten der physischen und logischen Ressourcen und eine relativ schwache Wechselwirkung zwischen den verteilten Subsystemen.

Damit ergeben sich folgende Bedingungen, die ein VIVS erfüllt [2-12]:

— Die Funktionen des Systems werden in der Regel durch die Kooperation mehrerer parallel ablaufender Prozesse ausgeführt.

— Es gibt keine zwei Prozesse, die dieselbe Sicht vom globalen Zustand des gesamten Systems haben.

— Es existiert kein spezieller Prozeß, der eine konsistente und identische Sicht des globalen Systemzustandes seitens der beteiligten Prozesse erzwingen könnte.

In einem VIVS ist kein zentrales Betriebssystem vorhanden, das den Ablauf der einzelnen Prozesse auf Grund der Kenntnis ihrer Zustände steuert. Dafür gibt es zwei Gründe:

1. Bei den Lokalen Netzen und den Fern-Netzen kann für die VK des VIVS ein gemeinsames physikalisches Zeitbezugssystem nicht eingehalten werden. Ein von einem Prozeß im VK i einem anderen Prozeß im VK j mitgeteilter Zustand kann sich zum Zeitpunkt des Eintreffens der Nachricht beim Empfänger bereits wieder geändert haben. Das Problem wird über die Verteilung der Systemkontrolle gelöst, die das wesentliche Merkmal eines VIVS ist. Darüber hinaus sind – wie bereits angeführt – in den meisten Fällen auch die Knoten des Systems räumlich oder geographisch verteilt. Dies ist jedoch nicht der wesentliche Abgrenzungsgesichtspunkt eines VIVS gegenüber den anderen Systemen. Ein Rechnernetz ist nicht unbedingt ein VIVS, aber ein VIVS hat als eine Komponente stets ein Kommunikationssystem, das ein Rechnernetz sein kann.

2. Bei verteilten Polyprozessorsystemen wird auf ein zentrales Betriebssystem verzichtet, um ausfalltolerante Systeme zu erhalten.

Vorteile von VIVS

Bei der Anwendung von VIVS ergeben sich die folgenden Hauptvorteile [2-13]:

— Erhöhung der Leistungsfähigkeit (Leistungsverbund) über gemeinsame Benutzung von Betriebsmitteln wie Programmen (Funktionsverbund), Datenbeständen (Datenverbund) oder Verarbeitungskapazitäten (Lastverbund);

— leichte Erweiterbarkeit um neue Komponenten und Dienste;

– Verbesserung der Fehlertoleranz (Verfügbarkeitsverbund) sowie des Betriebs- und Wartungsverhaltens durch redundantes Auslegen von Komponenten.

Ferner kann erreicht werden:

– Failsoft-Verhalten, indem bei Ausfall eines VK die übrigen Knoten ihre Verarbeitung ungestört fortsetzen,

– Anpassen der IV-Organisation an die betriebliche oder überbetriebliche Organisationsstruktur.

Die Nachteile der zentralen und dezentralen IV-Lösungen sind gleichzeitig die Vorteile der verteilten IV. Die verteilte IV vermeidet zum Beispiel die folgenden Mängel, die bei der dezentralen IV wirksam werden können:

– Begrenzung an Rechenkapazität für die Datenauswertung,

– eingeschränkte Möglichkeiten für eine langfristige Speicherung der Ergebnisse (Archivierung),

– umständliche und zeitaufwendige Datenweitergabe,

– starke Abhängigkeit einer Problemlösung (Gerätetechnik und Programme) von bestimmten Herstellern.

Einteilung der VIVS

Die Leistungen eines VIVS werden sowohl von Verarbeitungs- als auch von Kommunikationsfunktionen erbracht, die entweder in einer physischen Systemkomponente (1-Ebenen-System) oder in physisch verschiedenen Systemkomponenten (2-Ebenen-System) enthalten sein können.

Für das Realisieren der Verarbeitungsfunktionen können im wesentlichen vertikal (hierarchisch) oder horizontal (gleichberechtigt) wirkende Prinzipien genutzt werden, die zum Teil aus anderen Bereichen der IV bekannt sind: Hierarchisches Prinzip, CPU-Cache-Prinzip, Poolprozessor-Prinzip, Nutzer-Server-Prinzip und Datenfluß-Prinzip. Eine Beschreibung dieser Verarbeitungsprinzipien ist in [5-4] und [7-8] enthalten.

In Abhängigkeit vom Grad der räumlichen Entfernung sind als Kommunikationssysteme Verteilte Polyprozessor-Systeme, Lokale Netze, Metropolitan Area Networks (MAN) und Fern-Netze möglich. Lokale Netze können den VIVS nur dann zugeordnet werden, wenn sie eine verteilte Steuerung haben. Dies ist normalerweise der Fall.

Wesentliche Merkmale der Kommunikationssysteme, die für die verteilte
IV charakteristisch sind, enthält Tabelle 2-1. Neben den unterschiedlichen
Kommunikationsbereichen ergibt sich der signifikanteste technische
Unterschied zwischen Fern- und Lokalen Netzen aus derjenigen Übertra-
gungsleistung, die für die „normale" Kommunikation bereitgestellt wird:
Sie liegt bei Fern-Netzen bei 1 ... 50 kBit/s und ungefähr bei 1 ... 50 MBit/s
bei Lokalen Netzen.

Tabelle 2-1. Typische Kennwerte der Kommunikationssyteme

Bezeichnung	Polyprozessor-Systeme	Lokale Netze	MAN	Fern-Netze
Kommunikations-bereich	räumlich konzentriert (systemnah)	räumlich verteilt (lokal)	räumlich/ geographisch verteilt	geographisch verteilt (fern)
Kommunikations-entfernung	< 100 m	10 m ... 5 km (max. 30 km)	5 ... 100 km	> 5 km
Genutzte Übertragungs-leistung	> 10 MBit/s	1 ... 100 (500) MBit/s	50 ... 600 MBit/s	1 ... 50 kBit/s

2.3.2 Lokale Netze und Fern-Netze

Für den Fernbereich gibt es zwei unterschiedliche Entwurfsmöglichkei-
ten:

— Vermittlungsnetze (Punkt-zu-Punkt-Netze),
— Verteilnetze (Broadcast-Netze).

Zu den Vermittlungsnetzen gehören die Durchschaltenetze und die Teil-
streckennetze. Für beide Netztypen ist kennzeichnend, daß zwischen den
Stationen Verbindungen nur für eine begrenzte Zeit hergestellt werden. In
Netzen mit Durchschaltebetrieb werden durchgehende Verbindungen für
die Dauer der Übertragung aufgebaut. Netze mit Teilstreckenbetrieb besitzen in den Vermittlungseinrichtungen Zwischenspeicher und geben die
Nachrichten abschnittsweise von Vermittlungsstelle zu Vermittlungsstelle
bis zur Zielstation weiter (siehe Abschnitt 3.1).

Die Vermittlungseinrichtungen sind meist spezialisierte Rechner, die als
Netzknoten (Interface Message Processor, Packet Switch Node) bezeich-

net werden. Der gesamte Transfer von oder zu den Hostrechnern erfolgt über die Netzknoten (siehe Bild 2-7).

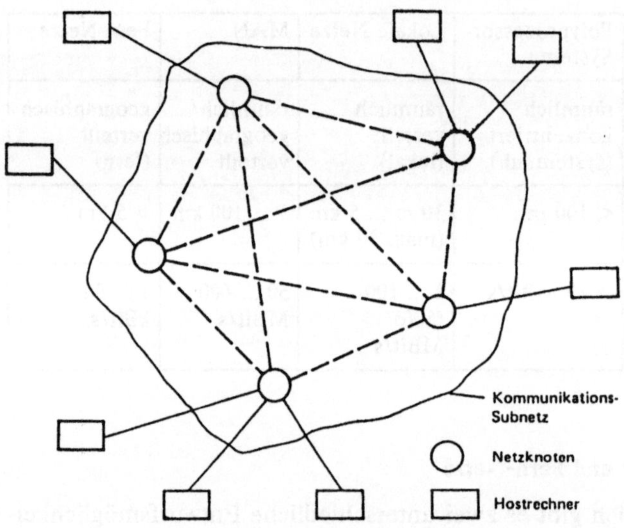

Bild 2-7. Struktur eines Punkt-zu-Punkt-Netzes für den Fernbereich

Wenn zwei Knoten, die miteinander kommunizieren wollen, nicht über dieselbe Leitung verbunden sind, dann erfolgt der Transfer indirekt über zusätzliche Netzknoten. Die Nachricht wird dabei von jedem Knoten empfangen, zwischengespeichert und gesendet, wenn die erforderliche Ausgabeleitung frei ist.

Zu den *Broadcast-Netzen* gehören die bodengebundenen Radio-Paket-Netze (ground radio packet broadcasting) und die Satelliten-Paket-Netze (satellite packet broadcasting), die sich in wesentlichen Punkten voneinander unterscheiden. Die bodengebundenen Netze gelten für einen begrenzten Bereich, der von Verstärkereinrichtungen abhängt, die aber den Weg, die Richtung und die Verfahren zur Anerkennung der Nachricht beeinflussen. Die Fortpflanzungsverzögerungen sind viel geringer als die des Satelliten-Broadcasting.

Die Broadcast-Netze sind vorwiegend als Fernsehverteilnetze (Funk und/oder Kabel) realisiert. Dabei kommen als Kommunikationsform Bildschirmtext (Interactiver Videotext), Videotext (Broadcast Videotext) u. a. zur Anwendung.

Als Broadcast-Betrieb wird bezeichnet, wenn eine bestimmte Station eine Nachricht an alle anderen Stationen des Netzes sendet. Diese Betriebsart ist auch in Vermittlungsnetzen möglich, sie erfordert dann jedoch einen höheren Aufwand. Für Lokale Netze gehört der Broadcast-Betrieb zum Leistungsumfang.

Für das Verhältnis zwischen Lokalen Netzen und Fern-Netzen gilt:

1. Entwicklung der Netzwerke
Lokale Netze sind aus der kontinuierlichen Entwicklung der Computerhardware und der Fern-Netze mit Paketübertragung hervorgegangen. Die Struktur und die Protokolle der LAN sind in der Paketübertragung verwurzelt. Im Lokalbereich kann die gleiche Technologie wie im Fernbereich benutzt werden (Beispiele dafür sind die Herstellerarchitekturen SNA und DECNET), damit verbunden sind jedoch insbesondere die technischen und kostenmäßigen Restriktionen des Fernbereiches sowie vieler Vorschriften, die im Lokalbereich irrelevant sind. Deshalb bildete sich international eine spezielle Technologie für den Lokalbereich heraus.

Das Absinken der Preise für Computerhardware hat die Entwicklung Lokaler Netze gefördert, weil dadurch innerhalb eines Gebäudes oder mehrerer naheliegender Gebäude wesentlich mehr Computer verschiedener Größenordnungen installiert werden können. Dies hat wiederum die Forderung nach einer billigen Kommunikation mit hohen Geschwindigkeiten zwischen diesen Geräten über Lokale Netze verstärkt.

2. Geographische und ökonomische Aspekte
Die Kommunikationsentfernungen zwischen den Partnern sind bei Fern-Netzen relativ groß und im Prinzip nicht beschränkt, während LAN Entfernungen von mehreren Metern bis zu mehreren Kilometern umspannen. Für Fern-Netze sind zur Übertragung in der Regel öffentliche Übertragungswege notwendig, deren Benutzung teuer und durch benutzerrechtliche Vorschriften eingeschränkt ist.

Bei den ersten Lokalen Netzen bestimmte die verwendete Hochgeschwindigkeits-Übertragungstechnologie die Entfernungen, die durch die Netze überbrückt werden konnten. Heute ist das Verhältnis umgekehrt, so daß die Abstände der LAN wesentlich davon abhängen, über welche Entfernungen diese Techniken benötigt werden. Das Ergebnis sind Hochgeschwindigkeits-Netzwerke, bei denen die Kosten für die Übertragung und für die Steuerung der Übertragung viel geringer sind als die der Fern-Netze.

Die in Fern-Netzen üblichen Breitband-Trägerleitungen, Satellitenübertragungen und Mikrowellenverbindungen sind teuer. Dazu kommen die Kosten für die Netzknoten [2-5]. In Lokalen Netzen können dagegen auch billige, nichtöffentliche Übertragungsmedien verwendet werden. So sind z. B. einfache verdrillte Doppelleitungen zur Punkt-zu-Punkt-Übertragung im Bereich von 1 ... 10 MBit/s über Entfernungen in der Größenordnung von Kilometern geeignet. Koaxialkabel können entweder zur Punkt-zu-Punkt-oder Mehrpunkt-Übertragung bei ähnlichen Datenraten über vergleichbare Entfernungen verwendet werden (siehe Abschnitt 4.1).

3. Technischer Aspekt
Auf die Unterschiede bezüglich der nutzbaren Übertragungsleistungen zwischen Fern- und Lokalen Netzen wurde bereits in Abschnitt 2.3.1 hingewiesen. Für Lokale Netze ist typisch, daß die Verzögerungszeiten der Nachrichten infolge der geringen Entfernungen und der verwendeten Übertragungsmedien kurz sind. Die Fehlerraten sind niedrig. Dagegen sind die Verzögerungszeiten der Nachrichten in den Fern-Netzen wegen der großen Entfernungen und der geringen Übertragungsgeschwindigkeiten relativ lang und die Fehlerraten relativ hoch. Das Routing (Laufwegermittlung, Wegwahl) bestimmt den Weg einer Nachricht von der Quell- zur Zielstation. Für Lokale Netze sind einfache Topologien kennzeichnend. Deshalb ist ein Routing in einem einzelnen LAN normalerweise nicht notwendig. Bei der Verkopplung Lokaler Netze mit anderen Netzen sowie bei den Fern-Netzen ist das Routing jedoch erforderlich.

4. Neue Möglichkeiten
Die ökonomischen und technischen Eigenschaften der Lokalen Netze führten zu neuen Anwendungen der Netzwerktechniken und lieferten verschiedene Möglichkeiten, die traditionellen Netzwerkprobleme zu vereinfachen. Einige der Zwänge, die die Fern-Netze den Modellen der Kommunikation über ein Rechnernetzwerk auferlegen, sind für Lokale Netze irrelevant.

Wegen der großen Bandbreite der Lokalen Netze kann die Steuerstruktur der Kommunikationsprotokolle vereinfacht werden, weil kein Grund zum Minimieren der Längen der Steuer- und Overhead-Information eines Pakets besteht. Es können sogar zusätzliche Felder in den Paketköpfen vereinbart werden, um die Verarbeitung zu vereinfachen. Sogenannte „Kurzschrift"-Techniken, die in den Protokollen der Fern-Netze häufig sind und die zusätzliche Tabellen zum Entschlüsseln beim Empfänger der Nachricht erfordern, sind bei LAN in der Regel überflüssig. Eine Vereinfachung läßt sich auch bezüglich anderer Aspekte in den LAN-Protokollen erreichen, wie Verfahren zur Zuteilung der Netzwerk-Bandbreite, der Fluß-Steuerung sowie der Fehlerermittlung und -korrektur.

Für den Kommunikationsbereich zwischen den Lokalen Netzen und den Fern-Netzen sind Metropolitan Area Networks (MAN) eine Alternative. Das sind Netze für die unternehmensweite Kommunikation, die mehrere Standorte miteinander verbinden, die sich innerhalb eines Ballungsgebietes befinden. Die typischen Ausdehnungen von MANs liegen zwischen 5 und 100 km. Für MANs sind normalerweise Hochgeschwindigkeitsnetze (High Speed LAN, HSLAN) notwendig (siehe Abschnitt 8.4).

2.3.3 Lokale Netze und Polyprozessor-Systeme

Ein verteiltes Polyprozessor-System wird aus VK gebildet, die räumlich konzentriert sind und im Funktionsverbund miteinander kooperieren, wobei die lose Kopplung (Austausch von Nachrichten) oder die Kombination von loser und fester Kopplung (Austausch von Nachrichten sowie Zugriff auf Speicher anderer Knoten) zur Anwendung gelangt. In einer räumlich konzentrierten Umgebung ist jedoch auch ausschließlich die feste Kopplung möglich; Systeme mit dieser Kopplungsart werden im Unterschied zu den Polyprozessor-Systemen als Multiprozessor-Systeme bezeichnet [2-9]. Ein VK enthält mindestens ein Prozessor-Speicher-Paar in Verbindung mit den benötigten Peripheriegeräten.

Bei den verteilten Polyprozessor-Systemen erfolgt die Kommunikation zwischen den VK über entsprechende Zugriffsprotokolle und die Kooperation zwischen den Prozessoren (Tasks) in den einzelnen VK mittels Inter Process Communication Protocol (IPC-Protokoll), wofür die lokalen Betriebssysteme, die auch den autonomen Betrieb der einzelnen VK ermöglichen, über entsprechende Moduln erweitert werden. Diese Moduln können um so einfacher gestaltet werden, je stärker das Zusammenwirken zwischen den VK hardwaremäßig unterstützt wird. Dies ist bei Polyprozessor-Systemen zweckmäßig.

Die Grenze zwischen den verteilten Polyprozessor-Systemen und den Lokalen Netzen ist fließend. Die wesentlichsten Kriterien zur Unterscheidung sind:

1. Der Grad der räumlichen Entfernung ist unterschiedlich.

2. In verteilten Polyprozessor-Systemen sind die lose Kopplung oder die Kombination von loser und fester Kopplung möglich, während in Lokalen Netzen nur die lose Kopplung zur Anwendung gelangt.

3. Verteilte Polyprozessor-Systeme dienen zur Funktionsverteilung, Lokale Netze vorwiegend zum Betriebsmittel- und Datenverbund.

4. Die internen Geschwindigkeiten der Mehrzahl der Lokalen Netze sind niedriger als die der verteilten Polyprozessor-Systeme.

5. Als Kommunikationssystem werden in verteilten Polyprozessor-Systemen Bus oder Vielfachbus (vorwiegend parallel) eingesetzt.

2.3.4 Unterschiede zwischen Lokalen Netzen und Computerbussen

Busse werden für vielfältige Aufgaben der Datenkommunikation verwendet – von IC zu IC auf derselben Leiterkarte bis zu LAN innerhalb eines oder mehrerer Gebäude. Die Vielfalt möglicher Anwendungen erschwert eine Klassifizierung. In Bild 2-8 sind einige typische Bussysteme in Abhängigkeit von der Datenrate und der Entfernung dargestellt.

Der signifikanteste Unterschied zwischen LAN und Computerbussen besteht nicht in der Topologie, der Technologie oder der Entfernung; wichtiger ist nach [1-18] der funktionelle Unterschied. Ein Computerbus dient zur Verbindung der Komponenten eines einzelnen Computersystems, und es ist schwierig, sich einen Computer vorzustellen, der ohne seinen Bus irgendwelche sinnvolle Aktionen kontinuierlich ausführen kann. Dagegen wird ein Netzwerk als Verbindung einer Anzahl autonomer Knoten verstanden, von denen jeder auch ohne das Netzwerk voll funktionsfähig ist.

Davon abgeleitet, ergeben sich folgende Unterschiede:

– Die Verwaltungs- und Steuerstrategien eines Netzes sind defensiver als die äquivalenten Strategien eines Bussystems, ebenso gibt es Unterschiede bei der Art der geforderten Zuverlässigkeit. Während beide als zuverlässig gelten, ist es gewöhnlich beim Bus unkritisch, wenn bei Ausfall eines Gerätes ein Systemhalt eintritt, bis das entsprechende Gerät (oft manuell) vom Bus getrennt werden kann. Dagegen wird vorausgesetzt, daß ein Netzwerk trotz Ausfalls eines oder mehrerer Verarbeitungsknoten kontinuierlich weiterarbeitet.

— Die Behandlung der Verkehrsüberlast ist ein weiteres Beispiel der defensiven Natur eines Netzwerks. Die voneinander unabhängig initiierten Übertragungen können gelegentlich mehr Kanalkapazität erfordern als im Netzwerk verfügbar ist. Die Kanalkapazität ist das Maß für die übertragbare Informationsmenge in Bit/sec. Beim Entwurf muß deshalb festgelegt werden, wie durch das Steuerverfahren im Netz solche Konflikte gelöst werden. Auch beim Computerbus sind derartige Anforderungen möglich. Die Rekonfiguration der Hardware sowie verschiedene Methoden der Arbitrierung bieten hier Lösungen für solche Zugriffskonflikte.

— Busse transferieren meist einzelne Wörter mit festen Formaten, während Netzwerke in der Regel Nachrichten mit variablen Formaten übertragen. Dies gilt auch in zunehmendem Maße für Lokale Netze.

— Ein Computerbus hat oft ein spezialisiertes Interface, das auf die Adressierung und Steuerarchitektur eines einzelnen Computers orientiert ist. Für ein Netzwerk wird ein Interface gefordert, das den Anschluß unterschiedlicher Computer und anderer Geräte ermöglicht. Deshalb ist dieses Interface oft weniger effizient als ein Computerinterface, aber für beliebige Geräte leicht zu implementieren.

— Ein Computerbus ist meist in hohem Grade parallel mit separaten Steuer-, Daten- und Adreßleitungen. In Netzwerken wird die Information in der Regel seriell übertragen. Auf der anderen Seite ist die Idee eines völlig seriellen Computerbusses für Mikroprozessorsysteme sehr attraktiv, um Anschlüsse und Leitungen zu minimieren, die Unsymmetrie zu verringern und mehr Flexibilität zu erreichen.

Beispiele dafür sind der I^2C (inter IC) und der D^2B (digital data bus). Diese seriellen Datenbusse haben solche Funktionen wie einen geteilten 2-Weg-Datenkanal, Randomzugriff, Arbitration, verteilte Steuerung und modulare Konstruktion und können zur minimalen Version eines LAN zusammengeschaltet werden.

Mit einer maximalen Länge von 10 m verbindet der I^2C-Bus integrierte Schaltungen in kleinen modularen Systemen, z. B. Bürocomputer, während der D^2B bis zu 150 m lang sein kann, ein leistungsfähigeres Protokoll und höhere Rauschunempfindlichkeit hat. Er kann bis zu 50 Systeme zur digitalen Verarbeitung in Steuernetzwerken verbinden oder dieselbe Anzahl von Subsystemen in speziell entwickelten Systemen, z. B. für instrumentelle Geräte oder mobile Einrichtungen, zusammenfassen.

– Mini-LAN, die aus Bussen wie dem I^2C und dem D^2B erstellt werden, verfügen gegenüber den „echten" LAN über geringere Leistungen und eingeschränkte Möglichkeiten. Dies ist nur teilweise durch einen Mehraufwand an Software zu kompensieren; der Hardwareaufwand ist jedoch geringer. Die I^2C-Steuereinheit mit der höchsten Leistung benötigt weniger als 1 000 Transitoren und die D^2B-Einheit weniger als 3 000 Transistoren. Dagegen enthalten Controller in Ethernet-typischen Netzwerken mehr als 100 000 Transistoren in VLSI-Schaltkreisen [2-14].

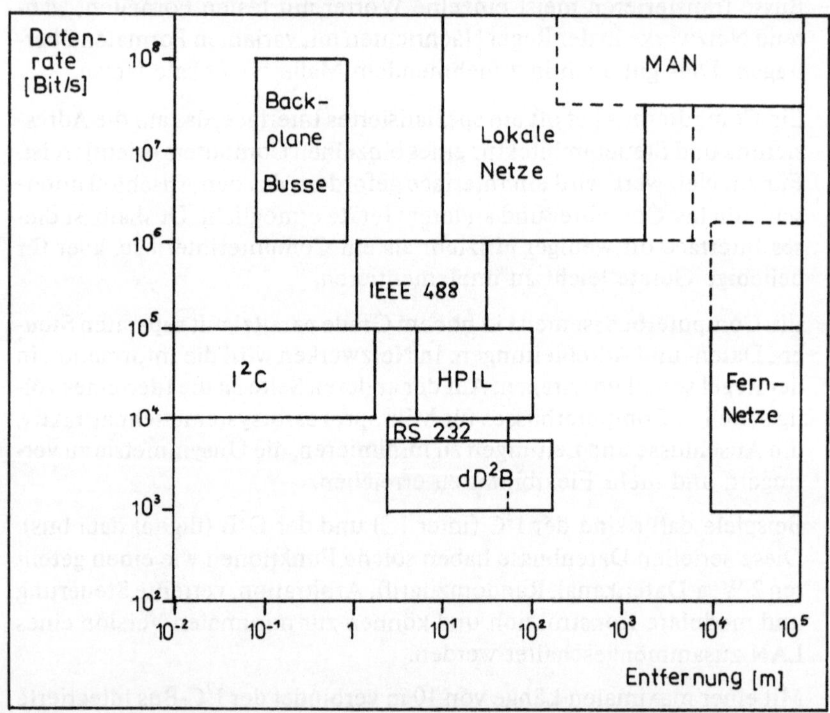

Bild 2-8. Anwendungsbereiche unterschiedlicher Verbindungssysteme in Abhängigkeit von der Datenrate und der Entfernung

3 Topologien für Lokale Netze

3.1 Einführung

Die Topologie beschreibt die Verbindungsstruktur zwischen den Stationen und den für eine Kommunikation – bei Bedarf – notwendigen Vermittlungsstellen im Netz. Sie hat für Lokale Netze große Bedeutung, da eine starke Wechselwirkung zwischen den Steuerverfahren und den Verbindungsarten (Mehrpunkt- oder Punkt-zu-Punkt-Verbindungen) besteht, die wiederum von der Topologie beeinflußt werden. Die meisten Steuerverfahren sind nur in Verbindung mit einer bestimmten Topologie optimal einzusetzen.

Da der Aufwand zur Implementierung eines Steuerverfahrens jedoch groß ist, besteht das Bestreben, die Anwendungsbreite der Steuerverfahren für unterschiedliche Topologien zu erweitern, was zunehmend gelingt.

Mögliche Beurteilungskriterien für eine Topologie sind:

— Die Kosten zur Errichtung sowie Erweiterung eines Netzes,
— die für die Übertragung notwendigen Informationen und Verfahren (logische Komplexität),
— die Durchsatzkapazität,
— die Modularität bezüglich Erweiterung oder Schrumpfung,
— das Stabilitäts- und Rekonfigurationsverhalten bei Ausfall einer Leitung und/oder Station,
— der Zusammenhangsgrad für die Leitungen, die ausfallen dürfen, ohne daß eine Station von der Kommunikation ausgeschlossen wird.

Die Topologien können nach folgenden Merkmalen eingeteilt werden:

— direkte oder indirekte Übertragung vom Sender zum Empfänger, das heißt, muß die Nachricht auf ihrem Wege Zwischenrechner passieren oder nicht,
— erfolgt eine Vermittlung zentral oder verteilt,
— wird ein gemeinsames Übertragungsmedium oder werden fest zugeordnete Leitungen benutzt.

Die folgende Aufstellung enthält die wichtigsten Topologien:

- Bus ohne zentralen Vermittler
  (Segmente, Baum ohne Wurzel)   Ethernet
- Bus mit zentralem Vermittler   ALOHA

- Ring ohne zentralen Vermittler   Token-Ring
                                               Cambridge-Ring
- Ring mit zentralem Vermittler   SDLC-Ring
- Sternstruktur   ARCNET
- irreguläre Strukturen   ARPANET.

Bei der Eignung der Topologievarianten für Lokale Netze gibt es große
Unterschiede. Die irreguläre Netzstruktur, die als allgemeine Topologieform normalerweise bei Fern-Netzen vorliegt, erfordert relativ aufwendige
Vermittlungs- und Routingverfahren und ist deshalb für den Lokalbereich
ungeeignet. In Systemen mit zentraler Vermittlung kann nur mit teuren
Spezialknoten ein hoher Datendurchsatz erreicht werden. Diese Notwendigkeit entfällt bei Systemen, die ein gemeinsames Übertragungsmedium
zur Grundlage haben und bei denen der Zugang dezentral nach unterschiedlichen Verfahren gesteuert wird (siehe Kapitel 5).

Diese Systeme haben gegenüber den Systemen mit zentraler Vermittlung
eine höhere Zuverlässigkeit und Verfügbarkeit, da die Abhängigkeit des
Systemverhaltens von einer Zentralstation entfällt. Der Hauptunterschied
zwischen den einzelnen Topologien besteht außer der Korrelation zu den
Steuerverfahren in den für die Verkabelung erforderlichen Investitionen
und den unterschiedlichen Schwierigkeitsgraden der Implementierung.

3.2 Ringstruktur

Ein Lokales Netz mit Ringstruktur ist eine Serie von Punkt-zu-Punkt-Lei-
tungen zwischen aufeinanderfolgenden Stationen (siehe Bild 3-1 a). Die
Informationen werden im Ring unidirektional übertragen. In den Ringinterfaces der Stationen werden die Informationen auf eine Adreßkennung
hin überprüft, und es wird entschieden, ob sie inhaltlich unverändert
weiterzuleiten, inhaltlich verändert weiterzuleiten oder ob sie vom Ring
zu nehmen sind. So werden die Informationen von Station zu Station übertragen, bis sie die Zielstation erreicht haben. Eine bestimmte Information
kann auch von allen Stationen des Ringes übernommen werden (Broadcast-Betrieb). Vor jeder Weitergabe muß das Signal regeneriert werden, um

die ursprüngliche Form und Amplitude wieder herzustellen. Deshalb sind die Interfaces für den Anschluß der Stationen an das Lokale Netz aktiv (Repeater). Die Anzahl der Stationen an einem Ring ist nicht prinzipiell beschränkt. Bei der Auslegung des Gesamtsystems sind jedoch besonders das zu bewältigende Kommunikationsaufkommen sowie die Kumulation der sich aus der notwendigen Regenerierung ergebenden Verzögerungszeiten zu berücksichtigen. Ringsysteme sind in [3-3, 3-5, 3-10] ausführlich behandelt.

Der Einsatz eines Ring-LAN ist aus folgenden Gründen vorteilhaft:

1. Ringstrukturen haben ein gutes Verhalten im Hochlastfall, da alle sendewilligen Stationen Zugang zum Übertragungsmedium erhalten und fast die gesamte Bandbreite der Ringleitungen zur Nachrichtenübertragung genutzt werden kann, weil bei ordnungsgemäßer Funktion aller Ringkomponenten keine Kollisionen auftreten. Die Mechanismen, die eine Kollision verhindern, führen prinzipiell zu einer Verzögerung, die im Einzelfall auch (fast) Null sein kann.

2. Eine Überlast-Steuerung (congestion control) ist jedoch nicht notwendig, weil ein Nachrichten-Frame im Puffer eines Ringinterfaces wartet und nur dann gesendet wird, wenn der erforderliche Abschnitt des Ringkanals frei und unbenutzt ist.

3. Das Problem der Nachrichten-Laufwegermittlung (message routing) entfällt, da es für die Nachricht nur einen Weg zum Empfänger gibt. So muß ein Sender auch nicht die Lage seines Empfängers im Netz kennen.

4. Die Übertragung erfolgt in einem Ringnetz meist digital mit sehr hohen Geschwindigkeiten. Dies hat zur Folge, daß teure Modems nicht erforderlich sind und Datenkonvertierungen entfallen. So sind die Übertragungszeiten in einem Ringnetz sehr kurz, auch wenn große Datenmengen übertragen werden.

5. Für den Zugang zum Ring kann eine obere Zeitschranke garantiert werden, die proportional zum Produkt aus der maximalen Länge einer Nachricht und der Anzahl der Netzstationen ist. Das ist für Realzeitanwendungen von entscheidender Bedeutung.

6. Es ist ökonomisch sinnvoll und technisch möglich, alle Arten von Komponenten (Rechner, ·Server, Terminals, Spezialeingabe-/Spezialausgabegeräte usw.) direkt an das Ringnetz über Interfaces mit speziellen stationsorientierten Teilen anzuschließen.

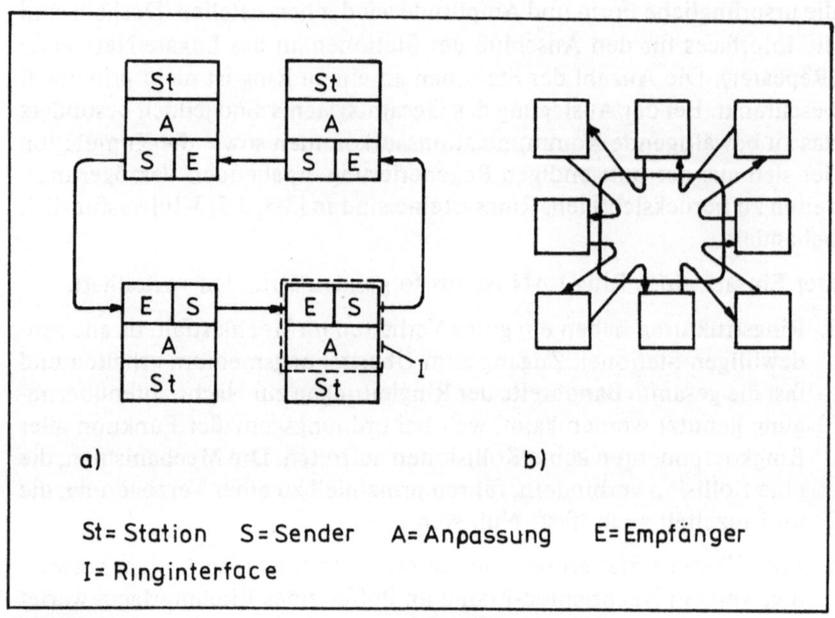

a) Ringnetz   b) Sternförmiger Ring

Bild 3-1. Ringtopologie

7. Aus denselben Gründen können zusätzliche Ringsteuerfunktionen in die Interfacehardware einbezogen werden. Die Kosten für ein Ringnetz sind gering und direkt proportional zur Anzahl der erforderlichen Ringinterfaces.

8. Der Hauptvorteil des Ringnetzes besteht jedoch darin, daß es relativ günstige Voraussetzungen für die Realisierung einer verteilten Steuerung bietet.

Diesen Vorteilen eines Ring-LAN stehen folgende Nachteile gegenüber:

1. Bei Niederlast entstehen überflüssige Wartezeiten, da die Verzögerung einer Nachricht proportional zur Anzahl der angeschlossenen Stationen steigt.

2. Der Ausfall einer Leitung führt zum Ausfall des Gesamtsystems, es sei denn, daß entweder der Ring zweifach verkabelt oder eine der Statio-

nen des Rings ein Rekonfigurations-Server ist, der die Leitungsunterbrechung feststellen kann und die Nachricht über das intakte Leitungsstück an den Empfänger sendet.

3. Wird eine Station funktionsunfähig, dann hat das Teil- oder Totalausfall des Ringsystems zur Folge. Das Sicherheitsrisiko kann durch verschiedene Maßnahmen verringert werden. Eine Möglichkeit ist die Verwendung eines sternförmigen Ringes [3-3], bei dem alle Leitungen durch einen Kontrollraum geführt werden (siehe Bild 3-1 b). Ausgefallene Stationen oder Leitungen können von diesem Raum aus durch einen Umgehungsschalter (Bypass-Relay) in einfacher Weise überbrückt werden. Der Einbau eines Umgehungsschalters hat den Vorteil, daß bestimmte Stationen einschließlich Ringadapter abgeschaltet bzw. defekte Endsysteme problemlos aus dem Übertragungsprozeß ausgegliedert werden können (siehe Bild 3-2).

Es ist nicht möglich, die Zuverlässigkeit bezüglich Leitungs- und Stationsausfall bei nur einem Ring wesentlich zu steigern. Deshalb werden bei den weiteren Verfahren zur Erhöhung der Zuverlässigkeit mehrere Ringe verwendet. Dies sind zum Beispiel die Bypass-Methode, die Selbstheilungstechnik und fehlertolerante Ringe mit optischen Teilern.

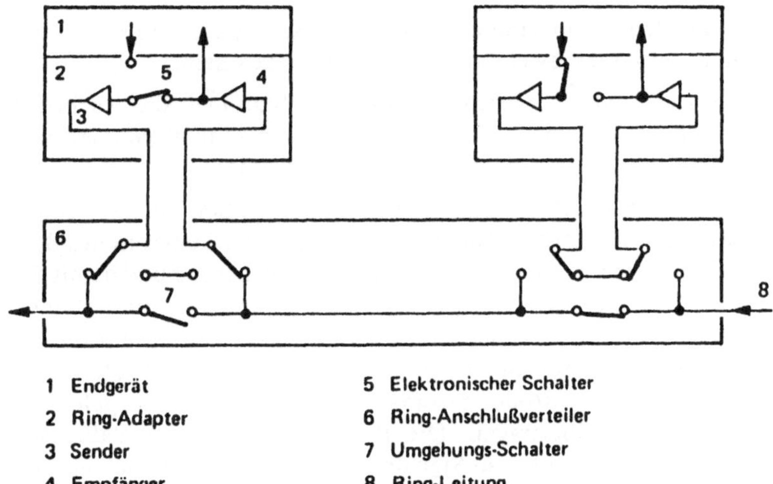

Bild 3.2. Ringanschluß für einen Token-Ring (nach [9-5])

Eine Erweiterung der Ringtopologie ist der Mehrfachring, in dem mehrere Ringe über gemeinsame Stationen miteinander verbunden sind, die dann als zentrale Vermittler wirken.

3.3 Busstrukturen

Zunächst interessiert der Bus ohne zentrale Vermittlung (siehe Bild 3-3 a).

Ein (zweckmäßigerweise) serieller Bus, wie er aus der IV-Technik seit langem bekannt ist, dient für die angeschlossenen Stationen als gemeinsame Übertragungsbasis.

Bei der seriellen Informationsübertragung werden die einzelnen Bits einer Information zeitlich nacheinander über eine Übertragungsstrecke transportiert. Eine solche serielle Übertragungsstrecke wird zu einem seriellen Bus, wenn die folgenden Bedingungen gelten:

— Die Stationen realisieren ihre Transportwünsche über einen gemeinsamen Übertragungskanal.

— Die Übertragung erfolgt passiv, d. h., jede Information erreicht ohne jegliche Aktion der nichtbetroffenen Stationen alle ihre Adressaten, wobei Verzögerungszeiten pro angeschlossene Station entfallen.

— Als Voraussetzung für eine korrekte Übertragung kann zu einem bestimmten Zeitpunkt jeweils nur eine Station aktiv sein.

— Von Signallaufzeiten abgesehen, hören alle Stationen die Nachricht gleichzeitig (im Gegensatz zu parallelen Bussen kann wegen der Buslänge die Signallaufzeit nicht vernachlässigt werden).

Demgemäß ist ein Übertragungssystem, bei dem die Stationen die Information zwischenspeichern und dann erneut aussenden, kein serielles Bussystem. Das gilt auch dann, wenn die Zwischenspeicherung und damit die Verzögerung nur ein Bit beträgt [3-4]. Bei den seriellen Bussystemen werden die Stationen über Koppler an eine Leitung mit einem beidseitigen reflexionsfreien Abschluß angeschlossen (siehe Bild 2-3). Die gesendeten Signale (Spannungs- und/oder Stromwellen) werden vom Koppler aus nach beiden Seiten übertragen. Die Busabschlüsse wirken dabei wie Signalsenken und vermeiden so Signalreflexionen. Die Nachrichten enthalten Empfänger- und Absenderadresse und werden von der (bzw. den) adressierten Station(en) gelesen. Im Adreßfeld besonders gekennzeichnete Nachrichten können nahezu gleichzeitig von allen Stationen empfangen werden (Broadcasting). Mit Hilfe des Kopplers kann eine Station auch den Kanalzustand abfragen. Dies wird bei den Lokalen Netzen als Hören bezeichnet (siehe Abschnitt 5).

Für die Funktion der Bussysteme ist ein Regenerieren der Nachrichten an den Anschlußstellen nicht erforderlich, deshalb sind die Netzwerk-Interfaces vorwiegend „passive" Einrichtungen.

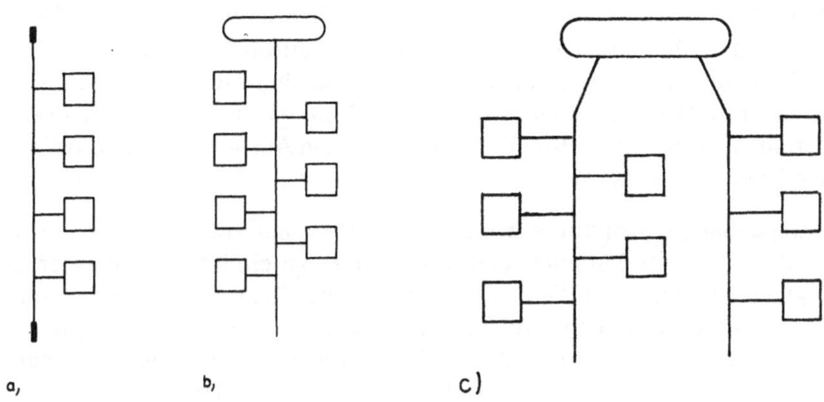

a) Bus   b) und c) Bus mit zentralem Vermittler

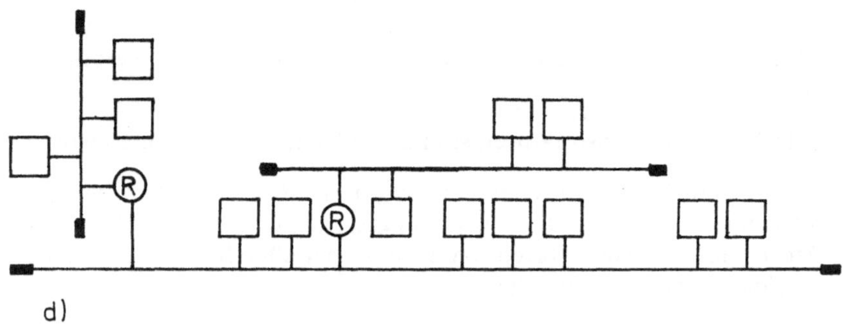

d) Segmente

Bild 3-3. Busstrukturen

In den Bussystemen kann die Übertragung entweder bidirektional oder unidirektional erfolgen. Bei der bidirektionalen Übertragung nutzen alle Stationen denselben Übertragungskanal sowohl zum Senden als auch zum Empfangen der Nachrichten – die Netzwerk-Interfaces der Stationen wirken als Transceiver. Bei der unidirektionalen Übertragung nutzen die Stationen für das Senden und das Empfangen jeweils einen getrennten Übertragungskanal.

Beim Bus mit zentraler Vermittlung werden alle Nachrichten von den Sendestationen über einen gemeinsamen Übertragungskanal zum Vermittler und von dort aus – möglicherweise über den gleichen Übertragungskanal – zu den Empfangsstationen geleitet (siehe Bild 3-3 b und c). Der zentrale Vermittler ist für die Zielfindung zuständig. Sein Ausfall führt zum Ausfall des Gesamtsystems; hier besteht eine Analogie zu den Sternstrukturen.

Unregelmäßige Strukturen mit Bussen können auf zwei Wegen erreicht werden. Die erste Variante zeigt Bild 3-3 d. Es ist ein LAN mit mehreren Segmenten dargestellt. Durch das Einfügen der Repeater kann der maximale Abstand zwischen zwei Stationen vergrößert werden. Eine andere Möglichkeit besteht darin, daß anstelle der Repeater „normale" Stationen eingefügt werden. Das bedeutet, daß diese Stationen dann mit mehreren Übertragungsmedien direkt verbunden sind. Mit dieser Anordnung werden die strukturellen Vorteile der Busse ohne zentrale Vermittler ausgenutzt. Nachteilig ist der Zerfall des Netzes in disjunktive Teile bei Ausfall der Stationen, die mit mehr als einem Übertragungsmedium verbunden sind.

Lokale Netze mit Busstrukturen sind aus folgenden Gründen günstig:

1. Die Kosten für ein serielles Übertragungssystem werden wesentlich von den Kosten für die Verbindungselemente bestimmt (Koppler, Steckverbinder usw.). Durch Einsatz eines seriellen Busses können diese Kosten minimiert werden.

2. Der Bus ist ein passives Medium, das keine aktiven Elemente enthält und sich leicht installieren läßt. Die Integration neuer Stationen in ein Bussystem ist auch ohne Betriebsunterbrechung möglich, wenn Tap-Anschlüsse verwendet werden, während sie bei einem Ringsystem immer mit einer Unterbrechung verbunden ist.

3. Bussysteme ermöglichen einen hohen Grad an Modularität. Die Verzögerung einer Information ist nicht proportional zur Anzahl der Sta-

tionen. Der Ausfall einer einzelnen Station ist für das Gesamtsystem unproblematisch.

4. Serielle Bussysteme haben eine höhere Zuverlässigkeit, da mit der Anzahl der Leitungen auch die Anzahl der Steckverbinder reduziert wird, die häufig eine Zuverlässigkeitsschwachstelle in der Übertragungstechnik darstellen.

Nachteilig für Bussysteme ist:

1. Bei einigen Bussystemen kann eine obere Schranke für die Zeit bis zum erfolgreichen Buszugang auch im Niederlastbereich nicht garantiert werden.

2. Einschränkend muß festgestellt werden, daß bei Bus-Netzen mit Segmenten die Verstärker zwischen den einzelnen Segmenten unter dem Verfügbarkeitsaspekt kritische Stellen darstellen, da ein Ausfall eines Verstärkers das Lokale Netz in zwei isolierte Bereiche teilt, die zwar separat funktionsfähig bleiben, jedoch keine Kommunikation zwischen Stationen ermöglichen, die unterschiedlichen Bereichen angehören.

3. Während in Ringsystemen die verschiedenen Übertragungsmedien problemlos eingesetzt werden können, ist in Bussystemen mit bidirektionaler Übertragung die Verwendung von Lichtwellenleitern aufwendiger.

4. Bussysteme mit Segmenten sind meist auf eine maximale Ausdehnung von etwa 2,5 km begrenzt, wogegen mit Ringsystemen wesentlich größere Ausdehnungen möglich sind.

3.4 Baumstruktur

Die Baumstruktur ist vor allem von den Verteilnetzen her bekannt. Im Gegensatz zu diesen Netzen, in denen nur von einer Zentrale aus Informationen an alle Teilnehmer gesendet werden, ist in Lokalen Netzen eine bidirektionale Übertragung erforderlich.

Die Baumstruktur ist im Zusammenhang mit der Breitbandübertragung für Lokale Netze wichtig (siehe Abschnitt 4.2.2). Diese Topologieform hat große Ähnlichkeit mit den Bussen mit zentraler Vermittlung, allerdings wirkt die Verzweigungsstruktur anders (siehe Bild 3-4). Alle Signale von den Stationen werden zur Kopfstation des Baumes gesendet (Hinsenden), dort verstärkt und wieder auf die angeschlossenen Stationen verteilt

(Rücksenden). Von der Kopfstation aus gelangen die Nachrichten zu allen angeschlossenen Stationen und die Empfangsstationen können die für sie bestimmten Nachrichten durch Adressenvergleich erkennen. Die für die Baumstruktur typischen Verzweigungen erfolgen über Verteiler (Verzweiger, Splitter). Die Kopfstation selbst selektiert keine Nachrichten und ist auch für eine Zielbestimmung nicht zuständig.

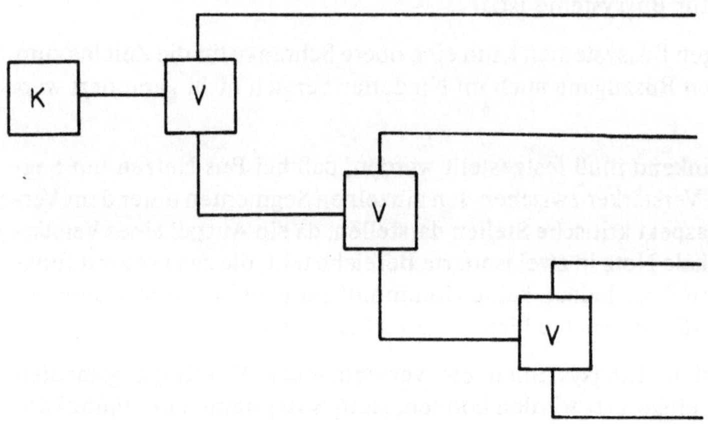

Bild 3-4. Verzweigungsstruktur

3.5 Sternstruktur

Die Übertragung des gesamten Informationsaufkommens erfolgt bei LAN mit Sternstruktur über eine Zentralstation. Damit entfällt die Notwendigkeit zur Routing-Entscheidung für alle anderen Stationen, die deshalb gegenüber der Zentralstation einfacher gestaltet werden können. Dominieren die Leitungskosten, dann sind sternförmige Systeme zweckmäßig, wenn der Abstand zwischen den Stationen größer ist als die mittlere Entfernung von einer Zentrale zu diesen Stationen (siehe Bild 3-5).

Die Sternstruktur ist eine leicht erweiterbare Struktur mit einer geringen Anzahl von Leitungen. Der Ausfall einer Teilnehmerstation und die Unterbrechung einer Leitung haben keine Auswirkungen auf die Funktions-

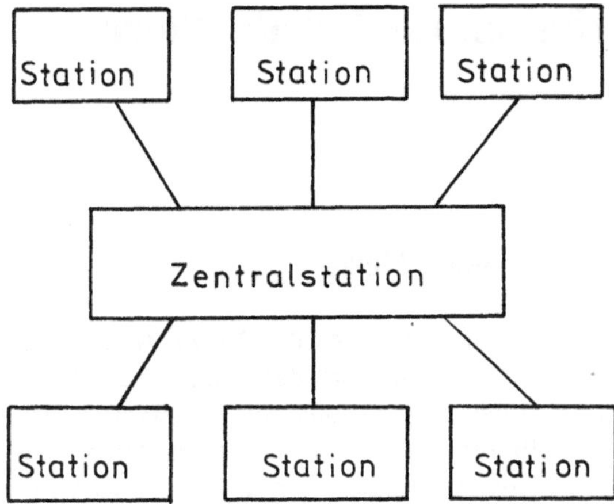

Bild 3-5. Sterntopologie

fähigkeit des Gesamtsystems. Die Zugangsprotokolle sind relativ einfach zu realisieren, dies gilt zum Beispiel für das Polling. Der entscheidende Nachteil der Sternstruktur besteht darin, daß von der Zentralstation das Verhalten des gesamten Systems abhängt. Wird sie überlastet, dann stellt die Zentralstation einen Engpaß dar. Bei ihrem Ausfall ist zwischen den Teilnehmerstationen keine Kommunikation mehr möglich, deshalb werden als Zentralstation zweckmäßigerweise Rechner mit einer gegenüber den Teilnehmerstationen höheren Leistung eingesetzt, oder es ist eine zweite Zentralstation vorgesehen, die bei Ausfall der ersten aktiviert wird. Eine weitere Möglichkeit zur Erhöhung der Zuverlässigkeit eines Sternsystems besteht darin, daß an der zentralen Stelle passive optische Sternkoppler verwendet werden (siehe Abschnitt 4.1). Diese Sternkoppler haben keine Steuer- und Vermittlungsfunktionen, sondern sie realisieren eine Verteilung der Eingangssignale an alle Ausgänge.

Zusammenfassend kann festgestellt werden, daß in Lokalen Netzen als Topologieformen die Ringstrukturen und die Bussysteme dominieren. Ringsysteme sind für Realzeitanwendungen gut geeignet, da eine maximale Zugangszeit garantiert werden kann. Bussysteme haben den Vorteil, daß für die Übertragung keine aktiven Elemente erforderlich sind. Die Baumstruktur ist im Zusammenhang mit den Breitbandsystemen besonders wichtig.

4 Übertragungsverfahren für Lokale Netze

4.1 Übertragungsmedien für Lokale Netze

Die Verbindung zwischen den Stationen eines Lokalen Netzes wird durch
das physikalische Übertragungsmedium realisiert, das einfach aufgebaut,
billig, zuverlässig, rauscharm und mechanisch robust sein soll. Weiter wird
gefordert, daß es schnell zu installieren, einfach zu warten und leicht aus-
zuwechseln ist. Die Ankopplung einer neuen Station muß einfach gestaltet
werden, um notwendige Erweiterungen bei möglichst keinen oder kurzen
Betriebsunterbrechungen zu ermöglichen.

Für den Einsatz in Lokalen Netzen sind die elektrischen Eigenschaften des
Übertragungsmediums entscheidend. Diese sind von der Frequenz stark
abhängig, die sich zur Übertragungsgeschwindigkeit direkt proportional
verhält. Ein wichtiges Maß ist dabei die Dämpfung. In Lokalen Netzen
werden überwiegend verdrillte Leiterpaare, Koaxial-/Triaxialkabel und
Lichtwellenleiter verwendet. Die drahtlose Übertragung mittels Richtfunk
und Infrarot ist ebenfalls möglich und wird in zunehmendem Maße genutzt. Dagegen haben Wechselstrom-Versorgungsnetze für Lokale Netze
bisher keine praktische Bedeutung erlangt.

Verdrillte Leiterpaare (Twisted Pair)

Verdrillte Leiterpaare sind kostengünstig, problemlos zu handhaben und
gut verlegbar (Kabelführung um Ecken). Nachteilig ist, daß eine Abtastung
des Informationsflusses bereits ohne physikalische Anzapfung der Leitungen möglich ist.

Verdrillte Leiterpaare eignen sich für die Informationsübertragung, da das
Prinzip der Komplementär-Übertragung angewendet wird. Das bedeutet,
daß die Informationen auf dem einen der Drähte mit positiver Spannung,
auf dem anderen mit negativer Spannung übertragen werden. Die Leiterpaare werden elektrisch symmetrisch ausgeführt und betrieben. Nur die
Potentialdifferenzen zwischen den Leitern werden ausgewertet. Auftretende Fehler können leicht festgestellt werden, da die resultierende Spannung auf beiden Leitern immer Null sein muß. Es ist sogar möglich her-

auszufinden, auf welchem der Leiter die Störung gewirkt hat. Damit wird eine zusätzliche Absicherung der Übertragung erreicht.

Die Möglichkeit zur Fehlerkorrektur erlaubt, bei einer LAN-Verkabelung auch verdrillte Leiterpaare ohne Abschirmung zu verwenden. Bei einfacher Datenübertragung (maximal bis 10 MBit/s) über kurze Entfernungen kann dies durchaus funktionieren [4-1].

Verdrillte Leiterpaare ohne Abschirmung werden als UTP (Unshielded Twisted Pair) bezeichnet. Der Aufbau des UTP-Kabels ist sehr einfach, er entspricht dem der Telefonkabel.

Da eine Übertragung über UTP stets problematisch ist, gilt die grundsätzliche Empfehlung, bei einer Neuverkabelung nur gute, abgeschirmte Kabel STP (Shielded Twisted Pair) zu verwenden. Für größere Entfernungen (mehr als etwa 300 m) oder Übertragungsgeschwindigkeiten über 10 MBit/s ist der Einsatz von abgeschirmten Leiterpaaren unerläßlich [4-1].

Ein Beispiel hierfür ist die Verkabelung des IBM-Token-Rings. War beim 4 MBit/s-Token-Ring die UTP-Verkabelung auf Etagenebene von IBM noch erlaubt, teilweise sogar empfohlen worden, so arbeitet der 16 MBit/s-Token-Ring ausschließlich mit STP. Die abgeschirmten Leiterpaare sind den nicht abgeschirmten grundsätzlich vorzuziehen. Seit 1989 bieten einige Hersteller LAN-Interfacekarten (Adapter) für die UTP-Verkabelung an. Diese Leiterkarten finden auch regen Zuspruch, da die Verkabelung zunächst sehr günstig erscheint (Verwendung einfacher Telefonleitungen). Wird aber beachtet, daß ein späterer Wechsel zu neueren LAN-Technologien erhebliche Kosten in Form einer kompletten Neuverkabelung erfordert, dann sollten UTP-Systeme für Lokale Netze nur dort (vorübergehend) eingesetzt werden, wo eine bereits vorhandene UTP-Verkabelung genutzt werden kann.

Koaxialkabel

Koaxialkabel sind Leitungen mit einer zentralen Innenader, die durch Isolationsmaterial von einer umgebenden Schale getrennt ist, die ihrerseits durch einen elektrisch isolierenden Außenmantel gegen mechanische Beschädigungen geschützt wird. Die zentrale Innenader besteht entweder aus Draht oder Litze. Draht hat eine höhere Leitfähigkeit, ist aber nicht so flexibel wie Litze. Die Schale besteht meist aus einem Drahtgeflecht. Bei qualitativ hochwertigen Koaxialkabeln befindet sich zwischen dem Drahtgeflecht und dem Außenmantel eine Metallfolie, eventuell in mehreren

Schichten. Das Drahtgeflecht und die Metallfolie schirmen den eigentlichen Leitungsdraht gegenüber Störeinflüssen von außen ab. Koaxialkabel haben deshalb eine hohe Störsicherheit und gestatten die Übertragung wesentlich höherer Frequenzen als ein Leiterpaar. Deshalb sind sie für hohe Übertragungsraten über größere Entfernungen sehr gut geeignet. Der größte Teil der praktisch eingesetzten Koaxialkabel erlaubt die Nutzung von Frequenzen bis 300 MHz, einige Lokale Netze nutzen 450 MBit/s. Nach [3-4] sind auch Kabeltypen für den Gigabit-Bereich erhältlich. Übliche Übertragungsraten bei Basisbandsystemen sind 3 bis 10 MBit/s, wobei die Leistungsfähigkeit des Koaxialkabels nicht voll ausgenutzt wird. Für Spezialanwendungen sind auch Basisbandsysteme mit 50 MBit/s verfügbar. Bei Breitbandsystemen mit Koaxialkabeln können Übertragungsraten bis 300 MBit/s (150 MBit/s voll duplex) erreicht werden [1-8].

Bei den üblicherweise für Basisbandsysteme eingesetzten Koaxialkabeln beträgt die maximale Länge eines Kabelsegments etwa 500 bis 600 m. Für die Überbrückung größerer Entfernungen werden mehrere Kabelsegmente über Zwischenverstärker (Leitungsverstärker, Repeater) gekoppelt, die das durch die Dämpfung verflachte Leitungssignal bidirektional regenerieren. Der Anschluß der Stationen erfolgt über Transceiver (siehe Kapitel 2 und 7) mittels Schraubanschluß oder Tap-Anschluß (siehe Bild 4-1). Für den Schraubanschluß ist das Kabel durchzutrennen und mit Koaxialkabel-Kupplungen zu versehen. Dies ist nur bei einer Betriebsunterbrechung möglich. Der Schraubanschluß bietet mehr Sicherheit als der Tap-Anschluß. Der Tap-Anschluß kann nur bei solchen Netzen verwendet werden, die ein passives Verhalten der angeschlossenen Stationen bei Übertragungsvorgängen, die sie nicht betreffen, erlauben. Das Zuschalten neuer Stationen ist ohne Betriebsunterbrechung möglich. Diese Anschlußart ist jedoch insofern nicht ganz unproblematisch, da an den Anschlußpunkten Korrosionseffekte und unerwünschte Reflexionen entstehen können. Deshalb ist in der Regel ein Mindestabstand von 2 m zwischen zwei Anschlußpunkten zu beachten.

Offene Kabelenden bei linien- und baumförmigen Netztopologien sind stets mit dem jeweiligen Wellenwiderstand abzuschließen, um das Signal an diesen Stellen zu vernichten und so Reflexionen zu vermeiden.

Für Lokale Netze werden in zunehmendem Maße Komponenten der Kabel-Fernseh-Technologie CATV (cable television) eingesetzt, deren Übertragungsmedium das Koaxialkabel ist. CATV ermöglicht sehr große Bandbreiten. Wegen der großen Verbreitung des Kabel-Fernsehens sind die CATV-Systemkomponenten sehr preiswert.

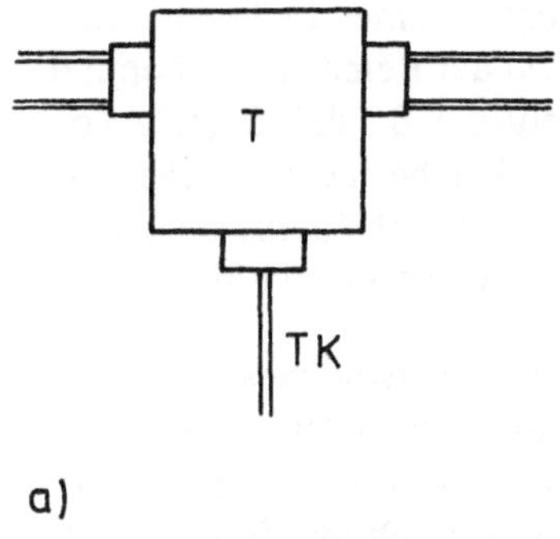
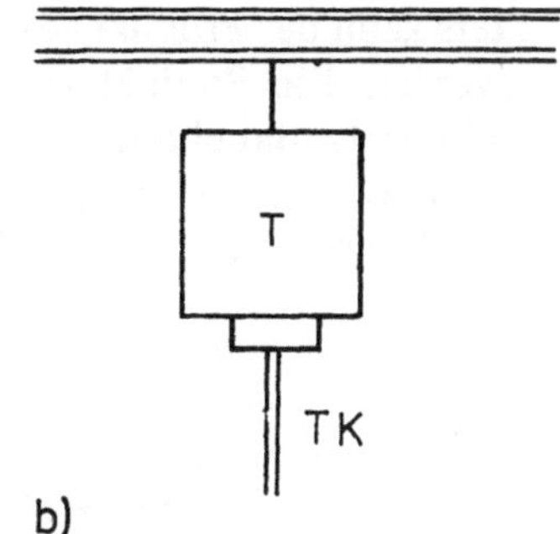

T Transceiver

T Transceiverkabel

a) Schraubanschluß

b) Tap-Anschluß

Bild 4-1. Koaxialkabelanschlüsse

Lichtwellenleiter

Ein Lichtwellenleiter (LWL) ist ein aus Glasfasern bestehender optischer Wellenleiter zur Übertragung von Licht über Entfernungen bis zu mehreren Kilometern. Die Glasfasern werden entweder aus reinstem Glas oder aus optischen Mehrkomponentengläsern hergestellt. Es existiert ein ganzes Spektrum verschiedener Lichtwellenleiter, von denen hauptsächlich drei Typen interessant sind, die sich durch den Verlauf des Brechungsindexes über dem Querschnitt voneinander unterscheiden. Sind dabei mehrere Wellenformen (Mode) ausbreitungsfähig, wird dies als Multimode-LWL bezeichnet. Bei den Multimode-LWL mit Gradientenprofil (Gradientenfaser) nimmt der Brechungsindex von der Faserachse nach außen hin stetig ab (siehe Bild 4-2 a). Bei der Mantelfaser hat der Brechungsindex einen stufenförmigen Verlauf, weil der Kern mit einem Brechungsindex n_1 von einem Mantel mit einem etwas niedrigeren Brechungsindex n_2 umgeben ist (der Unterschied liegt bei 0,5 bis 5%). Hat der Faserkern einen Durchmesser, der im Verhältnis zur Wellenlänge des zu übertragenden Lichtes groß ist (etwa 100 bis 400 μm), so existieren mehrere Modes (Multimode-LWL mit Stufenprofil, siehe Bild 4-2 b); liegt der Durchmesser dagegen in der Größenordnung einer Wellenlänge (unter 10 μm), so ist nur ein Mode möglich (Monomode-LWL, siehe Bild 4-2 c).

Als Kenngröße für die Übertragungseigenschaften eines Lichtwellenleiters kann das Produkt aus der Bandbreite B und der Reichweite I benutzt werden. Ein Produkt von 100 MHzkm bedeutet z.B., daß Signale von 100 MHz Bandbreite eine Reichweite von 1 km besitzen, solche von 50 MHz Bandbreite jedoch eine Reichweite von 2 km (Näherungswert, da die Formel nicht für jede Faser in der gleichen Form gilt) [1-8].

Durch die kontinuierliche Änderung des Brechungsindexes in Multimode-LWL mit Gradientenprofil breiten sich alle Modes mit etwa der gleichen Geschwindigkeit aus, und die Signalverzerrungen sind gering. In Multimode-LWL mit Stufenprofil können ebenfalls mehrere Modes übertragen werden, aber durch die dabei auftretenden Interferenzen entstehen bei größeren Übertragungslängen Signalverzerrungen. Deshalb ist das Produkt aus Bandbreite und Reichweite hier am geringsten. Monomode-LWL sind so dünn, daß nur eine Wellenform ausbreitungsfähig ist. Es entstehen keine Laufzeitunterschiede auf Grund unterschiedlicher Wege, sondern infolge geringfügiger Streuung der Lichtwellenlänge. Das Produkt Bandbreite · Reichweite ist deshalb hier am höchsten.

Während bei den symmetrischen Kabeln und den Koaxialkabeln die von einem Computer gesendeten Signale ohne Wandlung zum empfangenden Computer übertragen werden, müssen bei der Nutzung der Lichtwellenleiter die gesendeten Signale vor der Übertragung elektrisch/optisch und vor dem Empfang optisch/elektrisch gewandelt werden, was einen nicht zu vernachlässigenden technischen Aufwand bedingt. Das Problem entfällt, wenn die Informationsverarbeitung auch volloptisch erfolgt [4-2]. (Die optische IV wird langfristig jedoch nicht die Bedeutung der elektronischen IV erreichen.) Mit Lichtwellenleitern sind praktisch nutzbare Übertragungsgeschwindigkeiten von 600 MBit/s und mehr möglich [4-4]. Die Grenzen werden dabei durch die Steuerelektronik vorgegeben. Die Bandbreite der Lichtwellenleiter selbst beträgt je nach Bauart 1 GHz und mehr. Lichtwellenleiter zeichnen sich durch eine hohe Störsicherheit aus. Sie sind unempfindlich gegenüber Interferenz im gesamten elektrischen und optischen Spektralbereich sowie gegenüber magnetischen Störungen. Auf Grund der Verwendung nichtmetallischer Leiter erfolgt eine vollständige Isolation von Sender und Empfänger, es entsteht kein Nebensprechen, und das Auftreten von Erdschleifen wird verhindert (keinerlei Potentialprobleme). Lichtwellenleiter haben eine geringe Dämpfung, sie sind hochspannungsfest sowie kleiner und leichter als metallische Leiter. Da sie kein Licht abstrahlen, ergibt sich eine hohe Abhörsicherheit.

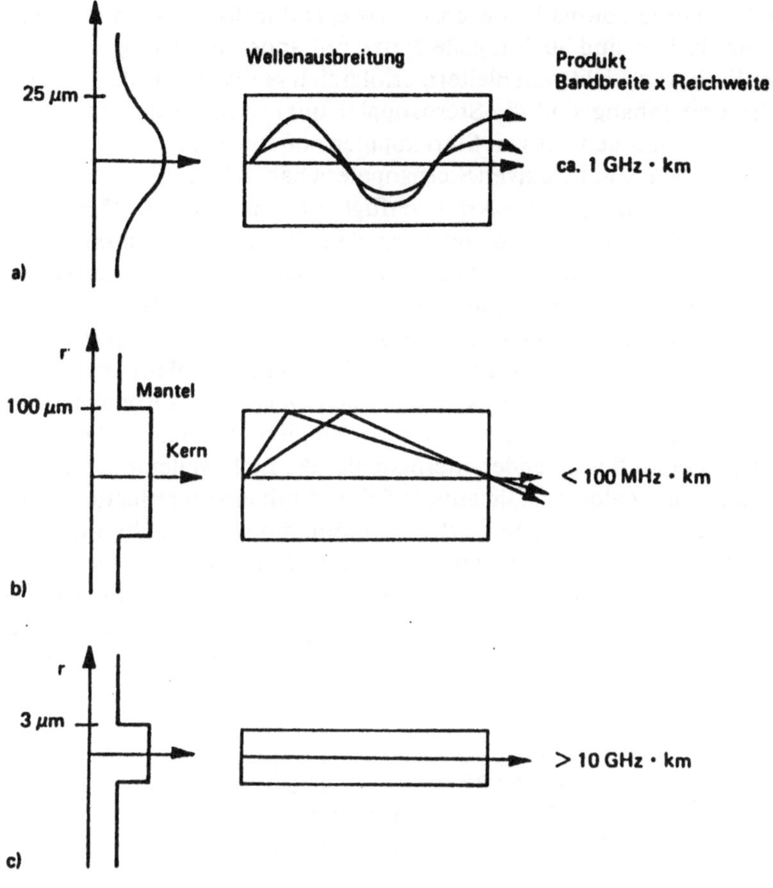

a) Multimode-LWL mit Gradientenprofil
b) Multimode-LWL mit Stufenprofil
c) Monomode-LWL

Bild 4-2. Typische Lichtwellenleiter [4-3]

Nachteilig ist, daß Verbindungen und Verzweigungen mit Lichtwellenleitern aufwendigere technische Mittel erfordern. Ebenso ist zu beachten,
daß die notwendigen Sender in den optischen Transceivern und Repeatern
(noch) kostenintensiv sind. Lichtwellenleiter sind für Punkt-zu-Punkt-Verbindungen sehr geeignet, da bei ihnen komplizierte Koppelelemente ent-

fallen. Sie wurden deshalb zunächst vorwiegend in Ringsystemen eingesetzt. Inzwischen sind auch Lokale Netze mit anderen Topologieformen
auf der Basis von Lichtwellenleitern erfolgreich realisiert worden. In diesem Zusammenhang sind die Sternkoppler interessant, wobei zwischen
den passiven und den aktiven Sternkopplern unterschieden wird. Licht-
wellenleiter-Netze mit passiven Sternkopplern haben hohe Sicherheit und
Zuverlässigkeit. Es sind zwei Arten verfügbar (siehe Bild 4-3). Der trans-
mittierende Sternkoppler arbeitet nach dem Prinzip der Sammel- und
Streulinse. Er besteht aus einem homogenen Glasblättchen, dessen Dicke
dem Durchmesser der angeschlossenen Lichtwellenleiter entspricht (etwa
100 bis 200 µm). Licht, das von einer Seite in das Blättchen eintritt, be-
leuchtet nahezu gleichmäßig alle abgehenden Lichtwellenleiter der anderen Seite. Wegen der unidirektionalen Arbeitsweise dieses Kopplers sind
zu jedem LAN-Controller zwei Lichtwellenleiter notwendig. Dagegen
werden an dem reflektierenden Sternkoppler die Lichtwellenleiter nur an
einer Seite angeschlossen. Die andere Seite ist mit einem reflektierenden
Belag versehen. Der Koppler arbeitet bidirektional, deshalb wird vor
jedem LAN-Controller zusätzlich ein optischer Teiler benötigt, der Sende-
und Empfangssignale voneinander trennt. Der Teiler hat aber eine zusätzliche Signaldämpfung zur Folge. Bei ungenauer Justage des Spiegels und
des gesamten Kopplers können leicht Interferenzen auftreten. Deshalb ist
die bidirektionale Verwendung der Lichtwellenleiter hier nicht immer
zweckmäßig.

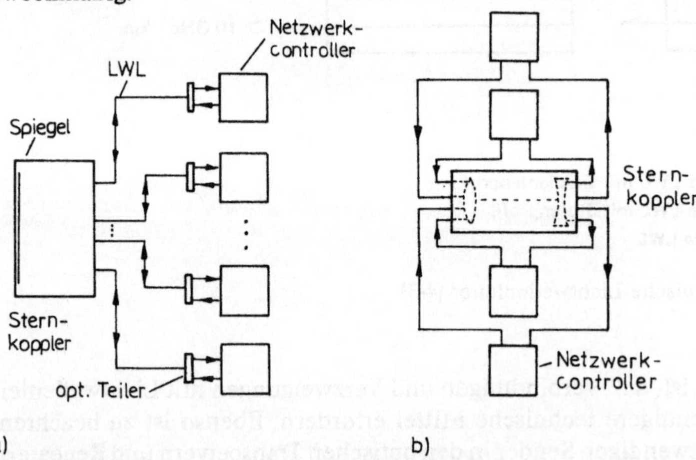

a)   b)
a) reflektierend   b) transmittierend

Bild 4-3. Konfigurationen für optische Sternnetze

Im Zusammenhang mit den Lichtwellenleitern sind auch aktive optische Sternkoppler entwickelt worden. Jede Station wird über zwei Lichtwellenleiter angeschlossen. Die ankommenden Signale werden vom Koppler verstärkt und danach wieder ausgesendet, wobei die Aufteilung auf die Rückleitungen durch einen Lichtfächer erfolgt. Nachteilig ist dabei, daß der Koppler in dieser Variante wieder eine aktive Komponente darstellt. Wegen auftretender Fertigungsprobleme ist die Anzahl der anschließbaren Stationen für einen optischen Sternkoppler auf unter 100 begrenzt. Das Bild 4-4 zeigt unterschiedliche Einsatzmöglichkeiten der Lichtwellenleiter für Lokale Netze. Der optische Bus (Bild 4-4 g) hat gegenwärtig noch keine praktische Bedeutung, da die mit der passiven Ankopplung verbundenen Dämpfungsverluste zu hoch sind.

Grundsätzlich gilt, daß der Vorteil Lokaler Netze mit Lichtwellenleitern nur dann zum Tragen kommt, wenn erstens diese Netze kompatibel zu anderen verfügbaren Netzen sind und zweitens Protokolle (auch auf höherer Ebene) vorhanden sind, die die hohen Übertragungsraten optischer Netze effektiv nutzen.

Wechselstrom-Versorgungsnetze

Die Sprach- und Datenübertragung über Hochspannungsleitungen ist bekannt und wird seit langem genutzt. Wenn man diese Verfahren jedoch auf Niederspannungsnetze anwendet, dann spielen Impedanzanpassungs-, Dämpfungs- und Rauschprobleme eine Rolle. In [4-6] wurden die Eigenschaften der Signalübertragung über Niederspannungsnetze untersucht. Wechselstrom-Versorgungsnetze werden als LAN-Bus erst in geringerem Umfang genutzt, da auf ihnen ein starkes Störklima herrscht. Infolge von Schaltvorgängen hoher Leistung treten Frequenzen bis in den Megahertzbereich auf. Diesen Störungen wird begegnet, indem in die DÜ-Verfahren spezielle Sicherungsmaßnahmen implementiert werden. So wird die Übertragung eines Datensatzes mehrfach wiederholt (z. B. fünfmal), und die Empfangsstation trifft aus den empfangenen Daten eine Mehrheitsentscheidung. Mit diesen Verfahren sind jedoch nur Datenraten im Kilohertzbereich möglich. Der Anschluß der Stationen an das Wechselstrom-Versorgungsnetz erfolgt über Transponder (siehe Bild 4-5).

Richtfunk-Verbindungen

Die Bezeichnung Richtfunk gilt für die drahtlose Informationsübertragung mit Hilfe elektromagnetischer Wellen, die nur in eine bestimmte

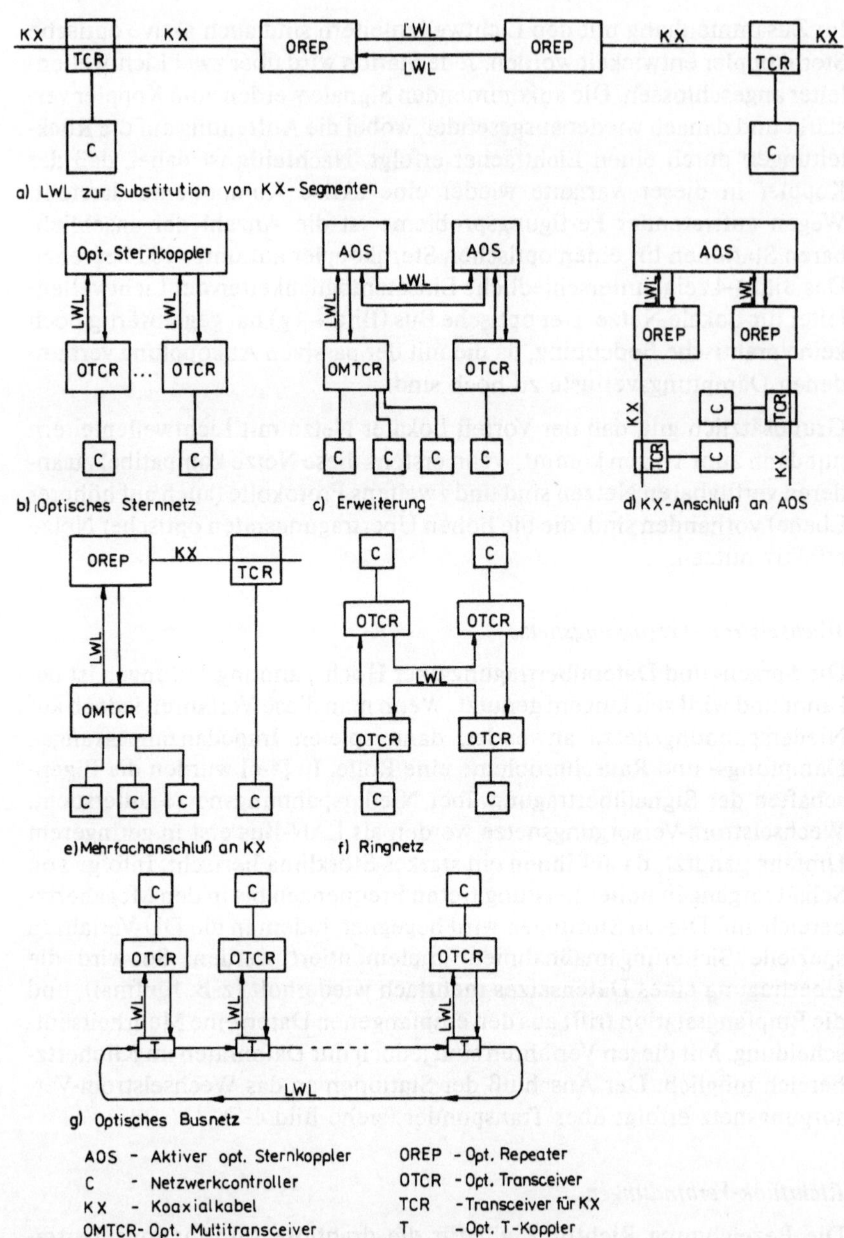

Bild 4-4. Lokale Netze mit Lichtwellenleitern (nach [4-5, 4-10])

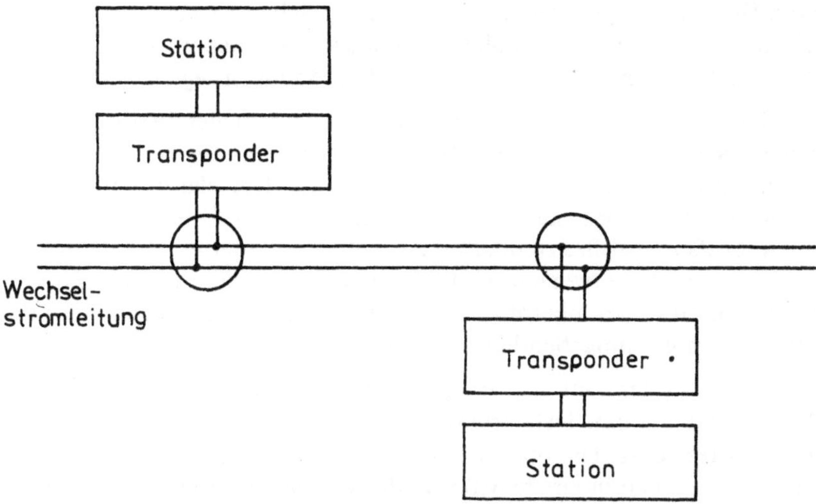

Bild 4-5. Wechselstrom-Versorgungsnetz als Bus

Richtung ausgestrahlt und aus dieser Richtung empfangen werden. Für Lokale Netze ist in der Regel nur der terrestrische Richtfunk interessant, der aber nur dort zweckmäßig ist, wo die Verlegung von Kabeln kompliziert ist, z.B. zwischen zwei gegenüberliegenden Gebäuden an einer Hauptverkehrsstraße. In [4-7] wird eine Gerätefamilie mit 23 Gigahertz Mikrowellen-Übertragungselementen beschrieben, die entweder mit einer einfachen Amplitudenmodulation oder einer Frequenzumtastung arbeiten. Da die Übertragungselemente Simplexübertragung realisieren, müssen sie für Duplexbetrieb in geeigneter Weise verschaltet werden. Die Elemente mit Frequenzumtastung sind für asynchrone Datenraten bis zu 19,2 KBit/s geeignet, bei Amplitudenmodulation werden 9,6 KBit/s erreicht.

Infrarot-Übertragung

Infrarot ist eine elektromagnetische Strahlung im Spektralbereich zwischen der langwelligen (roten) Grenze des sichtbaren Lichtes ($\lambda = 0,8\ \mu$m) und den kurzwelligen Radiowellen ($\lambda = 1$ mm), die weitgehend optischen Gesetzen entspricht. Die Infrarot-Informationsübertragung verwendet Halbleiterstrahlungsquellen und Halbleiterphotoempfänger zur Übertragung modulierter Infrarotsignale durch die Atmosphäre oder durch Licht-

leiter. Die Infrarot-Technik läßt sich für die gleichen Anwendungsgebiete
wie die Höchstfrequenztechnik für den lokalen Bereich nutzen. Infrarot-
Übertragungen sind meist nicht durch Verordnungen reglementiert.

In [4-8] wird ein Anwendungsfall beschrieben, in dem vierzig Büros innerhalb eines Stadtzentrums über Infrarot-Übertragungsstrecken zur Datenkommunikation miteinander verbunden sind. Der dafür entwickelte
Transceiver ist in der Lage, digitale Informationen mit Übertragungsraten
von mehr als 2,5 MBit/s zu übertragen, wobei moduliertes, nichtkohären-
tes Infrarot-Licht verwendet wird. Mit den Transceivern können Entfernungen bis zu 1,5 km überbrückt werden. Dies ist abhängig von den Ver-
hältnissen in der umgebenden Atmosphäre.

Das System besteht aus fünf integrierten Baugruppen. Die mechanische
Baugruppe liefert eine feste, trockene, staubfreie Umgebung für die Optik
und die Elektronik. Die optische Baugruppe realisiert ähnliche Funktionen wie Antennen in einem Mikrowellensystem. Die elektronische Baugruppe besteht aus den Schaltkreisen, die die Datenbasis und den Infrarot-
Transceiver miteinander verbinden, und realisiert ferner die Abtaststeue-
rung sowie die Anzeige von Funktionsparametern. Die Mikrorechner-Bau-
gruppe generiert und steuert in Verbindung mit einer speziellen Firmware
alle Transceiver-Steuerfunktionen. Die Stromversorgung wird durch die
fünfte Baugruppe bereitgestellt.

Zusammenfassend kann festgestellt werden:

Während bei den ersten kommerziell angebotenen Lokalen Netzen noch
der Einsatz des Koaxialkabels vorherrschte, hat sich diese Situation in der
letzten Zeit deutlich geändert. Dazu hat unter anderem beigetragen, daß
eine nachträgliche Verkabelung mit Koaxialkabel schwierig und oft auch
teuer ist, denn in den meisten Gebäuden gehört eine zweiadrige Telefon-
verkabelung zur Standardausrüstung. Sowohl bei der ISDN-Normen-
empfehlung als auch von IBM wurde zur Verkabelung Stellung genom-
men. In beiden Fällen fiel die Entscheidung für zweimal zweifach verdrillte Kupferdrähte, eine Konstruktion, die später bei ausgeprochenen Breit-
bandlösungen durch Lichtwellenleiter ersetzt werden kann. ISDN ist ein
Systemkonzept, das unter der Federführung der CCITT (Studiengruppen-
arbeit) entwickelt worden ist. Das IBM-Verkabelungssystem gilt als Vorschrift für das Token-Bus-LAN. Das Kabelsystem ICCS von Siemens enthält sowohl verdrillte Kupferdrähte (Telefonkabel) als auch Lichtwellenleiter. Die Festlegung auf ein bestimmtes Verkabelungssystem ist deshalb
bedeutungsvoll, weil nach Analysen kompetenter Hersteller der Markt für

die Anschlüsse und deren Verbindung untereinander für die Wachstumsstrategie ebenso wichtig ist wie der Markt für die Geräte selber. Bei den industriellen Breitband-LAN mit den MAP-Protokollen werden gegenwärtig vorwiegend Koaxialkabel eingesetzt, während in Japan bei den Industrie-LAN die Lichtwellenleiter dominieren. Grundsätzlich wird die Bedeutung der Lichtwellenleiter für Lokale Netze weiter zunehmen.

4.2 Basisband- und Breitbandübertragung

Für die Übertragung der seriellen Informationen ist eine Signalaufbereitung erforderlich, wobei unterschieden wird zwischen der Übertragung der Signale ohne Modulationsvorgang, das heißt in einem Frequenzband, das sich von der Frequenz nahe Null ab erstreckt – dem Basisband – und der Übertragung mit moduliertem Träger, die dann erforderlich ist, wenn mehrere Frequenzbänder mit gegebener unterer und oberer Grenzfrequenz als Breitband zur Verfügung stehen. Die Auswahl des Verfahrens hängt im wesentlichen von der Übertragungsgeschwindigkeit, der Distanz, dem Störverhalten auf dem Medium und – wenn gefordert – der Mehrfachnutzung ab.

Die Begriffe Basisband- und Breitbandübertragung werden nicht immer eindeutig verwendet. So wird, abweichend von der hier benutzten Form, Basisbandübertragung mit sehr hohen Datenraten über Koaxialkabel oder Lichtwellenleiter auch als Breitbandübertragung bezeichnet, da dabei das Frequenzband der Basisbandsignale sehr breit ist.

Bei den meisten Lokalen Netzen erfolgt die Übertragung der Informationen bitseriell. Für die einzelnen Übertragungsverfahren sind jeweils spezielle Darstellungsformen des seriellen digitalen Datenstroms geeignet. Die Anpassung erfolgt in der Formatierung, indem eine regellose Datenbitfolge in ein Übertragungsformat umgewandelt wird und umgekehrt (siehe Bild 4-6). Für spezielle Verfahren sind die Synchronisationseinheit und der Verwürfler notwendig, wobei dem Nettodatenbitstrom spezielle Zeichen (Synchronisationseinheit) oder einzelne Bits (Verwürfler) zur Aufrechterhaltung der Synchronität zwischen Sender und Empfänger beim Senden hinzugefügt und beim Empfang eliminiert werden [3-4].

4.2.1 Basisbandübertragung

Ein Basisband-System ist dadurch gekennzeichnet, daß nur ein Übertragungskanal zur Verfügung steht, der von allen angeschlossenen Stationen anteilig genutzt werden kann. Bei der Basisbandübertragung wird zu einem bestimmten Zeitpunkt ein Signal in der gesamten Bandbreite des

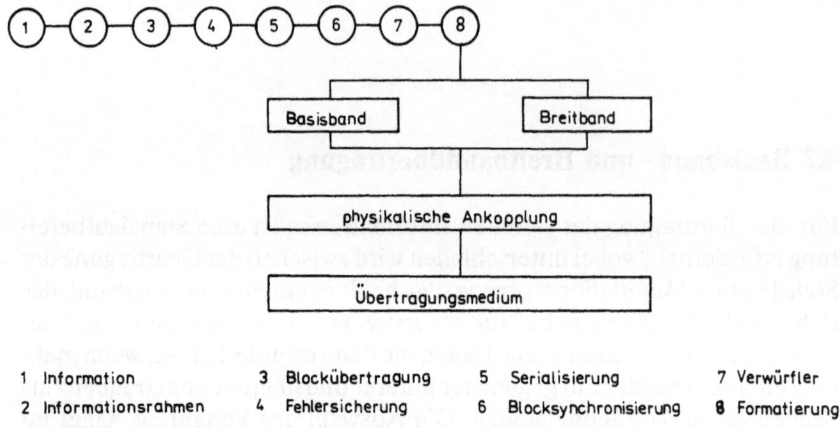

Bild 4-6. Funktionskette

Übertragungskanals übertragen. Das Signal entspricht einer Folge von Rechteckimpulsen, die einfach zu erzeugen und zu empfangen sind. Das Basisband ist der Frequenzbereich eines Signals in seiner Ursprungslage. Die Übertragung erfolgt ohne Modulation. Die gleichzeitige Übertragung mehrerer Informationsströme in einem Übertragungskanal ist nicht möglich, da sich die Signale überlagern würden und nicht mehr trennbar wären. Deshalb werden mehrere Verbindungen durch Zeitmultiplex- oder andere Steuerverfahren realisiert (siehe Abschnitt 5). Wegen der impulsförmigen und damit breitbandigen Signale ohne Modulation ist die Basisbandübertragung nur für kürzere Entfernungen geeignet. Für Basisbandsysteme ist typisch, daß das Übertragungsmedium (Koaxialkabel) nur einen Übertragungskanal enthält.

Zur Kodierung der Signale auf dem Übertragungsmedium sind zahlreiche Verfahren entwickelt worden. Gegenwärtig wird das Manchester-Kodierungsverfahren am häufigsten angewendet und als Standard-Methode für

Basisband-Systeme akzeptiert. Es ist einfach zu implementieren, gleichstromfrei und ermöglicht die Selbstsynchronisation miteinander kommunizierender Stationen, so daß eine separate Taktversorgung entfällt.

Bei dem Verfahren erfolgt eine Aufteilung in Bit-Zellen. Die erste Hälfte der Bit-Zelle enthält das Komplement des Bit-Wertes und die zweite Hälfte den eigentlichen Bit-Wert (siehe Bild 4-7). Dadurch wird erreicht, daß in jeder Bit-Zelle ein Pegelsprung (Transition) auftritt, der eine einfache Synchronisation der beteiligten Stationen ermöglicht.

Alle Transporte erfolgen auf dem Basisband-Übertragungskanal mit der gleichen Geschwindigkeit (z.B. 10 MBit/s). Dies bedeutet jedoch nicht, daß einer Station diese Kanalgeschwindigkeit als gleichbleibende Verkehrsgeschwindigkeit zur Verfügung steht. Da der vorhandene Übertragungskanal von vielen Stationen anteilig genutzt wird und deshalb einer einzelnen Station nicht kontinuierlich zur Verfügung steht, ist die tatsächliche Durchsatz-Leistung pro Verbindung geringer und von der Auslastung des Kanals sowie vom eingesetzten Steuerverfahren (Zugangs-, Zugriffsverfahren) abhängig. Die Art und Weise des Zugriffs der Stationen auf den Übertragungskanal sowie der Transfer wird durch das Steuerverfahren geregelt. Wollen mehrere Stationen zum gleichen Zeitpunkt Informationen über den Kanal senden, dann kann dies zu Überlagerungen und zum gegenseitigen Zerstören der Signale führen. Deshalb müssen die Steuerverfahren dafür sorgen, daß entweder solche Konfliktsituationen durch eine deterministische Kanalzuweisung vermieden oder daß entstandene Konfliktsituationen beseitigt werden (siehe Abschnitt 5). Als Steuerverfahren für Basisband-Systeme wird gegenwärtig am häufigsten das CSMA-CD-Verfahren eingesetzt.

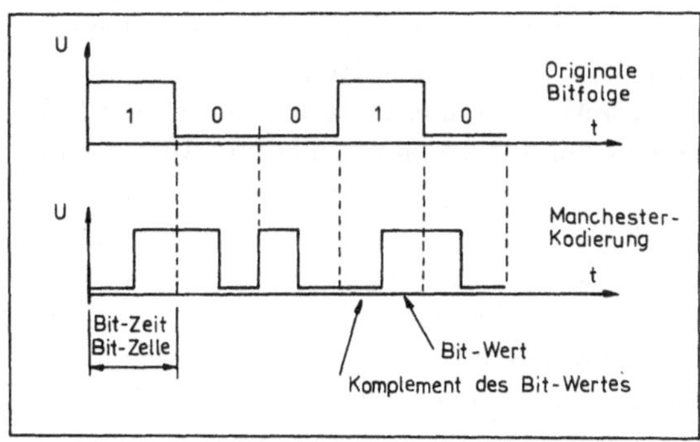

Bild 4-7. Manchester-Kodierungsverfahren

Basisband-LAN können in Abhängigkeit von ihrer Leistung und Hardware-Komplexität in drei Gruppen eingeteilt werden:

a) Systeme geringerer Leistung bis 1 MBit/s,
b) Systeme mittlerer Leistung zwischen 3 und 10 MBit/s,
c) Systeme hoher Leistung bis 50 MBit/s.

Zur zweiten Gruppe gehört mit der Übertragungsrate von 10 MBit/s das bekannte LAN Ethernet. Ein anderes Beispiel ist der Hyperbus mit 6,312 MBit/s, der zu verschiedenen Protokollen, wie X.25 und SNA, kompatibel ist. In der dritten Gruppe auf dem Gebiet der Hochleistungs-LAN ist eines der wenigen Systeme der Hyperchannel, der mit den meisten bekannten Zentraleinheiten verbunden werden kann, aber sehr komplex und teuer und für viele standardisierte Interfaces zu schnell ist.

4.2.2 Breitbandübertragung

Die Breitbandtechnik hat ihren Ursprung im Bereich des Kabelfernsehens (CATV – Cable Television). Herausragende Eigenschaft ist die Möglichkeit, mehrere Informationskanäle gleichzeitig zu betreiben. Ein einzelnes Kabel kann für mehrere Dienste parallel genutzt werden. So können zum Beispiel zu einem bestimmten Zeitpunkt neben den Datenpaketen mehrerer Lokalen Netze auch Videosignale, MAP-Daten oder auch Telefongespräche übertragen werden.

Bei der Breitbandübertragung werden unterschiedliche koexistente Übertragungskanäle gebildet, indem das gesamte zur Verfügung stehende Frequenzband (etwa 10 bis 450 MHz) in Teilbänder unterteilt wird. Dies erfolgt nach dem Frequenz-Multiplex-Prinzip (FDM – Frequency Division Multiplexing). In der Regel wird eine Gesamtfrequenzbandbreite von 300 oder 400 MHz in genormte 6-MHz-Frequenzbänder untergliedert. Die Ansteuerung der einzelnen Informationskanäle erfolgt mit Hilfe des Frequenzmodulationsverfahrens. Der wichtigste Unterschied zum Basisbandverfahren besteht also darin, daß die Breitbandübertragung grundsätzlich mit einer Modulation und Demodulation verbunden ist. Als Übertragungsmedium wird normalerweise Koaxialkabel eingesetzt. Die Stationen werden über Modems angeschlossen, deren Trägerfrequenz auf die des betreffenden Informationskanals eingestellt wird (siehe Bild 4-8). Dabei ist zu beachten, daß nur diejenigen Endsysteme miteinander kommunizieren können, die dieselben Kanäle benutzen.

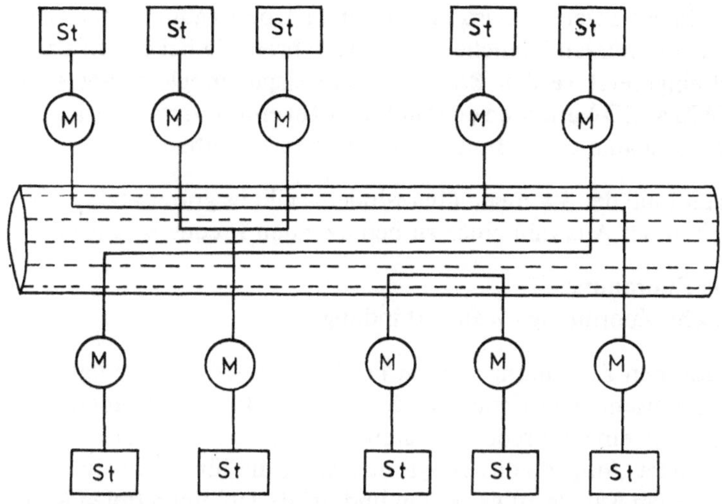

St   Station
M   Modem

Bild 4-8. Breitbandprinzip

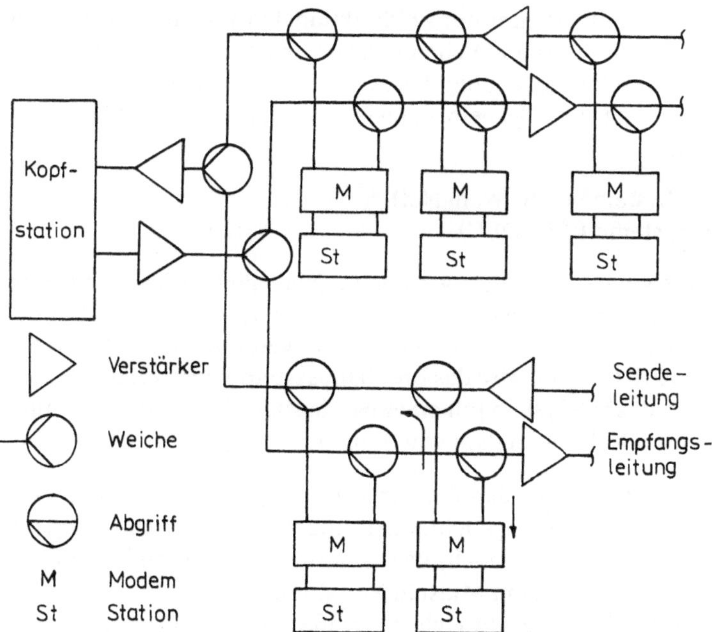

Bild 4-9. Breitbandkonfiguration mit Dualkabeltechnik

89

Werden mehr als zwei Endsysteme an einen Übertragungskanal angeschlossen, dann müssen ähnliche Zugriffsverfahren wie bei einem Basisband-LAN eingesetzt werden. So ist es zum Beispiel möglich, Netze mit
mit dem CSMA/CD-Verfahren oder mit dem Tokenbus-Verfahren auf den
Übertragungskanälen eines Breitbandsystems zu betreiben.

Für den Anschluß der Stationen über Modems gibt es grundsätzlich zwei
Möglichkeiten der Auswahl eines zu benutzenden Frequenzbandes:

— statische Zuordnung,
— dynamische Zuordnung (Wählverbindung).

Bei der statischen Zuordnung werden Festfrequenz-Modems eingesetzt.
Für die dynamische Zuordnung werden variable Frequenz-Modems in
Verbindung mit einem Frequenz-Zuteilungssystem (Kanalverwaltungslogik) verwendet. Aufgabe dieses Systems ist es, die für Wählverbindungen vorhandenen Kanäle zu verwalten und bei Bedarf einen freien Kanal
einer zwischen zwei Stationen zu etablierenden Wählverbindung zuzuordnen [1-8].

Die Breitbandtechnik arbeitet mit unidirektionalen Kanälen, deshalb ist
für den bei Lokalen Netzen üblichen bidirektionalen Verkehr ein Sende-
und ein Empfangspfad notwendig. Diese beiden Pfade können entweder
auf einem oder auf zwei Kabeln realisiert werden. Entsprechend wird
unterschieden:

— Dualkabel-Systeme (z. B. WangNet),
— Einkabel-Systeme (z. B. DEC).

Wie aus dem Namen ersichtlich, wird beim Dualkabel-Verfahren für jede
Übertragungsrichtung ein eigenes Kabel benutzt (siehe Bild 4-9). Dies bedeutet gegenüber den Einkabel-Systemen eine Verdopplung der Gesamtkapazität. Im Abschnitt 9.4 wird das Breitbandsystem WangNet behandelt.
Dies ist ein Dualkabel-System mit einer baumartigen Struktur. Die Baum-
Struktur ist für alle Breitbandsysteme typisch.

Bei Einkabel-Systemen werden die zur Verfügung stehenden Frequenzbänder auf beide Übertragungsrichtungen aufgeteilt. Dazwischen liegt ein
nicht benutzter Frequenzbereich, das Guard-Band. Die Aufteilung der
Frequenzen erfolgt nach dem Midsplit-Verfahren, bei dem für die Sende-
und Empfangskanäle eine etwa gleich große Aufteilung erreicht wird
(siehe Bild 4-10).

Die verfügbare Frequenzbandbreite ist in einen für alle Stationen gemeinsamen Sendebereich und einen gemeinsamen Empfangsbereich aufgeteilt. An einer zentralen Stelle werden durch einen Frequenzumsetzer alle ankommenden Nachrichten aus dem Sendebereich der Stationen in den Empfangsbereich der Stationen umgesetzt und an alle Stationen gesendet. Die Aufteilung des Frequenzbandes wird deshalb Midsplit-Verfahren genannt, weil hierbei das etwa 300 MHz breite Band in der Mitte geteilt wird. Die Verbindungen zwischen den Stationen und dem Kabel erfolgen über Richtungsanschlußeinrichtungen, die durch den Einsatz von Filtern bewirken, daß die Nachrichten von den Stationen zum Frequenzumsetzer und von dort zu den Stationen gelangen. Durch bidirektionale Verstärker in den Kabeln können relativ große Entfernungen überbrückt werden. Ein Midsplit-System ist das LocalNet 20 von Sytek. Allen Breitbandsystemen ist gemeinsam, daß die Übertragung der Daten stets über eine Kopfstation (Head End) erfolgt. Dies bedeutet, daß der Absender einer Information diese nicht direkt dem Empfänger zustellen kann, sondern das Datenpaket erst an die am Kabelende liegende Kopfstation schicken muß. Diese setzt

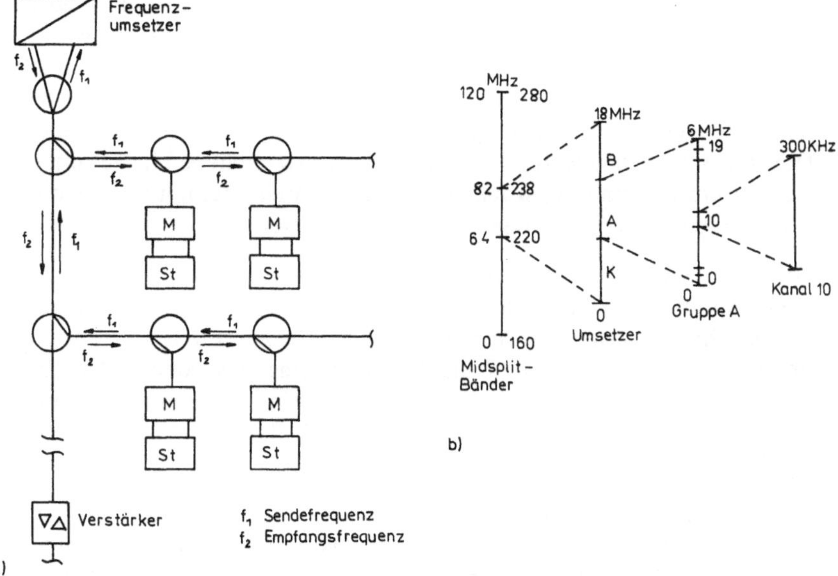

a) Konfiguration eines Midsplit-Systems   b) Aufteilung der Frequenzbänder

Bild 4-10. Midsplit-Verfahren

es dann bei Midsplit-Systemen vom Sende- auf das Empfangsfrequenz-
band um oder leitet es bei den Dualkabel-Systemen auf das Empfangs-
kabel, damit der Empfänger es lesen kann.

Für beide Verfahren ist es günstig, daß die Kopfstation die Nachrichten
aktiv aufbereitet. Die Stationen des Lokalen Netzes benötigen deshalb nur
relativ schwache Sender und Empfänger. Dagegen müssen die Sender in
Basisbandsystemen so stark sein, daß jede Station die Summe aller anderen Stationen mit Nachrichten erreichen kann. Die Kopfstationen selektie-
ren keine Nachrichten und sind auch für eine Zielbestimmung nicht zuständig.

Die meist in Breitbandsystemen eingesetzten Elemente aus der Kabelfern-
seh-Technik wie Verstärker, Weichen, Kabelschellen und die Kabel selbst
ermöglichen die Nutzung einer Bandbreite von 300 bis 400 MHz.

4.2.3 Vergleich Basisband – Breitband

Bei Breitband-Netzen ist es möglich, über das gleiche Übertragungsmedium parallel zu Digitaldaten auch Video- oder Sprachsignale auf getrennten Kanälen in digitaler oder analoger Form zu übertragen. Außerdem können auf den Übertragungskanälen unterschiedliche Protokolle
realisiert werden, um eine optimale Anpassung an die verschiedenen
Dienste aktuell zu gewährleisten. Breitbandsysteme haben insgesamt eine
viel höhere Übertragungskapazität als Basisbandsysteme und nutzen die
Möglichkeiten des Übertragungsmediums besser aus.

Die elektrischen Pegel der Sende- und Empfangskanäle können getrennt
voneinander verstärkt werden, damit wird gegenüber Basisbandsystemen
die Reichweite erheblich vergrößert. Da alle gesendeten Nachrichten
immer nur zur Kopfstation (Wurzel) hin übertragen werden und die Emp-
fangsnachrichten immer nur von der Kopfstation herkommen, kann das
Netz leicht baumförmig verzweigt und damit flächendeckend installiert
werden.

Der Aufwand für Basisband-Installation und -Modifikation ist niedriger als
bei Breitband-Netzen. Insbesondere für Basisbandsysteme mit dem Steuerverfahren CSMA/CD (siehe Abschnitt 5.2.1) sind von verschiedenen
Herstellern integrierte Bauelemente auf LSI/VLSI-Basis verfügbar, die die
Installation erleichtern und die Anschlußkosten verringern. Dagegen

fallen bei Breitbandsystemen besonders die Kosten für die Modems ins Gewicht. Bei hohen Übertragungsraten und Endgeräten mit Vielfachzugang (z. B. Computer) ist die Komplexität von Modems und Zusatz-Hardware (z. B. Frequenzzuteilungssystem, TDM-Multiplexer) beträchtlich. Systemerweiterungen sind bei Basisbandsystemen einfach realisierbar. Bei Breitbandsystemen ist dieser Vorgang wesentlich komplizierter, da neue Pegelabgleiche erforderlich sind, denn durch Hinzufügen neuer Netzzweige ändern sich die Dämpfungswerte der Signale. Um die Pegelwerte der Signale an den Modems innerhalb bestimmter Toleranzen zu halten, gibt es Netz-Anschluß-Elemente mit unterschiedlichen dB-Werten. Eine Änderung der Netzstruktur erfordert daher meist den Austausch mehrerer Netz-Anschluß-Elemente.

Für Breitbandsysteme gilt, daß bei Ausfall des Übertragungsmediums alle Informationsübertragungswege blockiert sind. Ebenso kann eine breitbandige Störquelle bereits mit einem Störsignal niedrigerer Energie mehrere Kanäle beeinträchtigen, während in Basisbandsystemen bei derartigen Störungen nur ein einziger Kanal gestört ist. In einem Basisbandsystem können auch Video- und Sprachsignale in digitalisierter Form übertragen werden, jedoch ist die für die Übertragung von Echtzeit-, Sprach- und Bildinformation erforderliche Bandbreite oft größer als die Kapazität eines einzelnen Basisbandkanals.

Gegenüber Basisbandsystemen sind Breitbandsysteme für größere räumliche Ausdehnungen geeignet. Die Leistung eines LAN ist jedoch in erster Linie von den im Netz eingesetzten Zugangsverfahren abhängig und erst in zweiter Linie davon, ob Basisband- oder Breitband-Technologie verwendet wird. Die Steuerverfahren für LAN, die in Abschnitt 5 ausführlich behandelt werden, sind für die verschiedenen Anwendungen unterschiedlich gut geeignet. So ist die Leistungsfähigkeit eines Netzes bei Verwendung von CSMA/CD um so besser, je größer die übertragene Paketlänge gegenüber der Übertragungszeit ist, da immer während der Dauer des Transports eines Pakets über das Kabel eine Kollision mit einem von einer anderen Station gleichzeitig ausgesandten Paket erfolgen kann. Deshalb ist für Basisbandsysteme, wo alle Daten auf einem einzigen Kanal übertragen werden, eine hohe DÜ-Rate notwendig. Das bedeutet aber, daß bei einer gegebenen Paketlänge die Ausbreitungszeit des Pakets auf dem Kabel klein gehalten werden muß, um eine entsprechende Leistung zu gewährleisten. Diese Zusammenhänge sind der Grund für die in Ethernet maximal zulässige Übertragungs-Streckenlänge von einem bis drei Kilometern. Im Vergleich dazu können Breitbandsysteme bis zu zehn und mehr Kilometer überbrücken, allerdings ist hier die Übertragungsrate auf dem einzelnen Kanal gering.

Die für LAN aufgestellte Forderung nach wahlfreier und flexibler Verbindungsmöglichkeit der einzelnen Stationen ist für Basisbandsysteme im Rahmen der Gesamtbandbreite des Kabels einfach zu erreichen, während bei Breitbandsystemen dafür ein erheblicher zusätzlicher Aufwand notwendig ist. Deshalb ist es hier wichtig, die anzuschließenden Stationen den einzelnen Kanälen so sorgfältig zuzuordnen, daß der Transferbedarf zwischen den Kanälen minimal bleibt. Besteht dennoch die Notwendigkeit, Stationen unterschiedlicher Kanäle miteinander zu verbinden, so erfolgt dies durch Brücken mit Frequenzumsetzung und Adreßauswertung (siehe Kapital 8). Abgesehen vom erforderlichen Hardwareaufwand werden Laufzeit, Geschwindigkeit, Zuverlässigkeit und verfügbare Summen-Kanalkapazität dadurch negativ beeinflußt. Wenn die zu übertragende Information auf einen Träger aufmoduliert wird, erscheinen auf dem Kabel keine Frequenzen unter etwa 2 MHz, was die erforderlichen Erdungsmaßnahmen vereinfacht. Die Kabelsegmente in Basisbandsystemen sollten dagegen jeweils an einer Stelle sorgfältig geerdet werden.

Kombination von Basisband und Breitband

Beide Technologien bieten Vorteile für bestimmte Lösungen und Teillösungen. Deshalb liegt es oft nahe, die Verfahren miteinander zu kombinieren, so daß Teile eines Netzes, für die Breitband-Technik erforderlich ist, z. B. als CATV-Implementierung ausgeführt werden, während für die übrigen Teile die Basisband-Technik angewendet wird. Bild 4-11 zeigt die Grundkonfiguration eines gemischten Breitband-Basisband-Netzes. Eine derartige Lösung wurde unter der Bezeichnung NET/ONE entwickelt [4-9], bei der die Nutzerschnittstelle transportmedienunabhängig ist. Dies wird über die NIU-Einheiten erreicht, die als Netzzugangscomputer ausgeführt sind und entweder mit einer Hardwareschnittstelle zur Transceivereinheit gemäß der Ethernet-Spezifikation oder mit einer Hardwareschnittstelle zu einem Breitbandmodem bestückt werden.

Zusammenfassend kann festgestellt werden, daß ein Breitband-LAN im Vergleich zu einem Basisband-LAN wesentliche Vorteile hat. Mit der Einführung eines Basisband-LAN ist man in der Regel auf einen bestimmten Technologietyp festgelegt. Dagegen besteht auf einem Breitband-LAN die

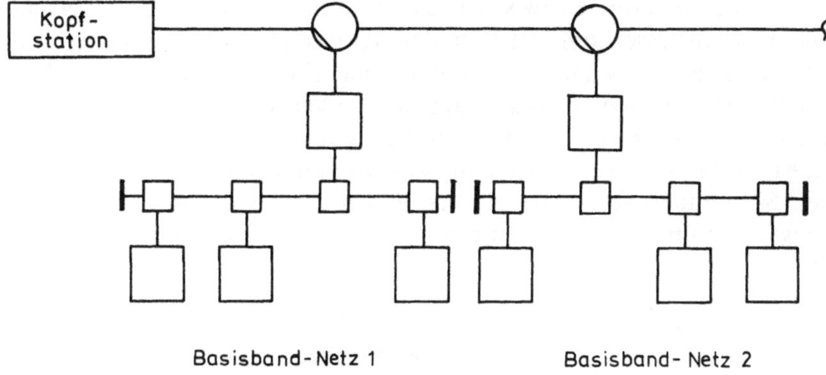

Bild 4-11. Gemischtes Breitband-/Basisband-Netz

Möglichkeit, mehrere logisch voneinander unabhängige Lokale Netze auf einem einzigen Kabel zu implementieren. Dafür ist jedoch ein hoher Aufwand notwendig. Deshalb ist es zweckmäßig, die billigere Basisband-Technik überall dort zu nutzen, wo die entsprechenden Anforderungen erfüllt werden können.

4.3 Vermittlungstechniken

Wenn eine Station einer anderen Station Informationen senden will, dann sind zwei Vorgänge Voraussetzung. Aus der Menge der angeschlossenen Stationen wird die Empfangsstation ausgewählt, und es wird der Weg bestimmt, über den die Informationen zwischen Sende- und Empfangsstation übertragen werden. Bei Lokalen Netzen wird davon ausgegangen, daß jeweils zwischen zwei Computern keine festverschalteten Standleitungen bestehen und die Datenwege den Stationen nicht exklusiv zur Verfügung stehen. Dies wäre zu teuer und unpraktikabel. Deshalb wird das Übertragungsmedium den Stationen frequenzgestaffelt oder zeitlich geteilt zugewiesen. Dies erfolgt entweder statisch oder dynamisch. Der Mehrfachzugriff auf ein einzelnes Medium oder einen Übertragungskanal im Sinne einer dynamischen Multiplexierung wird mittels Steuerverfahren oder Zugriffsverfahren realisiert. Die Steuerverfahren regeln den Verkehr innerhalb eines Lokalen Netzes, wenn zwischen Sende- und Empfangsstation keine anderen Stationen zwischengeschaltet sind, die den Weg der Nachrichten beeinflussen könnten. Befinden sich dagegen zwischen Sende- und Empfangsstation noch weitere Stationen oder Einrichtungen, die den Weg der Nachrichten beeinflussen, dann ist eine Vermittlung notwendig. Die Technik der bedarfsspezifischen Zuweisung von Übertragungskanälen für eine bestimmte Verkehrsbeziehung wird als Vermittlungstechnik bezeichnet. Sie umfaßt Verfahren, die die Verkettung verschiedener Übertragungsabschnitte zwischen den Knoten eines Netzes realisieren.

Diese Verfahren sind [3-1]:

– Durchschaltebetrieb mit Leitungsvermittlung,
– Teilstreckenbetrieb mit Speichervermittlung,
– Teilstreckenbetrieb mit Paketvermittlung.

Leitungsvermittlung

Bei der Leitungs- bzw. Durchschaltevermittlung (Wählvermittlung) wird eine durchgehende Verbindung zwischen den Kommunikationsteilnehmern geschaltet, die für die Dauer der Übertragung erhalten bleibt. Nach dem Verbindungsaufbau werden die Nachrichten von der Sende- zur Empfangsstation durchgehend, d. h. ohne Verzögerung oder Bearbeitung in den Vermittlungsstellen, übertragen. Danach erfolgt der Verbindungsabbau. Beispiele sind das Fernsprech- und das Telexnetz. Auf- und Abbau einer Verbindung sind zeitaufwendige Vorgänge. Nach dem Verbindungsaufbau wirken jedoch keine zusätzlichen Verzögerungszeiten (außer Signalverzögerung). Leitungsvermittlungen sind für stoßartige Belastungen, die für interaktive Anwendungen typisch sind, uneffektiv. Dagegen ist die Sprach- und die Videokommunikation mit ihrem kontinuierlichen Informationsfluß (stream traffic) bei der Leitungsvermittlung uneingeschränkt möglich.

Speichervermittlung

Netze mit Teilstreckenbetrieb sind durch Zwischenspeicher gekennzeichnet, die sich in den Vermittlungsstellen befinden. Die Nachrichten legen den Weg von der Sende- zur Empfangsstation immer nur abschnittsweise von Knoten zu Knoten zurück. Dies erfolgt unter Verwendung von Speicher- und Richtungs-Prozeduren (Store-and-Forward-Prinzip). Dadurch ist die Leitung nicht ständig in ihrer gesamten Länge belegt, sondern einzelne Leitungsabschnitte sind zwischenzeitlich für andere Verbindungen frei. Bei der Speichervermittlung (message switching) wird die Nachricht als eine geschlossene Einheit von der Sendestation zur nächsten Vermittlungsstelle übertragen, dort zwischengespeichert und dann auf den nächsten Leitungsabschnitt geschickt. Dies erfordert in den Vermittlungsstellen eine relativ hohe Speicherkapazität. Für andere Teilnehmer entstehen häufig Wartezeiten. Kurze Nachrichten, die auf ihre Übertragung warten, werden durch lange, bereits in Übertragung befindliche Nachrichten verzögert. Gegenüber der Leitungsvermittlung ist kein Auf- und Abbau einer Verbindung notwendig, mit Ausnahme des Aufbaues einer virtuellen Verbindung zwischen Sende- und Empfangsstation im Rahmen eines vereinbarten Übertragungsprotokolls. Die Auslastung der Übertragungskanäle ist wesentlich besser. Bei Ausfall einer Leitung kann normalerweise ein Umweg ausgewählt werden.

Paketvermittlung

Die Wirkungsweise entspricht der der Speichervermittlung mit dem Unterschied, daß alle Übertragungseinheiten eine annähernd gleiche, relativ kleine Länge haben, für die eine obere Grenze festgelegt wird. Längere Übertragungseinheiten werden vom Sender in Teile – Pakete – zerlegt und in dieser Form übertragen (siehe auch Abschnitt 4.4). Diese Pakete gelangen unabhängig voneinander unter Verwendung der Speicher- und Richtungs-Prozeduren zur Zielstation. Der Weg der Pakete durch das Netz ist dynamisch in Abhängigkeit von Entscheidungen, die von den aktuellsten Zustandsinformationen abgeleitet werden. Die Empfangsstation muß aus den Paketen wieder die Nachricht in der richtigen Reihenfolge zusammensetzen. Dies erfordert einige besondere Maßnahmen. Man darf sich über die Paketlänge keine falschen Vorstellungen machen. So beträgt zum Beispiel im LAN Ethernet die maximale Paketlänge 1526 Bytes (siehe Abschnitt 9.1). Ein großer Teil der zu übertragenden Nachrichten muß folglich nicht zerlegt werden, sondern paßt in ein Paket. Wird die Übertragungsdauer bei einer bestimmten Übertragungsgeschwindigkeit als Kriterium angesetzt, so liegt die Paketvermittlung zwischen der Speichervermittlung (lange Übertragungsdauer) und der Leitungsvermittlung (kurze Übertragungsdauer). Aus diesem Grund wird in Lokalen Netzen die Paketvermittlung am häufigsten angewendet. Die Speichervermittlung entfällt normalerweise wegen der notwendigen großen Puffer. Die Leitungsvermittlung ist für Lokale Netze nur im Zusammenhang mit der Sprach- und Videoübertragung in Breitbandsystemen interessant.

4.4 Datagramm- und Paketübertragung

Die Länge der Nachrichten kann abhängig von der zu übertragenden Informationsmenge und der internen Pufferlänge der Stationen zwischen einigen wenigen und mehreren tausend Bytes schwanken. Derartig stark streuende Anforderungen sind nur aufwendig zu realisieren. Es gibt aber zwei Möglichkeiten, dieses Problem zu lösen. Entweder wird bereits in der Sendestation dafür gesorgt, daß die Nachrichten eine vorgegebene maximale Länge nicht überschreiten oder längere Nachrichten werden segmentiert. Danach werden unterschieden:

- Datagrammübertragung (verbindungslose Übertragung),

- Paketübertragung (verbindungsorientierte Übertragung, virtuelle Verbindung).

Die Datagrammübertragung (siehe Bild 4-12) ist eine einfache Übertragungstechnik. Die zu übertragenden Einheiten, die als Datagramme bezeichnet werden, sind voneinander unabhängig, da sie jeweils vollständige, relativ kurze Nachrichten übertragen. Jedes Datagramm enthält seine eigene Zieladresse und wird ohne vorhergehende Abstimmung zwischen Sende- und Empfangsstation als eine in sich geschlossene Einheit übertragen. Dazu wird nur eine Transferphase benötigt. Die Übertragungsphasen Verbindungsherstellung und -lösung sind nicht notwendig. Deshalb wird diese Methode in den ISO-Schriften (siehe Abschnitt 6.1) auch als verbindungsloser (connectionless) Dienst bezeichnet. Die Übertragung erfolgt jedoch nicht ohne Verbindung, sondern nur ohne daß vor dem eigentlichen Transfer die Phase Verbindungsherstellung und danach die Phase Verbindungslösung abgearbeitet werden müssen. Die Vorteile der Datagrammübertragung sind:

1. Eine gleichzeitige Sende- und Empfangsbereitschaft von Sende- und Empfangsstation ist nicht erforderlich. Die Datagramme werden in Warteschlangen abgelegt, bis die Empfangsstation empfangsbereit ist.

2. Ein Datagramm kann problemlos an viele Stationen gesendet werden. Voraussetzung für das Duplizieren und Übertragen des Datagramms ist lediglich die Änderung seiner Zieladresse.

3. Ein unnötiger Verbindungsaufwand für die Implementierung von Station-Netzwerk-Shells, Server-Einheiten, Brücken und Gateways wird vermieden.

Das Verfahren garantiert nicht die korrekte Übermittlung aller abgesendeten Datagramme, da es ohne Quittungen arbeitet, und im besonderen gewährleistet es nicht die Einhaltung der zeitlichen Reihenfolge in der Zielstation. Die Überprüfung der korrekten Zustellung und – falls erforderlich – die Herstellung der Absenderreihenfolge sind Aufgaben, die Quell- und Zielstation selbst realisieren müssen.

Trotzdem ist die Datagrammübertragung z.B. gut geeignet für die Übertragung von Sätzen aus einer direkt oder index-sequentiell organisierten Datei, für die Übertragung unabhängiger Transaktionen (z.B. bei Buchungsvorgängen) oder für die Behandlung anderer relativ kurzer Nachrichten.

Bei der verbindungsorientierten Übertragung werden die zu übertragenden Einheiten als Pakete bezeichnet. Eine Nachricht wird in der Sendestation auf mehrere Pakete aufgeteilt (Segmentierung), durch das Lokale Netz übertragen und in der Zielstation aus den einzelnen Paketen wieder zusammengesetzt (Reassemblierung). Im Gegensatz zur Datagrammübertragung sind hier also die Übertragungseinheiten nicht voneinander unabhängig. Die Paketübertragung (siehe Bild 4-13) ist eine jüngere Methode,

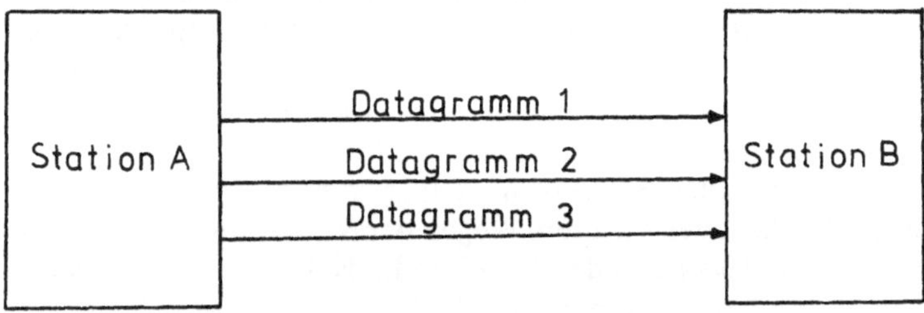

Bild 4-12. Beispiel für eine Datagrammübertragung

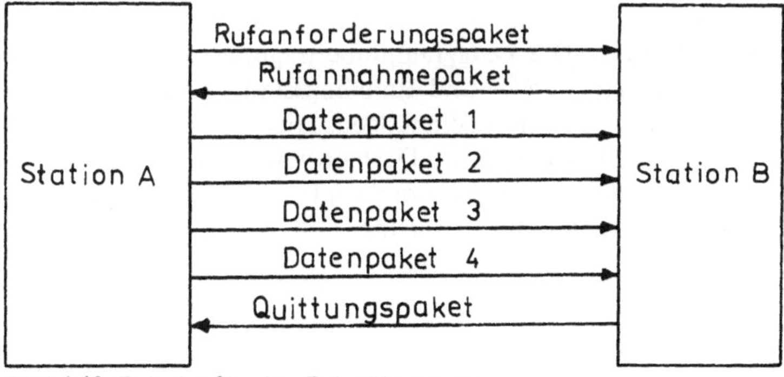

Bild 4-13. Beispiel für eine Paketübertragung

bei der vor dem Informationstransfer eine logische Verbindung (Virtual Circuit) zwischen zwei Stationen hergestellt wird. Dies erfolgt z. B., indem zunächst ein Rufanforderungspaket an die Zielstation gesendet wird, um diese zum Herstellen einer logischen Verbindung aufzufordern. Akzeptiert die Zielstation die Verbindung, dann erhält die anfordernde Station von der Empfangsstation als Quittung ein Rufannahmepaket. Die Verbindung ist somit hergestellt und die Transferphase beginnt. In dieser Phase realisiert das System außerdem andere wichtige Funktionen wie:

— Umordnung von Paketen in die korrekte Reihenfolge,
— Eliminierung von Duplikaten,
— Wiederherstellung verlorengegangener Pakete durch Aufforderung zur Wiederholungssendung,
— Erkennung und Korrektur von Übertragungsfehlern,
— Datenflußsteuerung zur Vermeidung von Überbelastungen der Übertragungswege und Empfangsstationen.

Ist die Transferphase beendet, erhält die Sendestation ein Quittungspaket. Damit wird die Verbindung gelöst. Bei dieser Übertragung werden folglich drei Phasen abgearbeitet. Dies sind die Phase der Verbindungsherstellung (establishment), die Transferphase und die Phase der Verbindungslösung (release). Vom Standpunkt des Nutzers aus stellt das Netz eine stehende Verbindung her und liefert die gesendeten Nachrichten in der Zielstation vollständig in der Reihenfolge der Eingabe ab. Intern jedoch transportiert es die Informationen des Senders in datagrammartigen, voneinander unabhängigen Blöcken, den Paketen. Wegen der Notwendigkeit der Übertragungsphasen 2 und 3 wird in den ISO-Standards diese Methode als verbindungsorientierte (connection oriented) Übertragung bezeichnet.

Gegenüber der Datagrammübertragung ist die Paketübertragung zwar grundsätzlich sicherer, sie erfordert jedoch einen möglicherweise unvorteilhaften Mehraufwand. Die Datagrammübertragung ist in der Praxis effektiver, vorausgesetzt, Sende- und Empfangsstation sorgen für eine korrekte Behandlung der Fehlerbedingungen. Dies ist in der Regel mit vernünftigem Aufwand leicht möglich. Deshalb wird diese Methode oft in LAN-Software verwendet. So basiert zum Beispiel die Advanced NetWare von Novell auf der Datagrammübertragung.

5 Steuerverfahren für Lokale Netze

5.1 Alternativen für Steuerverfahren

Die Steuerverfahren (Zugangsverfahren, Zugriffsverfahren) regeln den Zugang der Stationen zum Übertragungskanal und den Transfer der Nachrichten durch den Übertragungskanal. Für die Lokalen Netze wurden kollisionsfreie und kollisionsbehaftete Steuerverfahren entwickelt. Kollisionsfrei bedeutet, daß die Stationen nach einem deterministischen Algorithmus exklusiv die Kontrolle über den Übertragungskanal erhalten. Die kollisionsbehafteten Verfahren (Konkurrenzverfahren) sind für Mehrpunktverbindungen typisch und berücksichtigen, daß zu einem bestimmten Zeitpunkt mehrere Stationen gleichzeitig senden wollen. Dabei können Kollisionen entstehen, deshalb realisieren die Konkurrenzverfahren außer dem Kanalzugang die Konflikterkennung und die Konfliktlösung.

Die wichtigsten Kriterien für die Steuerverfahren sind:

1. die Art der Steuerung der Nachrichten in Abhängigkeit davon, ob sie zentral oder dezentral erfolgt,

2. die Möglichkeiten des Auftretens von Kollisionen,

3. die für ein Verfahren typische Topologie, da die meisten Verfahren für Netzwerke in Verbindung mit einer bestimmten Topologie entwickelt worden sind.

Prinzipiell sind fast alle Kombinationen von Übertragungsmedium, Topologie und Steuerverfahren denkbar, und das Einsatzspektrum der einzelnen Komponenten wird zunehmend erweitert. Wie die folgende Beschreibung der wichtigsten Zugangsverfahren für Lokale Netze jedoch zeigt, sind nicht alle Kombinationen für eine praktische Anwendung zweckmäßig. Bild 5-1 gibt einen Überblick über Steuerverfahren für Lokale Netze.

5.2 Vielfachzugriffsverfahren (Multi-Access-Verfahren)

Multi-Access-Steuerverfahren sind die Basis für Multi-Access-/Broadcast-Netzwerke. Sie arbeiten mit einem einzelnen Hochleistungskanal, zu dem

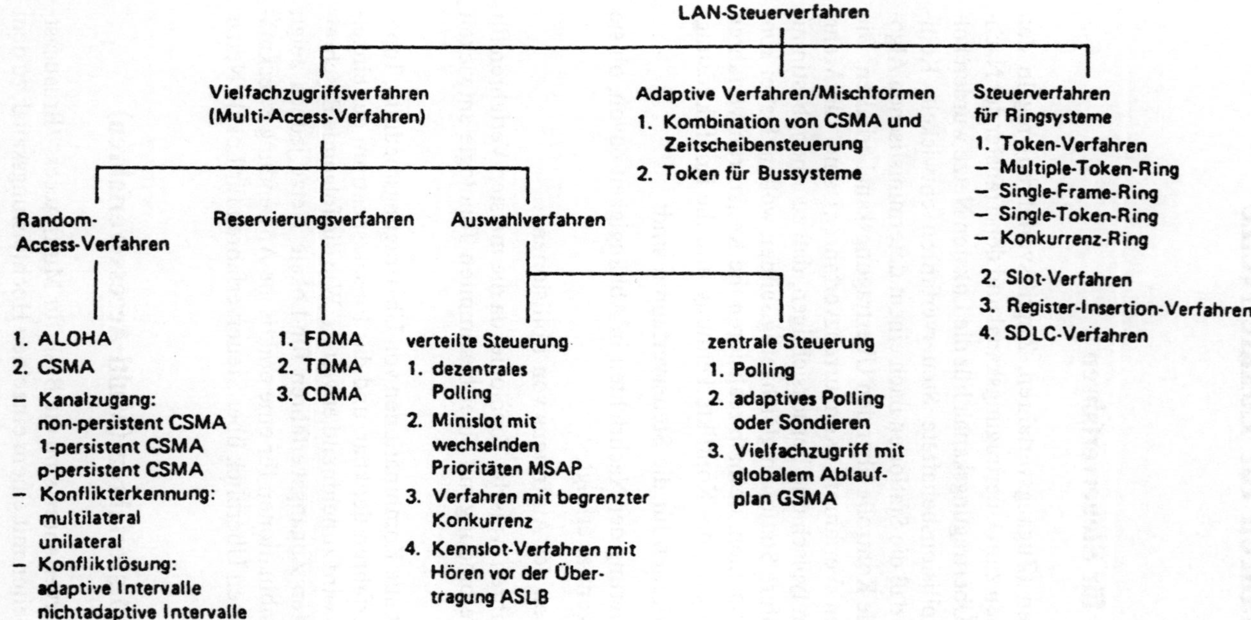

Bild 5-1. Steuerverfahren für Lokale Netze

alle Stationen zugreifen können und der jeder Station für die erforderliche
Zeit zur Übertragung eines Datagramms oder Pakets zugewiesen wird. Mit
dem gemeinsamen Kanal ist jede Station über ein Interface verbunden, das
alle Übertragungen hört und die Datagramm- oder Paketadressen prüft.

Multi-Access-Steuerverfahren werden unterschieden nach der statischen
oder dynamischen Art des Kanalzugriffs, der zentralisierten oder verteilten Natur des Entscheidungsprozesses und dem Grad der Anpassung des
Algorithmus an notwendige Änderungen des Systems. Danach werden
diese Verfahren für Lokale Netze in vier Klassen eingeteilt:

1. Random-Access-Verfahren. Der Zugriff sendewilliger Stationen zum
   Übertragungskanal erfolgt stochastisch und ohne wechselseitige Abstimmung zwischen den Stationen.

2. Reservierungsverfahren (feste Zuweisungstechnik). Für alle Stationen
   wird unabhängig von ihrer Aktivität statisch ein Intervall reserviert, in
   dem sie den Übertragungskanal nutzen können.

3. Auswahltechnik (Forderungs-Zuweisungstechnik, Anforderungstech-
   nik). Nach Ablauf einer Übertragung wird auf der Basis expliziter
   Steuerinformationen die nächste zur Übertragung berechtigte Station
   ausgewählt.

4. Kombinierte Verfahren (Adaptive Strategien, Mischtechniken). Sie
   bestehen aus der Kombination mehrerer unterschiedlicher Verfahren
   und Strategien, bei denen die Wahl eines Zugriffsschemas zu wechselnden Anforderungen selbst adaptiert ist.

Bei der folgenden Beschreibung der Steuerverfahren soll davon ausgegangen werden, daß jeweils M Nutzer über einen Kanal kommunizieren
wollen.

5.2.1 Random-Access-Verfahren CSMA

Für Lokale Netze ist als Verkehrsverhalten infolge des hohen Grades von
Zufälligkeit bei der Generierung der Nachrichten und der Forderung nach
Verarbeitung mit geringsten Verzögerungen der Bursttransfer typisch.
Darunter versteht man einen stoßförmigen Verkehr, der sich auf kurze
Zeitintervalle beschränkt, die bezüglich Zeitpunkt und Dauer nicht vorher
bestimmt werden können. Das Verhältnis der dabei erforderlichen Über-
tragungsrate zur durchschnittlichen Übertragungsrate ist sehr groß. Wenn

ein festes Subkanal-Zugangsverfahren benutzt wird, dann muß jeder
Station eine Kapazität in der Größe der maximal möglichen Transferrate
zugewiesen werden. Dies hat die Konsequenz, daß insgesamt die Kanalauslastung gering ist. Eine bessere Lösung ist die Nutzung eines shared
(mehrfach genutzten) Hochgeschwindigkeitskanals für eine große Anzahl
von Stationen, die jederzeit Zugriff zum Übertragungskanal haben (abgesehen von gewissen Einschränkungen bei bestimmten Protokollvarianten). Dabei können Kollisionen entstehen, wenn mehrere Stationen
gleichzeitig zum Kanal zugreifen wollen und sich ihre Signale überlagern
und gegenseitig stören.

Die Random-Access-Verfahren sind dadurch gekennzeichnet, daß der
Übertragungskanal seine eigenen Steuerinformationen enthält. Die Ver-
fahren unterscheiden sich nach der Art und Weise der Behandlung von
– Kanalzugang,
– Konflikterkennung,
– Konfliktbereinigung.

Die folgende Aufstellung enthält die wichtigsten dafür zur Verfügung stehenden Methoden [1-18, 5-1):

1. Kanalzugang bei Random-Access-Verfahren:
   – Carrier Sense Multiple Access (CSMA)
     CSMA   non-persistent
     CSMA   1-persistent
     CSMA   p-persistent
     Prioritätensteuerung im Anschluß an Übertragungen
   – Konfliktvermeidung nach Hamacher und Shedler
   – Konfliktvermeidung mit dem MLMA-Prinzip (Multi-Level-Multi-
     Access)

2. Konflikterkennung in Random-Access-Verfahren:
   – Konflikterkennung durch fehlende Quittung
   – multilaterale Konflikterkennung in CSMA-Systemen (CSMA/CD)
   – unilaterale Konflikterkennung in CSMA-Systemen

3. Konfliktlösung bei Random-Access-Systemen:
   – Prioritätenregelung nach Konflikten
   – automatische Reservierung nach Konflikten
   – Wiederholung nach einer zufälligen Verzögerungszeit
     nichtadaptive Verzögerungsintervalle
     adaptive Verzögerungsintervalle.

Neben dem CSMA ist das ALOHA ein typischer Vertreter der Random-Access-Verfahren. Das ALOHA-Verfahren wurde 1970 in zwei Varianten für ein nichtlokales Terminalsystem mit Paketvermittlung in einem Radiokanal entwickelt [5-2]. Deshalb soll es hier nicht interessieren.

Carrier Sense Multiple Access (CSMA)

Wird vorausgesetzt, daß in einem Übertragungsmedium die Ausbreitungszeit im Verhältnis zur Paketübertragungszeit gering ist, dann sind Steuerverfahren akzeptabel, bei denen die sendewilligen Stationen vor Beginn ihrer Übertragung den Kanal nach einem bestimmten Signalträger abfühlen (carrier sense), der mit einer laufenden Übertragung verknüpft ist und diese somit anzeigt. Eine sendewillige Station belegt den Kanal erst dann, wenn er frei ist.

Für die Steuerverfahren mit Abfühlen des Kanals vor dem Start einer Übertragung sind mehrere Varianten verfügbar. Ihnen ist gemeinsam:

1. Es werden Pakete variabler Länge übertragen.
2. Die Paket-Generierung entspricht einem Poisson-Prozeß.
3. Jede Station kann von allen anderen Stationen die Übertragung hören.
4. Eine Station kann nicht gleichzeitig senden und empfangen.
5. Die Zufallsverzögerung nach einer Kollision ist gleichmäßig verteilt.
6. Das Abfühlen des Kanalzustandes kann durch alle angeschlossenen Stationen gleichzeitig erfolgen.
7. Die Ausbreitungszeit der Signale im Übertragungsmedium (Signallaufzeit) ist im Verhältnis zur Übertragungszeit gering.

a) Regelung des Kanalzuganges

Sendewillige Stationen fühlen zunächst den Kanal ab. Wenn der Kanal frei ist und zur Zeit keine Prioritätenregelung durchgeführt wird, hat die Station Zugang zum Kanal und beginnt mit der Übertragung. Stellt eine sendewillige Station fest, daß der Kanal bereits belegt ist, dann verschiebt sie den Übertragungsbeginn gemäß einer der folgenden Protokollvarianten:

non-persistent CSMA

Eine sendewillige Station fühlt den Kanal ab und reagiert wie folgt:

– Ist der Kanal frei, dann sendet die Station ihr Paket.

– Ist der Kanal belegt, wird der Übertragungswunsch zurückgestellt und nach einer zufällig gewählten Verzögerungszeit wiederholt.

1-persistent CSMA

Das 1-persistent CSMA ist ein spezieller Fall des p-persistent CSMA und wurde entwickelt, um einen akzeptablen Durchsatz zu erreichen, indem vermieden wird, daß der Kanal frei ist, solange irgendeine der angeschlossenen Stationen senden will:

– Ist der abgefühlte Kanal frei, dann beginnt die sendewillige Station mit der Übertragung ihres Pakets mit der Wahrscheinlichkeit gleich 1.

– Ist der Kanal besetzt, fühlt die sendewillige Station den Kanal ununterbrochen ab und startet bei Freiwerden augenblicklich die Übertragung ihres Pakets mit der Wahrscheinlichkeit gleich 1.

Warten mehrere Stationen auf das Beenden derselben Übertragung, dann entsteht bei diesem Verfahren mit Sicherheit ein Konflikt.

p-persistent CSMA

Die Zeitachse wird in Minislots τs eingeteilt, wobei τ die maximale Signallaufzeit zwischen zwei Stationen ist [5-2] (diese Definition eines Slots unterscheidet sich von der des Slotted ALOHA). Zur Übertragung eines Pakets sind mehrere Minislots erforderlich. Alle Stationen sind so synchronisiert, daß sie eine Übertragung nur zum Beginn eines Minislots starten können. Sendewillige Stationen fühlen den Kanal ununterbrochen ab. Bild 5-2 zeigt den Ablauf beim p-persistent CSMA:

– Wenn eine sendewillige Station fühlt, daß der Kanal frei ist, dann sendet sie das Paket mit einer Wahrscheinlichkeit p, und mit der Wahrscheinlichkeit $q = 1 - p$ verzögert die Station den Beginn der Übertragung bis zum nächsten Minislot. Wenn dieser auch frei ist, dann beginnt die Station die Übertragung oder wartet wieder mit einer Wahrscheinlichkeit q.

– Dieser Vorgang wird wiederholt, bis entweder das Paket übertragen worden ist oder inzwischen eine andere Station die Übertragung begonnen hat. Wenn die sendewillige Station den Kanal belegt vorfindet, verhält sie sich so, als wäre ein Konflikt eingetreten, geht in den Arbeitszustand Konfliktlösung über und wartet danach, bis der Kanal wieder frei ist.

106

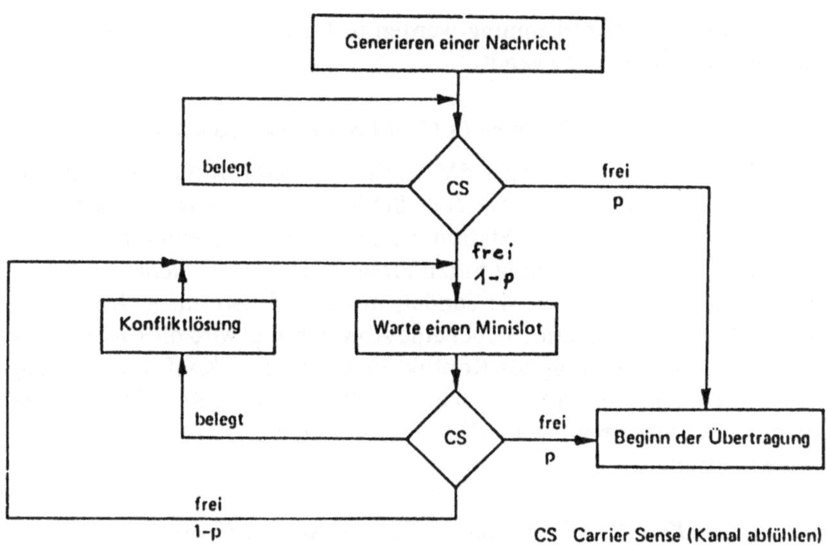

Bild 5-2. Kanalzugriff mit dem p-persistent CSMA-Verfahren

Durch geeignete Wahl des Parameters p kann der beim 1-persistent CSMA
auftretende Fall eines sicheren Konflikts in vielen Fällen vermieden
werden. Dies ist jedoch mit einer zusätzlichen Verzögerungszeit $n \cdot \tau$ verbunden. Außerdem ist der Parameter p so zu verwenden, um die Störungen gering zu halten im Einklang mit den freien Perioden zwischen zwei
beliebigen aufeinanderfolgenden, sich nicht überlappenden Übertragungen, die so klein wie möglich sein müssen.

b) Konflikterkennung

Die Leistung eines Steuerverfahrens wird in starkem Maße von der Signallaufzeit beeinflußt. So ist es möglich, daß gerade, wenn eine Station mit
Senden beginnt, eine andere Station zum Senden bereit ist und den Kanal
abfühlt. Wenn das Signal der ersten Station noch nicht ausgesendet wurde,
jedoch das der zweiten Station, dann hört diese einen freien Kanal und beginnt ebenfalls mit dem Senden. Das Ergebnis ist eine Kollision. Je größer
die Signallaufzeit ist, umso stärker wird dieser Effekt.

Bei der Übertragung in Lokalen Netzen sind darüber hinaus vielfältige
andere Störungen möglich, z. B. infolge von Rauschen oder Übersprechen,
deren Wirkung durch spezielle Anerkennungsverfahren ermittelt werden

107

können. Zur Konflikterkennung werden in CSMA-Systemen hauptsächlich zwei Varianten angewandt:

Multilaterale Konflikterkennung in CSMA-Systemen (CSMA/CD)

Diese Variante wird auch als CSMA mit Konfliktermittlung CSMA/CD (collision detection) bezeichnet. Jede Station ist in der Lage, nicht nur die Übertragungen der anderen Stationen zu hören (und zu empfangen), sondern ihre eigene Übertragung mitzuhören. Dies wird erreicht, indem die Station den Bitstrom, den sie sendet, mit dem Bitstrom im Kanal vergleicht. Bemerkt die Station dabei eine Abweichung, wird dies als Störung erkannt und der Vorgang als Konflikt gewertet. Die Konflikterkennung selbst ist ein analoger Prozeß; sobald die Station einen Konflikt bemerkt, bricht sie die Übertragung ab. Dieses Verfahren ist z. B. im LAN Ethernet implementiert.

Unilaterale „Konflikt"-Erkennung in CSMA-Systemen [5-1]

Zur Anwendung dieser Methode wird vorausgesetzt, daß das Binärsignal einer Station gegenüber dem der zweiten Station, die miteinander kommunizieren, dominant ist und daß die Dauer einer Bitübertragung größer ist als die doppelte maximale Signallaufzeit zwischen zwei Stationen. Die Stationen hören ihre eigenen Sendungen mit und unterbrechen die Übertragung, sobald sie ein fremdes Signal empfangen. Auf diese Weise setzt sich (konfliktfrei!) diejenige Station durch, deren Nachricht mit der größten Zahl dominanter Werte beginnt. Dies ist die Station mit der höchsten Priorität, wenn die Prioritäten der Größe nach geordnet sind und jede Nachricht mit der Meldung der aktuell gültigen Priorität beginnt.

c) Konfliktlösung

Nach Erkennen einer Kollision wird von der betreffenden Station die Übertragung nach i Minislots wiederholt, wobei i zufällig aus dem Intervall [1; M] gewählt wird. In Abhängigkeit von der Intervallgröße bei aufeinanderfolgenden Kollisionen einer Nachricht werden unterschieden:

Nichtadaptive Verzögerungsintervalle [5-15]

Die Intervallgröße ist bei diesen Verfahren nichtadaptiv, d. h. unveränderlich. Bei kurzzeitiger Überlastung des Systems häufen sich die Konflikte und damit die Wiederholungsversuche. Die Wahrscheinlichkeit für eine erfolgreiche Übertragung wird gering und geht mit wachsender Stationsanzahl gegen Null. Dieses Verfahren führt folglich zu instabilem Systemverhalten.

Adaptive Verzögerungsintervalle

Indem die Verzögerungsintervalle vergrößert werden, ist es möglich, die Anzahl der Übertragungswiederholungen pro Zeiteinheit zu reduzieren. Bezüglich der Stabilisierung des Systems ist es dabei optimal, die Wahrscheinlichkeit für eine Übertragungswiederholung in der nächsten Zeiteinheit umgekehrt proportional zur Zahl der aktuell im Konfliktzustand befindlichen Stationen zu halten [5-1]. Dabei ist es problematisch, daß die Stationen diese Zahl nicht kennen, sondern sie nur aus dem Systemverhalten der unmittelbaren Vergangenheit mehr oder weniger genau ableiten können. Als Maß für eine aktuelle Systemlast kann z.B. die Anzahl der Kollisionen, die eine bestimmte Nachricht verursacht hat, gewertet werden. Bei Ethernet wird dieses Indiz in der Weise angewandt, daß die Intervallgröße M bei jeder Kollision einer Nachricht verdoppelt wird, also nach der n-ten aufeinanderfolgenden Kollision den Wert $2^n \cdot M$ hat (binery exponential backoff). Dieses Verfahren hat zur Folge, daß sich ein Teil der betroffenen Stationen selbst vom baldigen Zugang zum Kanal ausschließt und damit den Kanal für andere Stationen freimacht. In diesem Fall ist eine lineare Steigerung der Intervallgröße nützlich, die nach n aufeinanderfolgenden Kollisionen einer Nachricht den Wert $n \cdot K + M$ annimmt, wobei die Konstante K in Abhängigkeit von der Gesamtstationszahl empirisch gewählt werden muß. Es hat sich jedoch in der Praxis eine Version des Exponential Binery Backoff durchgesetzt, bei der die Intervallänge ab n = 10 oder n = 16 konstant bleibt, damit einer Station der Zugriff zum Übertragungskanal nicht mehr oder weniger permanent verwehrt wird.

Mit dem non-persistent CSMA-Verfahren sind Kanalauslastungen von annähernd 90% möglich. Die Kanalauslastung wird dabei definiert als die mittlere Zeit der erfolgreichen Kanalbelegung, dividiert durch die Kanalzykluszeit, die sich aus der Summe der mittleren Kanalbelegungszeit und der mittleren Zeit ohne Kanalzugriff ergibt. Wichtige Ergebnisse der vielfältigen Untersuchungen zur Bestimmung der Leistung der Random-Access-Verfahren sind in [5-2] zusammengefaßt.

d) Anerkennungsverfahren

Eine sehr zuverlässige Methode, die Daten gegen unerkannte Übertragungsfehler zu schützen, ist das Verwenden einer Quittung, die innerhalb einer Timeout-Periode beim Sender der Nachricht eintreffen muß (z. B. im ALOHA-Netz praktiziert). Quittungen für erfolgreiche Übertragungen können konfliktfrei gesendet werden, wenn dafür im Anschluß an die zu quittierende Nachricht exklusiv ein eigenes Intervall reserviert wird (z. B. in Slotted Ethernet oder HYPERCHANNEL). Die Quittungen können mit Hilfe von Fehlererkennungskodes gebildet werden. Bei zyklischen Kodes (Cyclic Redundancy Checking) enthält jeder Paketkopf ein Feld für die zyklische Prüfsumme. Jeder Empfänger quittiert den Empfang eines kompletten Pakets mit korrekter Prüfsumme, indem er ein Quittungspaket an die ursprüngliche Station zurücksendet. Dieses Quittungspaket enthält die Adresse dieser Station und eine Prüfsumme zur Sicherung des Quittungspakets selbst. Die Nutzung einer Blockkontrollfolge in Verbindung mit der positiven Bestätigung für jede korrekt empfangene Nachricht vergrößert den Overhead und benötigt deshalb einen Teil der total verfügbaren Bandbreite. Wenn die gesamte Bandbreite nur als einzelner Kanal vorhanden ist und die Informations- und Quittungspakete in Time-Sharing übertragen werden, wird die Kanalleistung durch Kollision zwischen den Informations- und den Quittungspaketen weiter reduziert, sofern nicht eine Prioritätsregelung erfolgt.

5.2.2 Reservierungsverfahren

Der Übertragungskanal wird bei den Reservierungsverfahren den Stationen durch eine der folgenden Möglichkeiten zugeteilt:

— Frequenzmultiplex-Zugangsverfahren FDMA (frequency division multiple access),

— Zeitscheibensteuerung, Zeitmultiplex-Zugangsverfahren TDMA (time division multiple access),

— Kodemultiplex-Zugangsverfahren CDMA (code division multiple access).

Frequenzmultiplex- und Zeitscheibensteuerung sind orthogonale Verfahren, während das Kodemultiplexzugangsverfahren „quasiorthogonal" funktioniert.

Die jeweilige Zuteilung wird statisch festgelegt und wirkt im laufenden Betrieb unabhängig von der Aktivität (Sendewunsch) der einzelnen Stationen.

110

Die Verfahren FDMA und TDMA werden vorwiegend für die Übertragung über Satelliten genutzt. Dies hat für das Zusammenwirken mehrerer Lokaler Netze untereinander oder mit Fern-Netzen große Bedeutung. Das Frequenzmultiplexverfahren hat außerdem im lokalen Bereich für Breitbandsysteme große Verbreitung gefunden (siehe Abschnitt 4.2.2). Die Zeitscheibensteuerung ist ein Zeitmultiplexverfahren mit kontrollierter Buszuteilung, während die CSMA-Verfahren auch als Zeitmultiplexverfahren mit zufälliger Buszuteilung betrachtet werden können. Systeme, die ausschließlich nach dem TDMA-Verfahren arbeiten, haben für Lokale Netze wenig Verbreitung gefunden. (Ein Beispiel ist das Breitbandsystem Cable Net.) Trotzdem kommt dieser Methode eine konzeptionelle Bedeutung zu, weil sie in realisierten Systemen für bestimmte Aufgaben, wie z. B. Alarmabfrage oder Kontrolltransfer, eingesetzt wird. Allerdings zeigt die Entwicklung, daß dieses Steuerverfahren auch für Ringnetze mit Lichtwellenleitern im Bereich sehr hoher Übertragungsgeschwindigkeiten interessant sein kann.

Das Kodemultiplexverfahren wurde bisher in der leitungsgebundenen Übertragungstechnik nur wenig genutzt. Es scheint jedoch auf Grund seines geringen Synchronisationsgrades und seiner einfachen technischen Realisierung trotz systembedingter Übertragungsfehler für kleine Systeme zur Übertragung von Sprache und langsamen Daten unter robusten Bedingungen geeignet zu sein.

a) Frequenzmultiplexverfahren

Die zu übertragenden Nachrichten werden frequenzgestaffelt über ein gemeinsames Übertragungsmedium übertragen (Frequenzstaffelung, Frequenzteilung, Frequenzmultiplex), indem der Gesamtfrequenzbereich in Frequenzbänder unterteilt und jedem Kanal ein solches Frequenzband zugewiesen wird (siehe Bild 5-3). Die Frequenzumsetzung und damit gleichzeitig die Multiplexbildung der n Nachrichtenkanäle erfolgen durch Amplituden- oder Phasenmodulation. Bei einem Gesamtfrequenzbereich von 300 bis 400 MHz können so bis zu 50 Kanäle mit je 5 MHz Bandbreite auf einem einzigen Koaxialkabel eingerichtet werden. So weit ist das Frequenzmultiplexverfahren mit der Breitbandübertragung identisch.

Die Adressierung wird beim Frequenzmultiplexverfahren *als Steuerverfahren* über die Trägerfrequenz des Empfangskanals vorgenommen, die jedem Empfänger zugeordnet ist. Um zu vermeiden, daß jeder Sender die

Modulatoren für alle möglichen Empfänger bereitstellen muß, wird für
lokale Systeme ein zentraler Frequenzschieber (Remodulator) am Ende
des Kabels angeordnet. Er empfängt alle Nachrichten, die von den Sendern
mit deren Sendekanalfrequenz ausgesendet werden und die Adresse des
Empfängers als Datum enthalten. Der Remodulator demoduliert das empfangene Signal, dekodiert die Adresse und moduliert das Basisbandsignal
neu mit der Frequenz des Empfängers und sendet das Signal erneut aus
[3-4]. Sind an ein Frequenzmultiplexsystem mehr Stationen anzuschließen
als Kanäle bereitstehen, dann müssen sich mehrere Stationen einen Kanal
teilen (Frequenzmultiplexsystem mit überlagertem Zeitmultiplexverfahren).

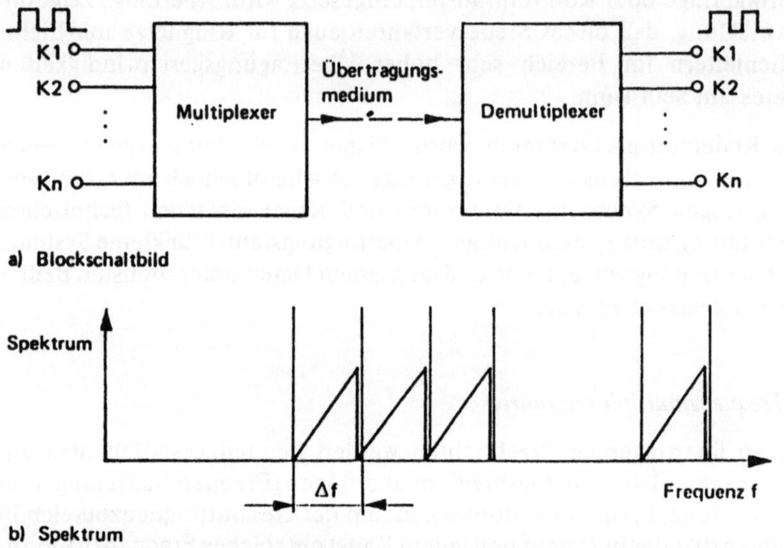

Bild 5-3. Frequenzmultiplexsystem

Die Übertragung in Frequenzmultiplexsystemen ist wie bei den Breitbandsystemen unidirektional, deshalb müssen jeder Station entweder zwei
Kanäle zugeordnet oder es müssen zwei getrennte Kabel verlegt werden.
Über Weichen können mehrere Kabel zusammengefaßt und interessante
topologische Strukturen gebildet werden.

112

Für den Einsatz frequenzmultiplexer Bussysteme ergeben sich folgende
Vorteile:

- Es können alle Informationsformen (Daten, Audio, Video) effektiv
  übertragen werden.

- Die Leitungsausnutzung ist gut, die Kosten je Kanalkilometer sind sehr
  gering. Durch den Einsatz aktiver Filter können beträchtliche Distan-
  zen überwunden werden.

Den Vorteilen stehen als Nachteile gegenüber:

- Die Ankopplung der Stationen ist wegen der herstellungstechnisch auf-
  wendigen Frequenzfilter teuer.

- Der Entwurf und die Installation eines Frequenzmultiplex-Bussystems
  sind schwierig. Die Anordnung der Verstärker und Koppelstellen muß
  sorgfältig berechnet werden.

b) Zeitscheibensteuerung

Bei dem mit Zeitscheibensteuerung bezeichneten Zeitmultiplexverfahren
wird jeder Station eine bestimmte Nutzungszeit des Kanals fest und exklusiv reserviert (siehe Bild 5-4). Innerhalb einer Zeitscheibe kann die Station
nach eigenem Algorithmus senden, ohne weitere Protokollvorgaben des
Steuerverfahrens beachten zu müssen. Zweckmäßigerweise wird das Verfahren mit einer Paketvermittlung kombiniert und die Zeitscheibe entsprechend der Paketübertragungszeit T festgelegt. Es ist aber auch möglich, die Zeitscheiben (Zeitintervalle) nach den Bedürfnissen der einzelnen Stationen einzurichten. Zeitüberlappungen werden durch Schutz-
bänder vermieden. Die Zuordnung einer Zeitscheibe zu einer bestimmten
Station ergibt sich aus der zeitlichen Stellung innerhalb des Synchroni-
sationsrahmens und nicht etwa durch eine Auswahladresse.

Die Zeitscheibensteuerung ist absolut fair, da sie jeder Station in gleicher
Weise die Möglichkeit gibt, Nachrichten zu übertragen. Dabei kann es
jedoch vorkommen, daß für Stationen, die im Augenblick nicht sende-
bereit sind, die zugeordnete Zeitscheibe ungenutzt bleibt. Bei einer niedrigen Kommunikationsfrequenz, d. h. einer geringen Häufigkeit des Nach-
richtenaustausches zwischen den Stationen, bleiben entsprechend viele
Zeitscheiben ungenutzt, wodurch die mittlere Kanalauslastung sehr
ungünstige Werte annehmen kann. Nachteilig ist auch, daß alle Stationen
mit einem gemeinsamen Zeittakt synchronisiert werden müssen und daß

das Verfahren nur aufwendig an eine variable Anzahl von Nutzern anpaß-
bar ist. Aber der wesentlichste Mangel besteht darin, daß das TDMA bei
stark schwankenden Nutzeranforderungen nicht angemessen reagieren
kann.

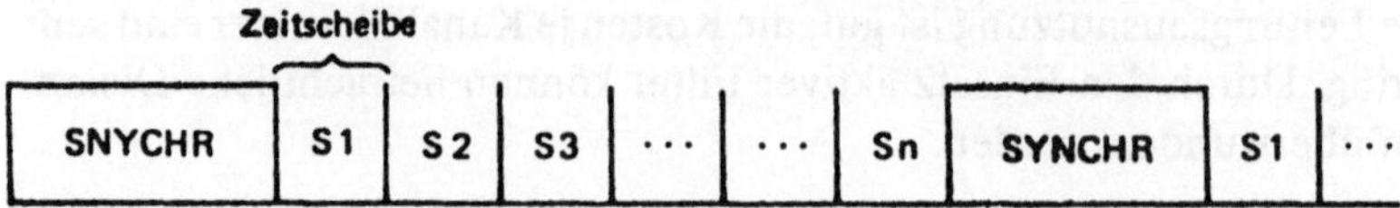

S 1 bis Sn: Zeitscheiben für Stationen 1 bis n

Bild 5-4. Zeitliche Busbelegung bei der Zeitscheibensteuerung

Wenn in einem LAN mit Zeitscheibensteuerung neue Stationen eingefügt
oder vorhandene Stationen entfernt werden sollen, dann müssen der zeitliche Ablauf und die Trennzeiten geändert werden. In einem LAN mit dem
Frequenzmultiplexverfahren als Steuerverfahren erfordert das Verändern
der Stellung oder der Anzahl der angeschlossenen Stationen ein Neuzu-
weisen von Frequenzen und das Auswechseln oder Neueinstellen der
Empfangsfilter. Das FDMA als Steuerverfahren ist in Netzen mit drahtge-
bundenen Übertragungswegen für Broadcastbetrieb im allgemeinen ungeeignet, während bei dem TDMA alle Empfänger gleichzeitig denselben
Kanal hören können und die Sender auf diesem Kanal zu verschiedenen
Zeiten zugreifen. Auch vom Leistungsstandpunkt aus ist das TDMA
gegenüber dem FDMA in vielen praktischen Fällen überlegen [5-2]. Die
durchschnittliche Nachrichtenverzögerung ist für vergleichbare Systeme
mit Zeitscheibensteuerung stets geringer. In beiden Verfahren muß die
Reservierung der Frequenz- oder Zeitressource für alle Nutzer nicht gleich
sein, sondern kann dem Bedarf angepaßt werden, vorausgesetzt, daß dieser
für die einzelnen Nutzer konstant ist. Trotz dieser Anpassung sind beide
Verfahren verschwenderisch, wenn sich die Nutzeranforderungen sehr
sporadisch verhalten.

Die Leistungsfähigkeit der Verfahren ALOHA, CSMA und TDMA wurde
mit einem Modell verglichen, das die folgenden Eigenschaften hat [5-3,
2-12] (siehe Bild 5-5):

— Das Netzwerk besteht aus k Knoten.

— Die Wahrscheinlichkeitsverteilung für das Zeitintervall zwischen zwei
  aufeinanderfolgenden Generierungen von Nachrichten durch einen

Knoten entspricht einer Exponentialverteilung mit dem Mittelwert $1/\lambda$ für alle Knoten.

— Alle Nachrichten haben gleiche Länge und benötigen zur Übermittlung das Zeitintervall T.

— Die Signallaufzeit zwischen zwei Knoten ist s.

Grundsätzlich ergeben sich monoton ansteigende Kurven, d. h., eine Erhöhung des Durchsatzes hat eine höhere mittlere Wartezeit zur Folge. Die interessierenden Charakteristika dieser Funktionen sind der asymptotische Grenzwert für die Kanalkapazität, die mittlere Wartezeit bei einem bestimmten Durchsatz und eine Grundwartezeit bei sehr kleinem Durchsatz.

Die Abbildung 5-5 zeigt für die angegebenen Verfahren die Wartezeit als Funktion des Kanaldurchsatzes S für den Fall k = 10 und s/T = 0,01. Danach arbeitet das einfache ALOHA-Verfahren nur bei geringer Verkehrslast (kleiner Kanaldurchsatz) zufriedenstellend. Das TDMA-Verfahren zeigt bei sehr hoher Verkehrslast das beste Verhalten; bei kleiner bis mittlerer Verkehrslast ist es jedoch wegen der hohen Grundwartezeit uneffektiv. Im Bereich mittlerer Verkehrslasten ist das CSMA-Verfahren mit seinen verschiedenen Varianten das günstigste.

c) Kodemultiplexverfahren

Im Gegensatz zum Frequenzmultiplexverfahren und zur Zeitscheibensteuerung treten beim Kodemultiplexverfahren CDMA Überlappungen der Frequenz- und Zeitkoordinaten auf. Die Orthogonalität wird durch den Einsatz verschiedener Signalkodes in Verbindung mit Matched-Filtern oder äquivalenten Korrelationsdetektoren an den Eingängen der Empfänger erreicht.

5.2.3 Auswahlverfahren

Die Auswahlverfahren ermöglichen die Übertragung von Paketen fester oder variabler Länge. Zentral oder dezentral wird nach Ablauf einer Übertragung die nächste zum Senden oder Empfang berechtigte Station ausgewählt. Die Station und damit der Nutzer kann in der Regel den Zeitpunkt des Eintretens der eigenen Berechtigung nicht vorhersehen. Auswahlverfahren sind relativ einfach zu implementieren. Deshalb wurden sie in der

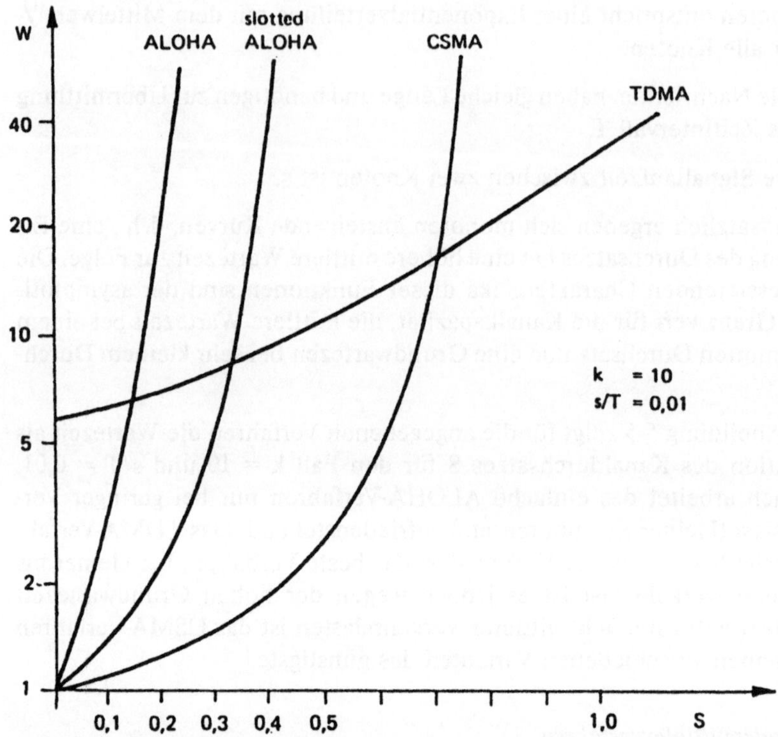

Bild 5-5. Wartezeit als Funktion des Kanaldurchsatzes bei verschiedenen Zugriffs-
protokollen (nach [5-3])

Anfangsphase der Entwicklung Lokaler Netze oft verwendet. Da inzwischen aber wesentlich leistungsfähigere LAN-Steuerverfahren verfügbar sind, ist ihre Bedeutung sehr zurückgegangen. Deshalb werden im folgenden nur die wichtigsten Auswahlverfahren aufgeführt:

— Auswahlverfahren mit verteilter Steuerung
  — dezentrales Polling,
  — Minislot-Verfahren mit wechselnden Prioritäten MSAP (Mini-slotted Alternating Priorities),
  — Verfahren mit begrenzter Konkurrenz (Tree Walk),
  — Kennslot-Verfahren mit Hören vor der Übertragung.

116

- Auswahlverfahren mit zentraler Steuerung
  - Polling,
  - adaptives Polling oder Sondieren,
  - Vielfachzugriff nach globalem Ablaufplan GSMA (Global Scheduling Multiple Access).

5.3 Steuerverfahren für Ringsysteme

So wie bei den Bussystemen ist für Ringsysteme die Wahrscheinlichkeit groß, daß die verschiedenen Stationen simultan Nachrichten übertragen wollen. Deshalb müssen Mittel verfügbar sein, das daraus resultierende Konkurrenzproblem zu lösen. Wie bereits im Abschnitt 2 beschrieben, ist jede Station über ein Ringinterface an den Kanal angeschlossen, das die abgehenden und ankommenden Nachrichten in Abstimmung mit einem gegebenen Übertragungsprotokoll behandelt. Die Steuerung der Nachrichtenübertragung kann entweder durch eine zentrale Steuerstation (Zentralsteuerung) oder verteilt durch alle Stationen des Rings (verteilte Steuerung) erfolgen.

In einem zentralgesteuerten Ringnetzwerk kommuniziert die Zentralstation mit den restlichen Sekundärstationen des Ringes. Die Nachrichten werden über den Ring direkt zwischen der Zentralstation und den Sekundärstationen übertragen, aber nicht direkt zwischen den Sekundärstationen. Wenn eine Sekundärstation eine Nachricht an eine andere Station senden will, muß sie die Nachricht erst an die Zentralstation senden, die die Nachricht zur Empfangs-Sekundärstation weiterleitet. Dagegen haben in einem Ringnetz mit verteilter Steuerung alle Stationen den gleichen Steuerstatus, und jede Station kann mit jeder anderen Station direkt über den Ring kommunizieren. Der Unterschied zwischen den Steuerungsarten zeigt sich bereits im Aufbau der Nachrichtenformate. Im zentralgesteuerten Ringnetz ist pro Nachricht nur ein Adreßfeld zur Identifizierung der Sekundärstation erforderlich, da die einzelne Zentralstation die andere Adresse impliziert kennt. In Ringnetzen mit verteilter Steuerung sind dagegen für jede Nachricht zwei Adreßfelder notwendig, um den Sender und den Empfänger der Nachricht zu identifizieren. Bild 5-6 zeigt einen Vergleich der Nachrichtenformate nach [2-1].

| Flag | Sekundär-adresse | Control | Information | Prüfzeichen | Flag |

a)

| Flag | Bestimmungs-adresse | Sender-adresse | Control | Information | Prüf-zeichen | Flag |

b)

Bild 5-6. Vergleich der Nachrichtenformate
    a) für zentralgesteuerte Ringnetze
    b) für Ringnetze mit verteilter Steuerung

Für Überwachungsaufgaben in Ringen mit verteilter Steuerung wird meist eine Monitorstation eingesetzt, die auch spezielle Funktionen, wie erstmaliges Generieren oder Reagieren im Fehlerfall, ausführt. Durch bestimmte Maßnahmen muß die Funktionsfähigkeit des Ringes auch bei Monitorausfall sichergestellt werden. Dazu dienen entweder Reservestationen oder die Möglichkeit vieler Ringsysteme, daß jede normale Ringstation durch eine einfache Aktivierung den Status der Monitorstation erhalten kann.

Im folgenden werden die wichtigsten Steuerverfahren für Ringsysteme vorgestellt. Das Zeitmuliplex-Zugangsverfahren, mit dem in Ringen mit Lichtwellenleitern sehr hohe Übertragungsraten möglich sind, wurde bereits im Abschnitt 5.2.2 behandelt.

5.3.1 Token-Verfahren (Kennzeichen-Verfahren)

Ein Control-Token ist ein eindeutig definiertes Bitmuster, das die Kontrollinformation zur Sendeberechtigung enthält. Das Token wird von einer Station zur nächsten gesendet und gibt dem Empfänger das exklusive Senderecht für den Übertragungskanal. Erfolgt keine Übertragung, dann kursiert im Ring lediglich das Token. Eine sendewillige Station wartet auf ein Freitoken, kennzeichnet es als belegt und fügt seine Nachricht an. Nur dem Interface dieser Station, das im Besitz des Control-Tokens ist, ist das Senden einer Nachricht (von meist willkürlicher Länge) erlaubt. Die anderen Interfaces dürfen während dieser Zeit nur empfangen.

Um das Token zu erkennen, muß das Interface alle durchlaufenden Bits überwachen (Hörmode). Das transformierte Token wird auch als Konnek-

118

tor bezeichnet [5-4]. Unmittelbar nach der Transformation ist dieser Station der Beginn der Übertragung erlaubt und sie fügt die eigene Nachricht an den Konnektor an. Die Nachricht wird über den Ring zur Zielstation übertragen, die sich eine Kopie anfertigt (Übertragungsmode). Wenn die Übertragung beendet worden ist, wird das Token wieder in den Frei-Zustand versetzt und an die nächste Station gegeben, die dadurch die Möglichkeit zum Senden erhält. Wird festgelegt, daß ein Paket stets den gesamten Ring durchlaufen muß und vom Sender wieder vom Ring entfernt wird, dann kann der Sender durch einen Vergleich der gesendeten mit der empfangenen Nachricht prüfen, ob die Übertragung fehlerfrei erfolgte. Zusätzlich kann eine Empfangsbestätigung erfolgen, indem der Empfänger ein spezielles Bit setzt, wenn die Nachricht sein Netzwerk-Interface passiert.

Durch Bit-Stuffing (Einstopfen von Bits) wird verhindert, daß das Token in der Nachricht vorkommt. Soll zum Beispiel die Bitfolge 11111111 übertragen werden, so wird nach sechs aufeinander folgenden Einsen automatisch eine Null in den Datenstrom eingefügt. Die Bitfolge 11111111 wird als 111111011 übertragen und vom Empfänger, der erkannt hat, daß es sich nicht um ein Token handelt, in die ursprüngliche Form zurückgewandelt.

Das Token-Verfahren wurde bereits im Jahre 1969 von Farmer und Newhall entwickelt [5-9]. Das dabei verwendete Nachrichten-Frame ist in Bild 5-7 dargestellt. Es beginnt mit SOM (Start der Nachricht), gefolgt vom Header (Adresssen, Operationskode) sowie den Daten variabler Länge und endet mit EOM (Ende der Nachricht). Daran anschließend ist das Control-Token plaziert. Es besteht hier aus einem Bit; jetzt werden vorwiegend Token mit der Länge von einem Byte verwendet.

SOM	Bestimmungs-adresse	Sender-adresse	Operations-code	Daten	EOM	CT

Bild 5-7. Nachrichtenformat für Token-Ring (nach [5-9])

Das Token-Prinzip ist nicht auf im physikalischen Sinn ringförmige Topologie beschränkt, sondern auf beliebige logische Ringstrukturen anwendbar. So wird in Abschnitt 5.4.2 ein Bussystem mit Token-Zugriff behandelt. Das Token-Verfahren hat folgende Vorteile:

– garantierte Zugangszeit, gute Arbeitsweise bei hoher Last,
– keine Kollisionserkennung und -behandlung notwendig,
– keine Abhängigkeit zwischen Entfernung, Topologie und Übertragungsgeschwindigkeit,
– priorisierte Übertragung möglich.

Den Vorteilen stehen als Nachteile gegenüber:

– Begrenzung der Nachrichtenübertragung für eine Station jeweils auf eine bestimmte Zeit,
– komplexe Realisierung (aktives Interface),
– Initialisierung des Übertragungsmediums erforderlich,
– besondere Vorkehrungen für Fehlersituationen notwendig.

Entsprechend der Anzahl der zu einem bestimmten Zeitpunkt im Ring kursierenden Token und der Art der Behandlung der Fehlersituationen werden verschiedene Varianten des Token-Verfahrens unterschieden.

1. Multiple-Token-Ring

Eine sendewillige Station wandelt das nächste Token in einen Konnektor um, fügt die Nachricht sowie ein von der Station neu generiertes freies Token an und sendet Konnektor, Nachricht und Token in dieser Reihenfolge. Dadurch können beim Multiple-Token-Verfahren mehrere belegte Token, aber maximal ein freies Token gleichzeitig auf dem Ring sein.

Dies hat zur Folge, daß Fehlersituationen relativ schwer zu erkennen und zu beseitigen sind. Wegen der geringen geographischen Ausdehnung und der begrenzten Speicherkapazität eines Ringes (denn infolge der Latenzzeit müssen die Zwischenspeicher klein gehalten werden), ist der Einsatz mehrerer Token zu einem bestimmten Zeitpunkt auch oft nur von geringem Nutzen. Deshalb sind Systeme günstiger, bei denen nur ein Token kursiert.

2. Single-Frame-Ring, Single-Token-Ring [5-1]

Mit diesen beiden Verfahren wird erreicht, daß zu einem Zeitpunkt nur ein Token auf dem Ring übertragen wird:

– Single-Frame-Ring. Ein neues Token wird generiert, wenn der Sender die gesamte Nachricht zurückerhalten und überprüft hat.

– Single-Token-Ring. Ein neues Token wird gesendet, wenn die Nachricht vollständig übertragen und der Nachrichtenkopf bereits zurückerhalten wurde. Auf diese Weise können das Ende einer Nachricht und der Beginn der nächsten Nachricht gleichzeitig auf dem Ring sein.

3. Verfahren zur Behebung von Fehlersituationen für Token-Ringe [5-5]

Für Token-Ringe typische Fehler sind: endlos zirkulierendes belegtes Token, Verlust eines (freien oder belegten) Tokens, Duplizierung von Token und Ausfall der Monitorstation.

Diese Fehler können z. B. infolge einer Signalverfälschung oder durch Stationsausfall entstehen.

a) Endlos zirkulierendes belegtes Token

Dieser Fehler führt zum Blockieren des Rings. Das Tokenfeld einer Nachricht besteht meist aus acht Bits [5-6], von denen eines nur durch den Monitor gesetzt werden darf. Dies erfolgt, wenn ein belegtes Token die Monitorstation passiert. Erkennt der Monitor nun ein belegtes Token, bei dem das Monitorbit bereits gesetzt ist, dann liegt eine Fehlersituation vor, denn bei korrekter Funktion hätte der Sender das Token mit der Nachricht vom Ring nehmen und durch ein neues Token ersetzen müssen. Wird dieses Token danach in ein belegtes Token transformiert, dann ist das Monitorbit nicht gesetzt. Die Monitorstation säubert den Ring durch Aussenden einer hinreichend langen Folge von Leerzeichen und sendet ein freies Token.

b) Verlust eines Token

Nachdem ein freies oder belegtes Token die Monitorstation durchlaufen hat, erwartet sie ein weiteres Token spätestens nach der Zeit T, wobei

T = Ringumlaufzeit + maximale Nachrichtendauer.

Tritt dieses Ereignis nicht ein, dann säubert der Monitor den Ring und sendet anschließend ein neues freies Token.

c) Duplizierung von Token

Jede sendende Station prüft die Herkunftsadresse der nächsten empfangenen Nachricht. Dies muß für Single-Frame bzw. Single-Token-Operationen die eigene Adresse sein. Ist das nicht der Fall oder wird nach Ablauf der Zeit T überhaupt kein belegtes Token empfangen, dann liegt eine Störung vor. Die Station bricht ihre Übertragung ab, ohne ein freies Token zu generieren und führt damit diesen Fehlerfall auf den in b) behandelten zurück.

d) Ausfall der Monitorstation

Der Ring kann auch ohne Monitor korrekt arbeiten. Sobald aber ein Ausfall der Monitorstation zu einer fehlerhaften Ringoperation führt (z. B. Nichtkorrektur der Störungen a) bis c)), muß eine andere Station diese Aufgaben übernehmen. Dazu sollte jederzeit mindestens eine Station in der Lage sein.

Alle Reservestationen müssen nach einer Zeit T* mindestens ein freies Token erkennen, wobei

$$T^* = \text{Ringumlaufzeit} + \text{Anz. der Stationen} \cdot \text{max. Nachrichtendauer.}$$

Wenn dieser Fall nicht eintritt, dann gilt dies als Monitorausfall sowie fehlerhafte Ringoperation. Die Reservestationen senden daraufhin jeweils ein freies Token zusammen mit ihrer Stationsnummer aus. Empfangene freie Token mit höherer (oder niedrigerer) Stationsnummer werden vom Ring entfernt, solche mit niedrigerer (oder höherer) Nummer werden weitergeleitet. Dadurch wird gewährleistet, daß nur eine Station ihr Token zurückerhält; diese wird dann zur neuen Monitorstation. Nach diesem Verfahren kann auch die erstmalige Auswahl eines Monitors aus mehreren dafür geeigneten Stationen erfolgen.

4. Konkurrenz-Ring [5-4]

Im Unterschied zum Token-Ring zirkuliert in einem unbenutzten Konkurrenz-Ring gar keine Information. Will eine Station eine Nachricht senden, dann prüft sie, ob der Ring frei ist. Ist dies der Fall, dann sendet die Station ihre Nachricht und anschließend ein Frei-Token. Nach einem Ringdurchlauf empfängt die Station ihre eigene Nachricht, die sie wieder vom Ring entfernt, und das von ihr gesendete Token. Ist das Token immer noch frei, dann nimmt die Station auch das Token vom Ring. Ist es vergeben, dann hat es eine andere Station belegt und überträgt eine eigene Nachricht. Der Konkurrenz-Ring wirkt dann wie ein Token-Ring. Will eine Station senden und findet einen belegten Ring vor, muß sie irgendwann in den Besitz eines freien Tokens gelangen. Wenn mehrere Stationen senden wollen und einen freien Ring vorfinden, führt dies zu einer Kollision. Eine sendende Station erkennt dies daran, daß sie statt ihrer eigenen die Nachricht einer anderen Station empfängt. Sie zieht sich dann für eine zufällige Wartezeit vom Ring zurück, bevor sie erneut die Ringbelegung prüft. Der Konkurrenz-Ring ist gegen den Verlust eines Tokens unempfindlich, jedoch für zeitkritische Anwendungen ungeeignet.

5.3.2 Slot-Verfahren

Das Slot-Steuerverfahren, das auch Methode der leeren Abschnitte (empty slot method) genannt wird, setzt voraus, daß

— die Zeitachse in Abschnitte fester Länge (Slots) eingeteilt wird, die als Zeitmultiplex-Rahmen von der Monitorstation gesendet werden,

— die Nachrichten in Pakete fester Länge zerlegt werden, so daß gerade ein Paket in ein Slot des Übertragungskanals paßt.

Das Slot-Verfahren wurde erstmals von Pierce im Zusammenhang mit der Entwicklung einer Hierarchie miteinander verbundener Ringe angewandt [5-7].

Die Slots können als Nachrichtencontainer betrachtet werden, die ständig im Ring zirkulieren und deren Nutzbarkeit durch ein oder mehrere Indikatorbit angezeigt wird (siehe Bild 5-8). Freie Slots mit Indikatorbit$=0$ können von sendewilligen Stationen mit einer Nachricht gefüllt werden, wobei das Indikatorbit auf 1 gesetzt wird. Die Empfängerstation fertigt eine Kopie des Pakets an. Quittungen können durch Markierung spezieller Bereiche innerhalb der Slots vorgenommen werden. Die Freigabe eines Slots kann nach drei Varianten erfolgen:

a) durch den Sender bei Rückerhalt seiner Nachricht;
b) durch den Sender, wobei dieser den Slot sofort wieder füllen darf;
c) durch die Empfangsstation nach Empfang der Nachricht.

Die Variante a) garantiert jeder sendewilligen Station in fairer Weise den Zugang zum Kanal. Gegenüber Variante b) ist jedoch nur eine verringerte Nutzung des Kanals möglich. Dies zeigt sich besonders im Extremfall, wenn eine Station stets sendewillig ist und alle anderen inaktiv sind. Dann kann bei der Variante b) jeder, bei der Variante a) dagegen nur jeder zweite Slot zur Übertragung genutzt werden.

Die Variante c) erhöht die Verfügbarkeit des Kanals, bringt jedoch folgende Probleme mit sich [5-1]:

— Quittungen müssen in gesonderten Slots gesendet werden. Dies erhöht den Overhead.

— Erhöhte Latenzzeit pro Netzstation ist notwendig, da bis zur Entscheidung über den Adressaten jede Station die Nachricht puffern muß, was die Laufzeit zwischen zwei Stationen und damit die Umlaufzeit des Rings erhöht. Bei den Varianten a) und b) ist dagegen nur eine Bitlauf-

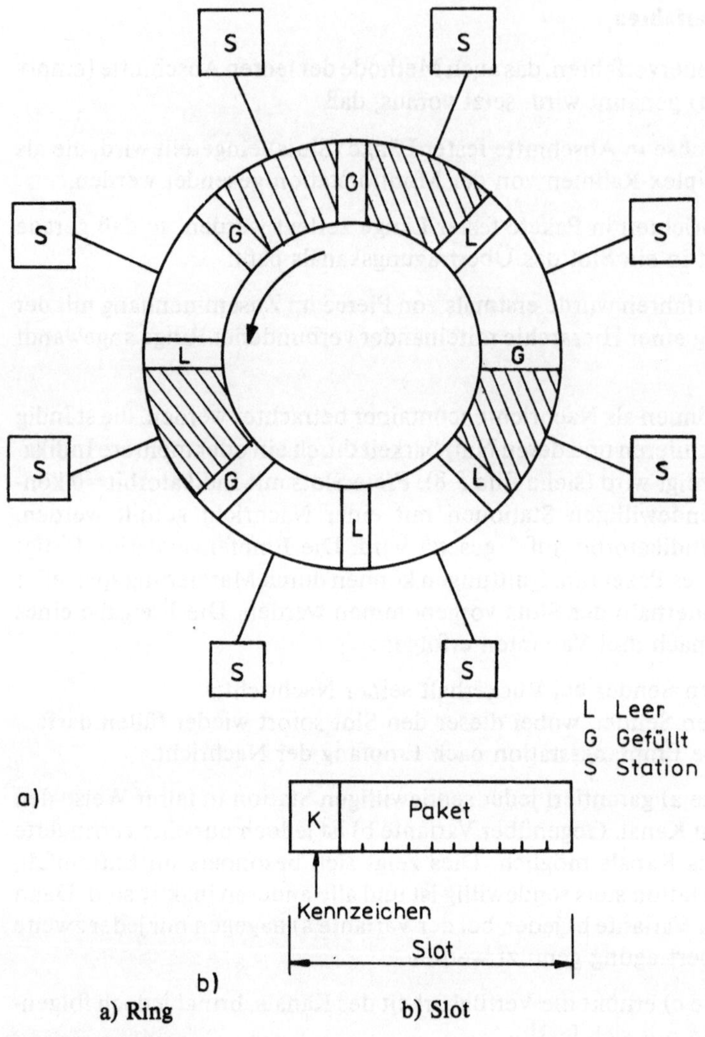

Bild 5-8. Slot-Ring

zeit als Latenz pro Station zum Erkennen und Setzen des Statusindikators erforderlich.

- Die Anordnung der Stationen hat bei dieser Freigabeform Einfluß auf ihre Zugriffsmöglichkeiten; die Belastung des Rings ist abhängig vom Abstand zwischen Sende- und Zielstation einer Nachricht.

124

– Dieses Freigabeprinzip ist für Nachrichten, die an mehrere oder alle Adressaten gleichzeitig gerichtet sind (Broadcastverkehr), nicht anwendbar.

Das Slot-Verfahren ist ebenso wie das Token-Verfahren einfach zu implementieren. Es können keine Kollisionen auftreten, und der Zugang einer Station ist innerhalb einer bestimmten Zeit garantiert.

Die Aufteilung der Nachrichten, die gewöhnlich variable Längen haben, in Pakete fester Länge wirft jedoch einige Probleme auf. Durch die Aufteilung wird bedeutende Kommunikationskapazität gebunden, und es entstehen zusätzliche Verzögerungen durch das Warten auf ein freies Slot. Außerdem sind für die Konvertierung einer Nachricht in Pakete und umgekehrt Einrichtungen zur Umwandlung, zur Ablaufplanung, zum Puffern sowie zum Rückwandeln notwendig, die durch das Ringinterface oder entsprechende Komponenten bereitgestellt werden müssen.

5.3.3 Register-Insertion-Verfahren (Registereinfügung)

Das Verfahren zur Einfügung von Schieberegistern in den Ring für die Nachrichtenübertragung kombiniert die besten Eigenschaften der Token- und Slot-Verfahren. Das Register-Insertion-Verfahren wurde erstmals im Jahre 1973 von Reams und Liu in einem Ringnetz mit dem Namen DLCN (Distributed Loop Computer Network) an der Ohio State Universität entwickelt und findet gegenwärtig zum Beispiel in IBM-Computern der Serie 1 Verwendung [2-1].

Eine sendewillige Station kann ein Paket zwischen zwei fremde Pakete auf den Ring einfügen, indem sie das nachfolgende Paket zwischenspeichert, ihr eigenes Paket sendet und anschließend das zwischengespeicherte Paket. Voraussetzung dafür ist, daß die Station aus einem Ausgabepuffer auf den Ring überträgt und gleichzeitig die Transitnachrichten (Ringverkehr) in einem gesonderten Puffer übernimmt. Für die interne Funktion des Interface ist außerdem ein Puffer für die ankommenden Nachrichten notwendig (siehe Bild 5-9). Das Verfahren ermöglicht das gleichzeitige Senden von Nachrichten variabler Länge ohne Zuhilfenahme einer zentralen Steuerung. Die abgehenden Nachrichten haben Vorrang, solange für den Transitverkehrspuffer nicht die Möglichkeit des Eintretens einer Überlaufsituation besteht, denn dies wäre mit Informationsverlust verbunden. Mit dem Register-Insertion-Verfahren wird der Ring kurzzeitig aufgebrochen, deshalb hat der Ausfall eines Ringinterface große Auswirkungen auf die Funktion des gesamten Rings.

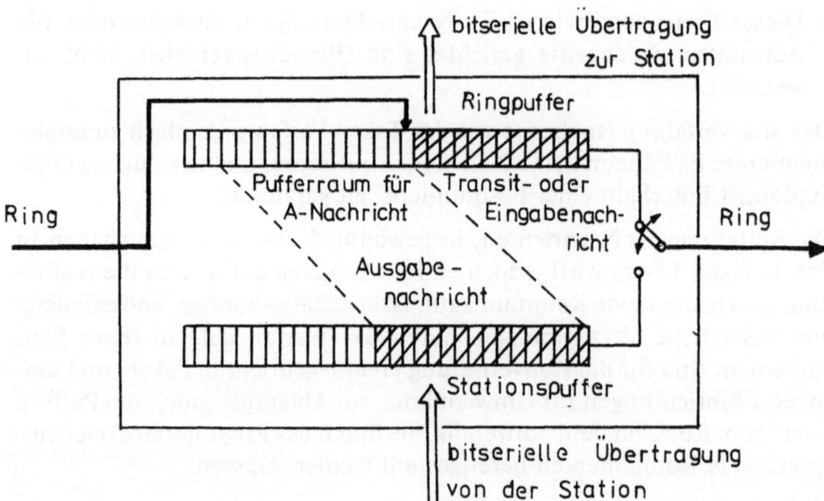

Bild 5-9. Interface eines Register-Insertion-Rings

Das Register-Insertion-Verfahren reguliert automatisch die Übertragungsrate in Abhängigkeit von der Systemlast; es begünstigt wenig frequentierte Stationen zu Lasten hochfrequentierter Stationen. Die Kanalauslastung ist sehr gut.

Eine Verallgemeinerung dieses Ringtyps sind Mehrfachringe wie DDLCN (Distributed Double-Loop Computer Network), bei denen ein zweiter Ring benutzt wird, dessen Übertragungsrichtung zum ersten Ring entgegengesetzt ist. DDLCN ist in besonderem Maße für Konfigurationen geeignet, bei denen der Hauptanteil des Verkehrsaufkommens zwischen nahe benachbarten Stationen zu realisieren ist. Für Mehrfachringe ist eine redundante Kapazität außerhalb des Fehlerfalls nicht erforderlich.

5.3.4 Ringe mit zentraler Steuerung

Ein einfacher Weg zur Implementierung eines zentralgesteuerten Ringnetzes besteht in der Anwendung des synchronen Zeitmultiplexverfahrens mit Zeitslots (Zeitabschnitte) auf dem Ring, der verschiedene Sekundärstationen mit einer Zentralstation verbindet. Die Zeitslots können feste oder variable Länge haben und entweder permanent zugewiesen werden (statische Zuordnung) oder temporär nach Bedarf (Demand-Zuordnung).

Bei der statischen Zuordnung ist jede Sekundärstation einem bestimmten Zeitslot fest zugeordnet, und die Station muß ihre Nachricht so lange zwischenspeichern, bis das zugeordnete Zeitslot im Interface ankommt. Wenn die Sekundärstation beim Eintreffen des Zeitslots keine Nachricht zum Senden hat, dann bleibt das Zeitslot ungenutzt. Das statische Zuordnungsverfahren erfordert nur wenige komplexe Steuerschaltkreise im Ringinterface. Es nutzt den Übertragungsring jedoch nicht effizient, deshalb ist die resultierende Kanalnutzung sehr gering. Ein Beispiel für die Anwendung der statischen Zuordnung ist das Datenkommunikationssystem IBM 2790, entwickelt für die Verbindung vieler Terminals mit einem Systemcontroller, wobei der Ring aus einer zweiadrigen Leitung gebildet wird und mit 514,67 KBit/s arbeitet [5-8].

Eine andere Möglichkeit zur Implementierung eines zentralgesteuerten Ringnetzwerkes besteht in der Demand-Zuordnung der Zeitslots, die den Sekundärstationen auf Anforderung von der Zentralstation zugewiesen werden. Das Verfahren ist in seinem Ablauf dem zentralen Polling sehr ähnlich (siehe Abschnitt 5.2.3). Da der Datenfluß von und zu den Rechnern vorwiegend Burstverhalten hat, wird mit diesem Verfahren die Ring-Kanalauslastung stark vergrößert.

Die ständige Änderung der Kanalzuweisung zwischen den Knoten nach einem dynamischen Modus erfordert jedoch im Ringinterface kompliziertere Schaltkreise.

Ein Beispiel für die Demand-Zuweisung ist der Weller-Ring, der bei 3,3 MBit/s mit einer festen Paketlänge von 35 Bits arbeitet [5-10]. In diesem Ring fragt die Zentralstation die Sekundärstationen ab, ob sie einen Service fordern, und weist ihnen dann die entsprechenden Zeitslots zu. Der Weller-Ring entspricht in seiner Wirkung einem ausgedehnten kreisförmigen E/A-Bus für einen Time-Sharing-Rechner. Er liefert ein geeignetes Mittel zur Rechnerunterstützung in einer Laborumgebung in den verschiedenen Etagen eines Gebäudes [2-1].

Ein weiterer bekannter Vertreter der Ringe mit zentraler Steuerung ist der SDLC-Ring (IBM Synchronous Data Link Control), bei dem zwei Übertragungsphasen einander abwechseln:

a) Senden der Zentralstation an die Sekundärstation,
b) Senden der Sekundärstation an die Zentralstation.

In Phase a) lesen die betreffenden Stationen die an sie gerichteten Informationen und leiten den gesamten Informationsstrom an die Nachfolgestation weiter. Die Sendeberechtigung für Sekundärstationen ist in einem Token (Kennzeichen) enthalten, das von der Zentralstation zu Beginn der Phase b) auf den Ring gegeben wird. Nach evtl. Nutzung des Senderechts wird das Token zur Nachfolgestation weitergeleitet. Die Phase b) ist beendet, wenn das Token wieder in der Zentralstation eingetroffen ist.

5.3.5 Vergleich der Ringkonzepte

Das Token-Verfahren begrenzt die Nachrichtenübertragung für ein Interface auf bestimmte Zeiten; dies hat eine ungünstige Ringausnutzung und lange Verzögerungszeiten zur Folge. Die Aufteilung der Nachrichten in Pakete fester Länge beim Slotverfahren bindet für den Overhead bedeutenden Kommunikationsraum. Weitere Nachteile sind die Verzögerungszeiten infolge des Wartens auf freie Slots und die für die Konvertierung notwendigen Einrichtungen (siehe Abschnitt 5.3.3).

Token- und Slot-Verfahren sind im Gegensatz zum Register-Insertion-Verfahren einfach zu implementieren. Das Register-Insertion-Verfahren garantiert ebenfalls kollosionsfrei den Zugang einer Station zum Übertragungskanal innerhalb einer bestimmten Zeit – jedoch unter Vermeidung der oben genannten Probleme – und nutzt den Übertragungskanal effektiv aus.

Das gleichzeitige Senden mehrerer sendewilliger Stationen ist beim Register-Insertion-Verfahren grundsätzlich möglich, beim Slot-Verfahren dann möglich, wenn die Anzahl der Ringslots 1 ist; beim Token-Verfahren dagegen ist es ausgeschlossen.

a) Ringumlaufzeit und Ringbitzahl [5-1]

Für das Verhalten eines Ringnetzes wichtige Parameter sind die Ringumlaufzeit und die Ringbitzahl.

Für die Ringumlaufzeit T_u gilt:

$$T_u = d \cdot \tau + \frac{N \cdot L}{B} \tag{5.1}$$

d   geographische Ausdehnung des Netzes (km)

128

L   Stationslatenzzeit ($\geq$ 1 Bitzeit pro Station zur Token- bzw. Statusindikatorverarbeitung)

N   Anzahl der Ringstationen

T_u Ringumlaufzeit

B   Bandbreite des Mediums

τ Signallaufzeit pro km des Übertragungsmediums

Die Ringbitzahl A ist die maximale Anzahl gleichzeitig auf dem Ring befindlicher Bit. Sie berechnet sich aus

$$A = B \cdot T_u = B \cdot d \cdot \tau + N \cdot L. \tag{5.2}$$

Hohe Ringbitzahlen können bei gegebener Netzausdehnung und Stationszahl nur durch vergrößerte Bandbreite des Mediums oder durch vergrößerte Stationslatenz erreicht werden. Dabei ist zu beachten, daß eine Vergrößerung der Stationslatenz die Umlaufzeit und damit die Wartezeit bis zum Empfang der Nachrichten bzw. der Quittungen verlängert. Für das Slot-Verfahren ist die Stationslatenz zur Slotlänge proportional. Bei kurzen Latenzzeiten ist die Verwendung von Mehrfachslots auf dem Ring unzweckmäßig, da die Aufteilung der Nachricht zu aufwendig wäre. Nach [5-11] ist für Slotted-Ringe im allgemeinen ein Ringslot die optimale Konfiguration. Die Möglichkeit einer Stationslatenz L = 1 Bit und der variablen Informationslänge spricht im Vergleich zu den Slot-Verfahren für die Token-Verfahren. Das Multiple-Token ist dabei nach [5-1] erheblich aufwendiger, aber nur geringfügig leistungsfähiger als Single-Token oder Single-Frame.

b) Leistungsparameter für die Verfahren Token, Slot und Register-Insertion

Analytische Formulierungen der Kanalnutzung und der durchschnittlichen Nachrichten-Antwortzeiten wurden für das Token-Verfahren von Kaye und für das Slot-Verfahren von Hayes und Sherman sowie für das Register-Insertion-Verfahren von Liu, Barbic und Pardo [5-13] hergeleitet. Eine Zusammenstellung dieser Berechnungen befindet sich in [3-1]. Ein Vergleich der Leistungen der Ring-Steuerverfahren zeigt, daß das Register-Insertion-Verfahren bei großer Last den anderen beiden Verfahren überlegen ist. Dabei wurden symmetrische Ringe mit symmetrischem Nachrichtentransfer und identischen Knoten-Charakteristiken vorausgesetzt. Nach [5-14] ist beim Register-Insertion-Verfahren der erreichbare Durchsatz (in Bit/s) doppelt so groß wie die Kanalkapazität des ringförmigen Übertragungsmediums. Bei allen anderen Verfahren ist maximal ein Durchsatz von der Größe der Kanalkapazität möglich.

5.4 Adaptive Verfahren und Mischformen

Im Zusammenhang mit Fern-Netzen wurden mehrere adaptive Verfahren entwickelt, von denen im folgenden ein Beispiel angeführt wird, das sich auch für Lokale Netze eignet. Außerdem wird die Anwendung des Token-Verfahrens für Bussysteme behandelt.

5.4.1 Kombination von CSMA und Zeitscheibensteuerung [5-15]

Die Zeitachse wird in Slots eingeteilt, deren Länge der Paketübertragungs-zeit entspricht. Die Slots werden in k äquivalente Klassen oder Subkanäle gruppiert. Außerdem werden die Slots in Frames von m Slots gruppiert, wobei $m \geq k$ gilt und jedes Frame mindestens ein Slot für jede Klasse ent-hält. M ist die Anzahl der Nutzer. Jeder Nutzer ist zu jeder Zeit einer der k äquivalenten Klassen zugeordnet. Alle Stationen einer Klasse benutzen für die zugehörigen Slots ein Random-Zugriffsverfahren. Wenn das CSMA-Verfahren wirkt, dann sind die Zeitslots Minislots der Größe τ, die den k äquivalenten Klassen zugeordnet sind. Durch dynamisches Variie-ren der Framegröße und der Slotzuweisung innerhalb des Frame zu den Nutzerklassen kann der Zugriffsmode den wechselnden Anforderungen sehr gut angepaßt werden. Wird z. B. bei geringer Last $k - m = 1$ gewählt (alle Nutzer in derselben Klasse), dann führt dies zu einem reinen Ran-dom-Zugriffsmode mit geringer Verzögerung. Bei $k = m = M$ bildet jeder Nutzer eine separate Klasse, und es wirkt das TDMA. Die Framegröße m kann verwendet werden, um einen fließenden Übergang zwischen den Verfahren zu erreichen. Durch Teilung des Frame in zwei Subframe kön-nen beide Mode gleichzeitig existieren. Zur Anpassung an eine Situation werden die Kollisionsrate und der Anteil leerer Slots (oder Minislots) für die Random-Zugriffsslots und die Anzahl leerer Slots für die TDMA-Zu-griffsslots verwendet. Wenn z. B. ein Minislot eines TDMA-Slots geleert wird, dann kann der Rest des TDMA-Slots gelöscht und einer anderen Gruppe zugewiesen werden. Durch Simulation wurde in [5-15] gezeigt, daß die Kombination von CSMA und Zeitscheibensteuerung leistungsfähiger ist als die einzelnen Verfahren.

5.4.2 Token-Bus-Verfahren [5-6]

Mit diesem Verfahren wird auf ein gemeinsames Übertragungsmedium zugegriffen, ohne daß Kollisionen entstehen können. Für die Erklärung

wird vorausgesetzt, daß das Netzwerk bereits initialisiert worden ist und
sich das Token in Station 2 befindet (siehe Bild 5-10). Wenn die Station 2
das Senden der Nachricht beendet hat, dann übergibt sie das Zugangs-
recht, indem sie eine Aufforderung an die Station sendet, die im internen
Netz-Adreßregister als nächste Station eingetragen ist (in diesem Fall ist
dies die Adresse 17). Diese Aufforderung und das Token werden von der
Station 17 empfangen, die nun ihre Nachricht senden kann. Wenn die Station 17 damit fertig und bereit ist, das Token weiterzugeben, dann sendet
sie eine Aufforderung entsprechend dem internen Adreßregister an die

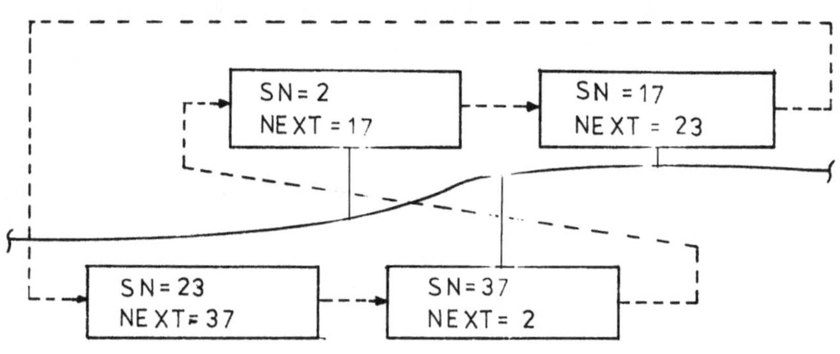

Bild 5-10. Token-Zugang für Bussysteme

Station 23. Dieser Zyklus wird fortgesetzt von Station 23 zu 37, von 37 zu 2
usw. Auf diese Weise wird ein logischer Ring gebildet und das Token von
einer Station zur nächsten geleitet. Die Stationsnummern müssen nicht
fortlaufend festgelegt sein, sondern können willkürlich vergeben werden.
Dadurch ist es möglich, das System durch weitere Stationen zu erweitern,
ohne daß die übrigen Stationen neu geordnet werden müssen. Abhängig
von der speziellen Realisierung werden in Token-Bus-Systemen maximal
drei unterschiedliche Frametypen verwendet, diese sind die Aufforderung,
das Token und die eigentliche Nachricht. Das Token-Bus-Verfahren ver-
einigt die Vorteile des Token-Passing-Konzepts mit den günstigen Eigenschaften eines Bussystems bezüglich der Flexibilität der direkten Übertragung zwischen den Stationen durch ein leicht implementierbares Medium.
Wesentliche Nachteile der Ringsysteme (Latenz, Ausfallempfindlichkeit)

und der Konkurrenzbussysteme (Unfairneß, variante Wartezeiten) werden vermieden. Das Token-Bus-System ist ein flexibles Übertragungssystem mit hoher Zuverlässigkeit, das für Realzeitanwendungen geeignet ist, da der Buszugang innerhalb einer bestimmten Wartezeit garantiert ist. Ein weiterer Vorteil ist die dynamische Rekonfigurierbarkeit der Token-Bus-Systeme, da sich ein logischer Ring der aktiven Stationen unabhängig vom Zustand der anderen Stationen immer wieder neu konfigurieren kann. Aus diesen Gründen hat das Token-Bus-Verfahren in der jüngsten Zeit zunehmende Bedeutung erlangt. So wird es zum Beispiel in den MAP-Netzen (Manufacturing Automation Protocol) und in den Token-Bus-Breitbandnetzen von IBM angewendet (siehe Abschnitt 9).

6 Schichtenarchitektur für Lokale Netze

Für die Systemarchitektur gibt es mehrere alternative Entwurfsorientierungen. Die Funktionen des Systems sollen einerseits so effizient wie möglich sein, andererseits soll das System modular, universell und flexibel, das heißt unabhängig von spezifischen Anwendungen, gestaltet sein [6-1]. Die verschiedenen Entwurfsorientierungen stehen bis zu einem gewissen Grade stets im Widerspruch zueinander. Effizienz und Universalität widersprechen einander direkt. Bei der Entwicklung integrierter Informations- und Kommunikationssysteme ist das Problem der Strukturierung schwerwiegend. Es handelt sich dabei nicht so sehr um die hardwaremäßige Verteilung der Funktionen und Einrichtungen. Schwieriger und leistungsbestimmender sind logische Konzepte, Zugriffsverfahren, Protokolle für den Transfer, die Verteilung von Funktionen auf Geräte – alles Dinge, auf die der Nutzer keinen Einfluß mehr nehmen kann. Verteiltes Verarbeiten bedeutet Teilen eines verflochtenen Komplexes, bedeutet Schnittstellen, die in keinem der abgeschnittenen Teile des Systems die Fähigkeit zerstören dürfen, dennoch als Teil des Gesamtsystems zu funktionieren.

Ein System modular zu strukturieren heißt, es funktionell so zu unterteilen, daß die einzelnen Teile ein Maximum an Funktion unabhängig voneinander ausüben können und ein Minimum an Wechselwirkungen mit anderen Funktionsmodulen benötigen.

Die beim Übergang zum interaktiven Betrieb auftretende stochastische Komponente führt bei der Funktion der Betriebssysteme weg vom vorausschauenden Disponieren und hin zu den bekannten statistischen Merkmalen in VIVS.

6.1 ISO-Schichtenmodell eines Rechnerverbundsystems

Für die Gestaltung von Netzwerken gilt, daß diese Systeme bezüglich Entwicklung und Investitionen viel zu aufwendig sind, um sie nur für einen Zweck zu konzipieren. Die zunehmende Komplexität der Netzwerke sowie die rapide Entwicklung der eingesetzten Technologien erforderten konsequenterweise Architekturen mit genauen Regeln, Strukturen und

Schnittstellen. Die ersten Schritte führten zu herstellerspezifischen Architekturen für Kommunikationssysteme, die heute auch schon einen hohen Verbreitungsgrad besitzen (DV-Netze). In kurzem zeitlichem Abstand erfolgten jedoch international Überlegungen in Richtung herstellerunabhängiger Standards. Zielsetzung war dabei, allen Endnutzern eines Netzes den offenen, ungehinderten Informationsaustausch zu ermöglichen, d. h. zwischen Prozessen untereinander sowie zwischen Prozessen und Personen über Stationen, Netzwerke und DV-Systeme. Ein System mit diesen Fähigkeiten wird als Offenes Kommunikationssystem (OSI – Open System Interconnection) bezeichnet. Offene Systeme sind ferner dadurch charakterisiert, daß

– die Endsysteme nicht an einen bestimmten Hersteller oder eine bestimmte Architektur gebunden sind,

– die Endsysteme selbständige Rechnersysteme darstellen, die autonom arbeiten und bei Bedarf in Kommunikation mit einem beliebigen anderen Rechnersystem innerhalb des Netzes treten können,

– jedes Endsystem im Gegensatz zu geschlossenen Systemen für die ordnungsgemäße Durchführung der Kommunikationsfunktionen selbst verantwortlich ist [6-3].

Nach dem Vorschlag der ISO (ISO – International Organization for Standardization) wird ein solches Kommunikationssystem nach dem Strukturierungsprinzip eines Schichtenmodells aufgebaut, wobei insgesamt sieben Schichten definiert sind.

Das OSI-Referenzmodell der ISO ist in den 70er Jahren für Fern-Netze entwickelt worden und liegt seit Ende 1984 als endgültige Fassung vor. Das Modell

– ist frei von speziellen Realisierungsvorstellungen,

– besitzt genügend Flexibilität, um gegen neue technologische Entwicklungen invariant zu sein,

– ist in der Lage, spätere Benutzeranforderungen erfaßbar und integrierbar zu machen [6-2].

Das OSI-Referenzmodell ist durch eine Zerlegung jedes Kommunikationsvorganges zwischen autonomen Systemen gekennzeichnet. Dabei handelt es sich um eine funktionelle Beschreibung des Außenverhaltens von Systemen unabhängig von deren interner Struktur. Die Beschreibung ist außerdem nicht abhängig von technologischen Eigenschaften (z. B. der Art des Übertragungsmediums), sondern orientiert sich an Leistungsmerkmalen, die zur Lösung von Problemen bei der Nutzung gekoppelter Systeme erforderlich sind. Für die Strukturierung des Kommunkationsvorganges wurden den Schichten 1 bis 4 die transportorientierten Funktionen und den Schichten 5 bis 7 die anwendungsorientierten Funktionen zugeordnet (siehe Bild 6-1).

Jede Schicht benötigt für ihre Funktion Dienstleistungen von der unmittelbar darunterliegenden Schicht, die nur als eine Dienstleistungsinstitution wirkt, unabhängig von der Anzahl der insgesamt darunterliegenden Schichten. Die Gesamtheit der für eine Kommunikation erforderlichen Aufgaben ist im Modell wie folgt auf die einzelnen Schichten aufgeteilt:

— Schicht 1 – Physikalische Schicht, Bitübertragungsschicht: Bereitstellung direkter, noch nicht fehlergesicherter physischer Systemverbindungen für die Übertragung von Bitfolgen. Die Schicht benutzt dabei das Übertragungsmedium, das im ISO-Modell nicht als eigentliche Schicht definiert ist.

— Schicht 2 – Verbindungsschicht (Streckenschicht): Sicherstellung der Zuverlässigkeit der Übertragung auf einer Teilstrecke. Der Bitstrom wird in Teilabschnitte – Rahmen – zerlegt und mit Adressen, Prüfsumme und weiteren Informationen für den Transport und die Synchronisation versehen. Die Verfahren für die Verwaltung des Übertragungskanals werden hier abgewickelt.

— Schicht 3 – Netzschicht (Vermittlungsschicht): Verknüpfung gesicherter Systemverbindungen zu Verbindungen zwischen Endsystemen unter Verwendung von Verfahren zur Wegeermittlung und von Mechanismen zum Erkennen und Behandeln von Engpässen.

— Schicht 4 – Transportschicht: Erweiterung der Verbindung zwischen Endsystemen zu Teilnehmerverbindungen (End-zu-End). Die Schicht realisiert verschiedene Anschlußfunktionen für die logische Anpassung an das Netz sowie Funktionen der Nachrichtenbehandlung.

— Schicht 5 – Sitzungsschicht (Kommunikationssteuerschicht): Bereitstellung von Operationen, die zur Eröffnung einer Kommunikationsbeziehung (Sitzung), zu ihrer geordneten Durchführung und zur Beendigung notwendig sind. Die Schicht beschreibt die zum logischen Verbindungsaufbau zwischen den Teilnehmern erforderlichen Funktionen.

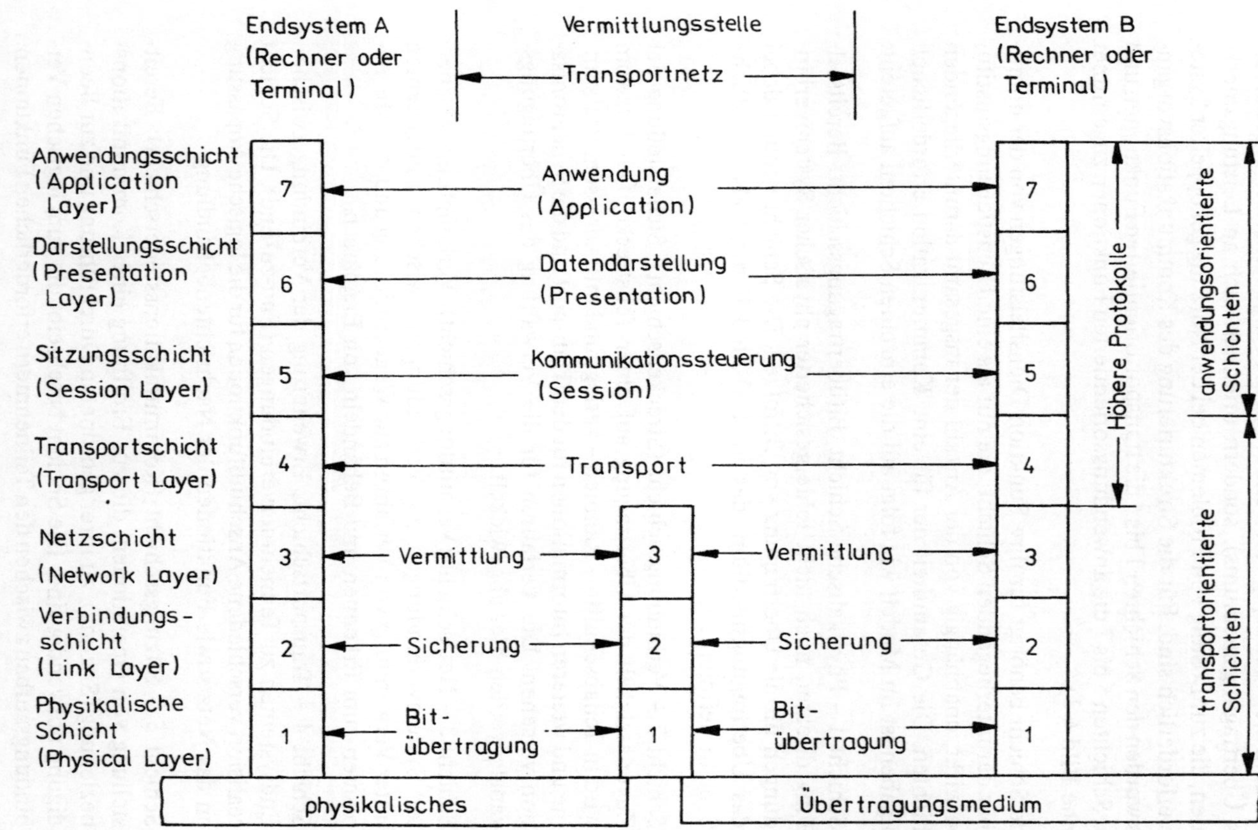

Bild 6-1. Open Systems Interconnection-Schichtenmodell für offene Kommunikationsssysteme [6-2]

– Schicht 6 – Darstellungsschicht (Anpassungsschicht): Anpassung der
zu übertragenden Informationen an die Verbundstandards. Die Schicht
behandelt Kompatibilitätsprobleme der Informationsdarstellung heterogener Endsysteme durch Datenkomprimierung und -dekomprimie-
rung, Datenverschlüsselung und -entschlüsselung, Konversion von
Zeichensätzen, endbenutzergerechte Formatierung u. a.

– Schicht 7 – Anwendungsschicht: Schnittstelle zur eigentlichen Anwendung (Endbenutzer), Unterstützung der Kommunikation von Anwen-
dungsinstanzen. In dieser Schicht werden die anwendungsorientierten
Aufgaben definiert (z. B. Transaktionsverarbeitung oder Time-Sharing),
als Rechnerverbundaufträge formuliert und auf den entsprechenden
Endsystemen durchgeführt.

Obwohl die einzelnen Schichten völlig unterschiedliche Aufgaben erfüllen, haben sie einige strukturell bedingte Gemeinsamkeiten. Jede Schicht
erbringt in bezug auf die Kommunikation zwischen Teilnehmern eine
bestimmte Leistung. Eine Schicht enthält dafür die erforderlichen Funktionen, ein Schichtenprotokoll sowie die dienstanfordernde Seite eines
Dienstprotokolls und die diensterbringende Seite eines Dienstprotokolls
(siehe Bild 6-2).

Zur Definition einer Funktionsschicht gehören folglich die Leistungen der
Funktionsschicht selbst, die Schnittstelle zur darunterliegenden Schicht,
die Schnittstelle zur nächsthöheren Schicht sowie die Regeln, d. h. Protokolle für die Kommunikation innerhalb der Schicht zwischen den verteilten Systemen. Da zu jeder Schicht spezielle Protokolle gehören, wird die
Kommunikation zwischen den Stationen durch eine Hierarchie von Kommunikationsprotokollen geregelt.

Kommunikation ist eine gerichtete Beziehung. Dem entspricht im OSI-
Modell das Wandern der Aufträge durch die einzelnen Schichten von oben
nach unten in der Sendestation und von unten nach oben in der Empfangsstation. Beim Wandern eines Kommunikationsauftrages aus einem Applikationsprogramm oberhalb der Schicht 7 durch die Schichten von oben
nach unten stellt jeweils die Schicht (i – 1) der nächst höheren Schicht
bestimmte Dienste zur Verfügung. Der Aufruf dieser Dienste erfolgt nach
festgelegten Schnittstellenkonventionen. In der Empfangsstation wandert
der Auftrag durch alle Schichten nach oben, bis er dasjenige Applikationsprogramm erreicht hat, für das er bestimmt ist. Damit eine Schicht die ihr
zugewiesene Aufgabe erfüllen kann, müssen für diese Schicht bestimmte
Vereinbarungen zwischen den beteiligten Stationen getroffen worden sein

(Schichtprotokoll). Ein Auftrag wird an eine benachbarte Schicht durch
den Aufruf eines Dienstprimitives erteilt. Dabei werden jeweils Daten
einer festgelegten Struktur übergeben, die als Protokoll-Dateneinheiten
(protocol data units, pdu) bezeichnet werden. Die Übergabe einer solchen
Protokoll-Dateneinheit von oben nach unten (Sender) wird als Anforderung (Request) und die Übergabe von unten nach oben als Anzeige (Indi-
cation) bezeichnet.

Zur Abwicklung der Protokolle übergibt jede Schicht bei einer Anforderung bestimmte Steuerinformationen in der Protokoll-Dateneinheit. Darüber hinaus wird diese im allgemeinen auch Nutzinformationen enthalten, die bei Aufruf des entsprechenden Dienstprimitives durch die höhere
Schicht mit übergeben wird. Die Steuerinformation wird von der entsprechenden Schicht beim Empfänger ausgewertet und danach entfernt. Die
Nutzinformation – falls eine solche vorhanden ist – wird in Form einer
Anzeige an die nächst höhere Schicht übergeben. Aus Bild 6-2 ist zu erse-
hen, daß die für eine Applikation zu übertragende Information durch die
Protokolle der einzelnen Schichten beträchtlich anwachsen kann. Unter-
schiedliche Applikations-Instanzen einer Station können gleichzeitig und
unabhängig voneinander Kommunikationsbeziehungen unterhalten. Die
Transportschicht stellt dafür verschiedene Zugänge zur Verfügung. Zur
Identifizierung einer Kommunikationsbeziehung wird daher außer den
Stationsadressen der beteiligten Stationen die Nummer des zugehörigen
Dienstzugriffspunktes (services access point, sap) benötigt.

Für die Arbeit mit Protokollen hat sich in den letzten Jahren eine neue Disziplin – die Protokoll-Technik (Protocol Engineering) – etabliert. Diese
umfaßt im weitesten Sinne alle Phasen von der Formulierung von Benutzeranforderungen an (Kommunikations-)Dienste über den Entwurf der
die Dienste realisierenden Protokolle bis hin zur Implementierung und
zum Betrieb der Software. In den Standardisierungsgremien hat sich zunehmend die Auffassung durchgesetzt, Dienste und Protokolle nicht mehr
in natürlicher Sprache, sondern durch formale Spezifikationen zu normen
[6-4].

Beim Entwurf von Protokollen können durch Protokollverifikation Ent-
wurfsfehler entdeckt werden, die sonst nach der Implementierung aufwendige Test- und Fehlersuchmaßnahmen bedingen würden. Die gemeinsame
Architektur ist das Mittel, mit dem Kompatibilität der Endeinrichtungen
am offenen Kommunikationssystem erreicht werden kann. Ein Schichten-
modell ermöglicht die abstrakte Beschreibung von Funktionen in einem

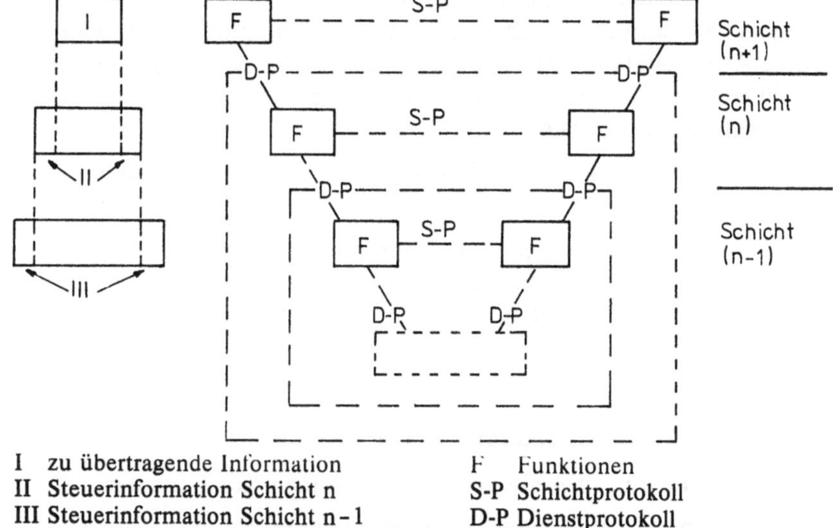

I   zu übertragende Information   F   Funktionen
II Steuerinformation Schicht n   S-P Schichtprotokoll
III Steuerinformation Schicht n-1   D-P Dienstprotokoll

Bild 6-2. Prinzipdarstellung der Schichten eines Rechnerverbundsystems

System. Dies kann bereits bei der Entwicklung eines Netzwerkes angewendet werden. Aber auch eine Analyse, insbesondere die für einen Anwender wichtige Leistungseinschätzung und der Leistungsvergleich zwischen unterschiedlichen Systemen, ist möglich.

Da für ein störungsfrei funktionierendes offenes System sehr viele Details reglementiert werden müssen und die Implementierung vorgegebener Kommunikationsregeln in einer konkreten Hard- und Softwareumgebung in sehr unterschiedlicher Weise möglich ist, reicht der Anspruch eines Herstellers, Produkte mit den Merkmalen offener Systeme anzubieten, nicht aus [6-5]. Es sind Institutionen und Verfahren notwendig, die die Realität dieses Anspruches nachprüfen und glaubhaft bestätigen.

Im Zusammenhang mit Computernetzen wird der Übergang von einer Architektur zu einer anderen als **Migration** bezeichnet. OSI-Migration bedeutet demnach Übergang von einer privaten, firmenspezifischen Netzarchitektur zur offenen Architektur im Sinne des OSI-Modells. Neben der Neukonzeption von Anwendungen und Netzwerken auf der Basis des OSI-Modells sind zunehmend Fragen der OSI-Migration von Bedeutung. Sie erfordert in der Regel langfristig orientierte strategische Überlegungen.

Vielfältige individuelle interne Gegebenheiten sind zu berücksichtigen. Im Einzelfall kann aber auch spezieller neuer Funktionsbedarf oder ein gegebenes Produktangebot den Anstoß geben. Eine Migration beinhaltet sowohl technische als auch organisatorische Aspekte. Insbesondere bestehen folgende Alternativen:

- unmittelbarer, vollständiger Wechsel von einer Firmenarchitektur zur OSI-Architektur,

- schichtenweise Migration, indem zum Beispiel Nicht-OSI-Anwendungen auf OSI-Unterbau oder OSI-Anwendungen auf Nicht-OSI-Unterbau implementiert werden,

- Gateway-Lösungen als Zugang aus einer unverändert bestehenden Kommunikationsumgebung heraus zum OSI-Verbund,

- zusätzlicher OSI-Verbund für einzelne Systeme,

- OSI-Verbund zunächst mit separaten einzelnen Komponenten.

Die einzelnen Varianten lassen sich noch weiter modifizieren und kombinieren. Die unmittelbare, vollständige OSI-Migration stellt den Extremfall dar. Vorteilhaft ist dabei die sofortige Verfügbarkeit der neuen Dienste und der Umstand, daß „alte" Protokollstacks das System nicht belasten. Allerdings sind die Kosten für diese Form der Umstellung meist sehr hoch, außerdem muß dabei oft auf bewährte Programme und Dienste verzichtet werden. Ein schrittweiser Übergang zu OSI unter Berücksichtigung der individuellen Gegebenheiten ermöglicht meist eine zusätzliche Risikobegrenzung, ohne auf die grundsätzliche Strategie und den Erwerb von Erfahrungen zu verzichten.

Zunehmend bieten Hersteller Produkte und Lösungen für die (schrittweise) OSI-Migration an. Dabei können folgende Produkteigenschaften nützlich sein:

- Parallelbetrieb mit anderen Kommunikationsprodukten unter gleichen Systemvoraussetzungen,

- weitgehend unveränderte Anwendungsschnittstellen,

- weitgehend unveränderte oder verbesserte Administrations- und Handhabungsfunktionen,

- keine speziellen Anforderungen an Betriebssysteme, Systemausbau und Speicherplatzressourcen,

- günstige Kosten- und Lizenzregelungen.

Obwohl das OSI-Modell für Fern-Netze entwickelt worden ist, wird es auch als Bezugsbasis für Lokale Netze verwendet, wobei jedoch die Spezifika Lokaler Netze berücksichtigt werden müssen.

6.2 Anforderungen an Protokolle für Lokale Netze

Lokale Netze sind bei entsprechender Ausstattung in der Lage, sehr unterschiedliche Endsysteme zu unterstützen, von Mikrocomputern bis zu großen Time-Sharing-Systemen. Die Integration extrem einfacher Stationen, wie intelligente Terminals, erfordert in den unteren Schichten einfache, flexible Protokolle, die ökonomisch auf kleinen Rechnern implementiert werden können, wobei wesentliche Möglichkeiten der Großrechner nicht eingeschränkt werden sollen. Außerdem ist es notwendig, daß möglichst jede neue Endsystemart leicht implementiert werden kann.

Zwei Gründe ermöglichen eine Vereinfachung der Protokolle der unteren Schichten für Lokale Netze gegenüber denen der Fern-Netze [1-18]:

a) Uneingeschränkte Nutzung von Overhead-Bits

Die Übertragungsgeschwindigkeit in einem LAN ist hoch, deshalb ist es nicht notwendig, die Protokolleigenschaften so zu entwickeln, daß die Anzahl der Overhead-Bits, die mit jeder Nachricht gesendet werden, miniiert wird. Diese „unbegrenzte" Verwendung von Overhead-Bits hat den Vorteil, daß die Verarbeitung vereinfacht und die Verarbeitungszeit dadurch verringert werden kann:

— Gegenüber der Verwendung eines einzelnen Standard-Kopfformats mit Feldern in fester Anordnung sind wahlfreie Felder oder unterschiedliche Pakettypen möglich.

— Adressen können im Empfänger direkt in Warteschlangen-, Puffer-, Port- oder Prozeßadressen übersetzt werden, ohne daß jeweils Tabellen oder spezielle Dateien durchsucht werden müssen.

b) Vereinfachung der Steuerung und der Netzwerkverwaltung

Die hohen Übertragungsgeschwindigkeiten sowie die geringen Verzögerungen in Lokalen Netzen ermöglichen, den Aufwand für komplexe Pufferverwaltung, Flußsteuerung und Mechanismen zur Behandlung von Überlastsituationen stark zu reduzieren. Die Steuerung in einem Fern-

Netz muß zum Beispiel garantieren, daß im Empfänger einerseits bei einer hohen Datenrate die Puffer nicht überlaufen und andererseits bei niedriger Datenrate nicht zu lange Wartezeiten entstehen. Deshalb ist ein großer Aufwand erforderlich, um unter diesen Umständen Sender und Empfänger zu synchronisieren. Dagegen ist es in einem LAN auf Grund der geringen Verzögerungszeiten möglich, einfache Strategien anzuwenden, die z. B. darin bestehen, daß der Sender eine Nachricht so lange nicht sendet, bis er vom Empfänger in entgegengesetzter Richtung die Mitteilung erhält, daß dieser zum Empfang der Nachricht bereit ist. Allerdings gibt es andere Faktoren, die solchen Vereinfachungen Grenzen setzen. Die günstigen Datenraten und Verzögerungszeiten eines LAN können nicht die wesentlichen Unterschiede eliminieren, die zwischen zwei Endsystemen existieren können, die miteinander kommunizieren sollen. Wird z. B. ein Großrechner mit einem Time-Sharing-OS in einem LAN integriert, dann verstreicht wesentliche Zeit vom Empfang einer Nachricht bis zur Antwort auf diese Nachricht, weil ein oder mehrere Prozesse termingemäß festgelegt sind. Während dieser Zeit müssen die anderen Endsysteme des Lokalen Netzes oft warten.

c) Praktische Nutzbarkeit

Die Protokolle der unteren Schichten eines LAN unterstützen die Protokolle der höheren Schichten, die wiederum die Voraussetzung für die eigentliche Applikation des Nutzers darstellen. Das bedeutet aber, daß die Protokolle bzw. Dienste aller für das jeweilige LAN möglichen Schichten für jede konkrete Anwendung vorhanden sein müssen.

Es muß aber ausdrücklich darauf hingewiesen werden, daß aus Gründen der Zweckmäßigkeit oft bei der Entwicklung Lokaler Netze OSI-Schichten geteilt oder zusammengefaßt werden (siehe Bild 6-3). Es gibt zwar Lokale Netze mit OSI-ähnlicher Struktur, in denen alle sieben Schichten implementiert sind (z. B. PC Net), aber es ist auch möglich, die Nutzerschnittstelle mit zum Beispiel nur fünf Schichten zu realisieren.

Wird ein LAN entwickelt oder erworben, das nur die unteren Schichten ausfüllt, dann sind die Funktionen der restlichen Schichten durch entwikkelte oder gekaufte Software zu ergänzen. Um dies zu erleichtern, wurden in den vergangenen Jahren intensive Bemühungen unternommen, die Protokolle für die einzelnen Schichten zu standardisieren, insbesondere von seiten der internationalen Organisation für Standardisierung (ISO).

142

6.3 Lokale Netze in Abhängigkeit der implementierten Schichten

Unter Berücksichtigung des ISO-Referenzmodells können Lokale Netze klassifiziert werden. Dabei ist entscheidend, wie viele Schichten ein Lokales Netz oder eine Produktgruppe abdeckt. Abhängig von der Anzahl der implementierten Schichten werden Lokale Netze untergliedert in:

- Übertragungssysteme (Schichten 1 und 2),
- Transportsysteme (Schichten 1 bis 4),
- Lokale Computernetze mit OSI-Struktur (sieben Schichten),
- Lokale Computernetze ohne OSI-Struktur.

Entsprechend der Vielfalt der Realisierungsmöglichkeiten sind weitere Unterscheidungen möglich, aber die obige Einteilung erfaßt den größten Teil der Lokalen Netze. Es ist dabei zu beachten, daß einige Lokale Netze als unterschiedliche Varianten in mehrere Gruppen eingeordnet werden können. Dies setzt aber voraus, daß die LAN-Varianten der unteren Schichten akzeptable Schnittstellen besitzen und offene Lösungen ermöglichen. Eine Auswahl typischer und interessanter Lokaler Netze wird im Kapitel 9 behandelt.

6.3.1 Schichten 1 und 2

Die physikalische Schicht (Schicht 1) dient zur Bereitstellung direkter, noch nicht fehlergesicherter physischer Systemverbindungen für die Übertragung von Bitfolgen. Die Dienste und Schnittstellen der Schicht 1 umfassen alle Einzelheiten, die für die Signalübertragung im verwendeten Übertragungsmedium notwendig sind. Dazu gehören die mechanischen, elektrischen und prozeduralen Bedingungen zur Einleitung, Aufrechterhaltung und zum Abschluß der physikalischen Signalübertragung zwischen physisch vorhandenen Geräten. Die Schicht 1 benutzt dazu das Übertragungsmedium, das im OSI-Modell nicht als eigentliche Schicht definiert ist (zur Zeit sind Koaxialkabel und verdrillte Leitungen standardisiert). Im Standard ISO 8802/3, der das CSMA-Verfahren zum Inhalt hat, ist die Schicht 1 in die Signalsubschicht und in die Ankopplungssubschicht weiter unterteilt. Das OSI-Modell ermöglicht eine funktionsbezogene Aufteilung der Schichten in Subschichten.

Die Verbindungsschicht (Schicht 2) sorgt für die zuverlässige Übertragung über einen einzelnen Verbindungsabschnitt. Sie enthält die zum Belegen

und Freigeben eines Abschnitts notwendigen Steuerverfahren, die natürlich in die physikalische Schicht hinein wirken. Der Bitstrom wird in Teilabschnitte (Frames) zerlegt und mit Adressen, Prüfsumme und weiteren
Informationen für den Transport und die Synchronisation versehen. Die
Verfahren für die Verwaltung des Nachrichtenweges werden hier abgearbeitet. Bei der verbindungsorientierten Übertragung erfolgen in der
Schicht 2 auch Herstellen, Aufrechterhalten und Auflösen der Verbindungen. Die zu übertragende Information wird mittels redundanter Kodierung
störgesichert. Außerdem werden in der Schicht 2 das Erkennen und die
Korrektur von Übertragungsfehlern der Schicht 1 behandelt und – abhängig vom Steuerverfahren – eine Meldung an die höheren Schichten gegeben. In ihrer Gesamtheit stellt die Schicht 2 Funktionen und Dienste für
die Einrichtungen der darüber liegenden Schicht 3 oder, wenn diese nicht
vorhanden ist, für die Schicht 4 bereit.

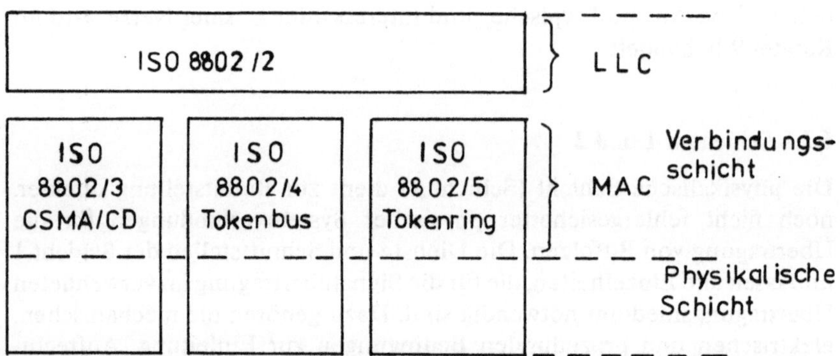

Bild 6-3. Anwendung des OSI-Modells auf die unteren Schichten eines Lokalen
Netzes

Die Verbindungsschicht ist in die zwei Subschichten LLC und MAC unterteilt (siehe Bild 6-3). Die LLC-Subschicht der logischen Verbindungssteuerung (logical link control) ist unabhängig vom Zugriffsverfahren. Sie stellt
ihren Benutzern, das heißt den Einheiten der Netzschicht, Übertragungsdienste zum Austausch von Dateneinheiten zur Verfügung. Die LLC-Subschicht nach ISO DIS 8802/2 enthält

- Dienste der LLC für die Netzschicht,
- Dienstprimitive,
- Wechselwirkungen zwischen LLC und Netzschicht, zwischen LLC und
  MAC sowie zwischen LLC und LLC-Managementfunktionen

sowohl für die unquittierte, verbindungslose Übertragung als auch für die
verbindungsorientierte Übertragung. Dabei wird zwischen unterschiedlichen Operationstypen und Operationsklassen unterschieden. Der Operationstyp 1 (LLC 1) gewährleistet die verbindungslose Übertragung
zwischen den Dienstzugriffspunkten. Eventuell notwendige Reihenfolgesteuerung und Fehlerbehandlung muß von höheren OSI-Schichten durchgeführt werden. Der Operationstyp 2 (LLC 2) realisiert verbindungsorientierte Übertragung. Vor der Übertragungsphase erfolgt der Aufbau und
danach der Abbau einer logischen Verbindung. Reihenfolgetreue und Fehlerbehandlung werden ebenfalls realisiert.

Die Medienzugriffssteuerungssubschicht MAC (medium access control)
steuert die Belegung des Übertragungskanals. Die MAC ist verfahrensabhängig, das heißt, sie behandelt die verfahrenstypische Realisierung des
Medienzugriffs entsprechend der im Abschnitt 5 behandelten Steuerverfahren; gegenwärtig werden die drei Verfahren CSMA/CD, Tokenring-
und Tokenbus-Verfahren favorisiert. Die Übertragung in der MAC-Subschicht erfolgt in strukturierten Datenformaten (Frames).

In der praktischen Realisierung gehören zu den Schichten 1 und 2 diejenigen Komponenten, aus denen sich Übertragungssysteme als Subsysteme
aufbauen lassen. Diese Komponenten sind einzelne integrierte Bauelemente für Lokale Netze (siehe Kapitel 7), Kabel, Kabel- und Netzinterfaces, Terminatoren, Verstärker und verschiedene Einschubkarten.
Wesentliche Übertragungssysteme sind, für Basisband und Breitband
getrennt, in den Tabellen 6-1 und 6-2 zusammengestellt. Die Übertragungsgeschwindigkeiten der aufgeführten Systeme liegen im Bereich 0,25
bis 50 MBit/s mit einem deutlichen Schwerpunkt bei 10 MBit/s. Die
Ursache dafür besteht darin, daß ein großer Teil der LAN mit der ausgereiften CSMA/CD-Technik arbeitet, die ihre obere Leistungsgrenze bei etwa
10 MBit/s hat.

6.3.2 Schichten 3 bis 7

In den Schichten 3 bis 7 sind vielfältige Realisierungen möglich, deshalb
werden im folgenden nur einige interessante Protokolle behandelt (siehe
Bild 6-4). Dies kann auch nicht so detailliert erfolgen wie im vorigen

Tabelle 6-1. Einige Beispiele für Basisbandsysteme – Leistungen für die
ISO/OSI-Schichten 1 und 2

Produkt	Entwickler/ Hersteller	Medium	Topologie	Verfahren	Ge- schw. MBit/s
Arcnet	Datapoint	KX	Bus, Stern	Token	2,5
Arcnet	Thomas-Conrad	KX, LWL	Bus, Stern	Token	2,5
Burr.LAN	Burrough	LWL	D-Ring	Token	10/100
CentreCOM	Allied Teles.	KX, LWL	Bus	CSMA/CD	10
Cluster/One	Nestar	STP	Bus	CSMA/CD	0,24
DDLCN	Ohio University	STP	D-Ring	Reg.Ins.	1
DIKOS	ATN	LWL	Stern, Linie	TDM	10
Ethernet	Accton	KX, UTP	Bus, Stern	CSMA/CD	10
Ethernet	Hirschmann	KX, LWL	Bus	CSMA/CD	10
Ehternet	Rank-Xerox	KX	Bus	CSMA/CD	10
Ethernet	Stodiek-LANSYS	KX	Bus	CSMA/CD	10
FACOM	Fujitsu	LWL	Ring	TDM	33
Fibernet	Xerox	LWL, KX	Bus, Stern	CSMA/CD	10/150
Hubnet	Canstar-Comm.	LWL	Baum	MACA	50
HYPERBUS	Network System	KX, LWL	Bus, Baum	CSMA/CD	10
HYPER-CHANNEL	Network System	KX, LWL	Bus	CSMA/CD	50/200
IBM-Net	IBM	KX, LWL	Bus	CSMA/CD	2/0,375
MAP	General Electric	KX	Bus	Token	5
MADWAY	Gould Inc.	KX	Bus	Token	1,544
Net/One	Ungermann-Bass	KX	Bus	CSMA/CD	10
OMNINET	Corvus	STP	Bus	CSMA/CD	1
Planet	Racal-Milgo	2·KX	Ring	Slot	10
ProNET	Proteon	STP	Ring	Token	10
Ring 560	Fujitsu	LWL	Ring	TDM	560
Rolanet	Robotron	KX, LWL	Bus	CSMA/CD	10
SILK	Hasler	KX	Ring	Reg.Ins.	16,896
SINEC H 1	Siemens	KX, LWL	Bus	CSMA/CD	10
SK-NET	Schneider & Koch	KX, UTP	Bus	CSMA/CD	10
StarLAN10	AT & T	STP	Bus	CSMA/CD	10
TCNS	Thomas-Conrad	LWL	Baum, Stern	Token	100
Token-Ring	Accton	STP, UTP	Ring	Token	4/16
Token-Ring	ciscoSystems	STP, UTP	Ring	Token	4
Token-Ring	IBM	STP, UTP	Ring	Token	4/16
Token-Ring	Thomas-Conrad	STP, UTP	Ring	Token	4/16
Token-Ring	Telonik	UTP	Ring	Token	4/16
Z-Net	Zilog	KX	Bus	CSMA/CD	0,8

Tabelle 6-2. Einige Beispiele für Breitbandsysteme – Leistungen für die ISO/OSI-Schichten 1 und 2

Produkt	Entwickler/ Hersteller	Medium	Topologie	Verfahren	Ge- schw. MBit/s
Cable Net	Amdax	KX	Baum	TDMA	
DOMAIN	Apollo	KX	Ring	Token	12
EXPRESS-NET	Stanford Uni	LWL, KX	Ring, Baum	Round Robin	
Local Net	Sytek	KX	Bus, Baum	CSMA/CD	6·20 ·128 KBit/s
3M-Net	Interactive	KX	Bus	FDM/TDM	2,5 pro Kanal
Net/One	Ungermann-Bass	KX, LWL	Bus	CSMA/CD	5 pro Kanal
PC Net (Cluster)	IBM	KX	Stern	CSMA/CD FDM	2
SINEC H2B	Siemens	KX	Baum	Token, MAP	10
WANGNET	Wang	KX	Baum, Bus	CSMA/CD	12
MAP	General Electric	KX	Baum, Bus	Token, FDM	10

Abschnitt. Eine ausführliche Übersicht über ISO-Protokollstandards enthält der Abschnitt 11.1.

Die Schnittstelle zwischen den Schichten 2 und 3 wird als Open-Data-Link-Schnittstelle bezeichnet, wenn sie die Bedingungen einer Standardschnittstelle für die Adapter- und Protokollentwicklung erfüllt, die es ermöglichen, daß mehrere Protokollstacks einen einzigen Netzadapter benutzen können [6-7]. Die Dienste der Netzschicht realisieren den Nachrichtentransport über Zwischenknoten. Die für Lokale Netze typischen Topologien erfordern normalerweise keine Vermittlung oder Wegwahl. Deshalb ist die Funktionalität der Schicht 3 innerhalb eines einzelnen Lokalen Netzes stark eingeschränkt. Bei einem vermaschten Netz sowie bei der Subnetzwerk-Verarbeitung und der Internetzwerk-Verarbeitung (siehe Kapitel 8) werden in der Netzschicht die Vermittlung und die Wegwahl realisiert. Dazu erfolgen die Adressierung anderer Netze und der dort angeschlossenen Stationen. Die Netzschicht unterstützt die Identifizierung dieser Stationen sowie den Auf- und Abbau logischer Verbindungskanäle (Wegsteuerung, Flußsteuerung). Ein Beispiel für ein standardisier-

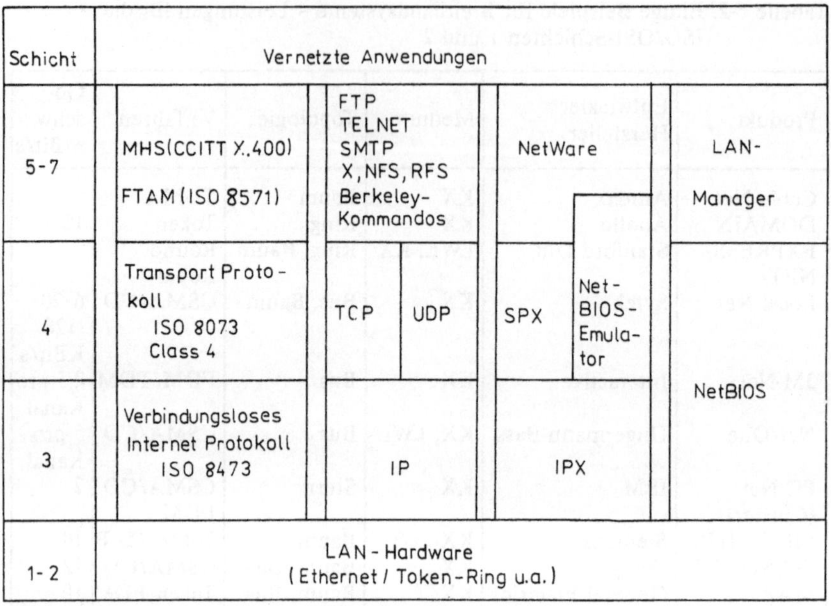

Schicht	Vernetzte Anwendungen						
5-7	MHS(CCITT X.400) FTAM (ISO 8571)	FTP TELNET SMTP X,NFS,RFS Berkeley- Kommandos		NetWare		LAN- Manager
4	Transport Proto- koll ISO 8073 Class 4	TCP	UDP	SPX	Net- BIOS- Emula- tor	
3	Verbindungsloses Internet Protokoll ISO 8473	IP		IPX		NetBIOS
1-2	LAN - Hardware (Ethernet / Token-Ring u.a.)					

Bild 6-4. Typische Protokolle der Schichten 3 bis 7

tes ISO-Protokoll in der Schicht 3 ist das verbindungslose Internet-Protokoll ISO 8473 (Bild 6-4).

Die Transportschicht hat die Aufgabe, den höheren Schichten die Möglichkeit zu bieten, Informationen zwischen logischen Nutzern des Netzes zu übertragen. Logische Nutzer sind kommunikationsfähige Einheiten der höheren Schichten. Praktisch sind dies meist Personen, die Prozesse auf den Rechnern abarbeiten lassen. Dabei ist es üblich, daß die Details der Übertragung in den unteren Schichten für den Nutzer transparent sind und daß verschiedene Transportqualitäten angeboten werden. In der Schicht 4 werden die logischen Nutzer durch Transportadressen gekennzeichnet. Die Schicht definiert die Adressierung und legt damit fest, wie eine Station innerhalb des Netzes angesprochen wird. In dieser Definition ist die Logik für den Auf- und Abbau einer logischen Verbindung enthalten. Außerdem ist die Schicht für die Unterscheidung von Datenpaketen und Datagrammen zuständig. Jedes Datenpaket erhält eine eindeutige Identifikationsnummer, die verhindert, daß eine Sendung mehrfach oder überhaupt nicht beim Empfänger ankommt. Ein Beispiel für ein Transportprotokoll ist das

ISO 8073 Class 4, das gemeinsam mit verbindungslosen Diensten in der Netzschicht verwendet wird (Bild 6-4).

Zwei bekannte ISO-Anwendungen sind FTAM und MHS. FTAM (File Transfer Access and Management) nach ISO 8571 ist das ISO-Protokoll zur direkten Übertragung von Daten und Dateien. FTAM realisiert neben der Dateiübertragung zusätzliche Möglichkeiten wie Übertragen der Teile einer Datei, Verändern der Inhalte in fernen Dateien sowie Lesen und Verändern der Attribute ferner Dateien. MHS (Message Handling System) nach der CCITT-Empfehlung X.400 ist die elektronische Post. Dies ist eine der bekanntesten ISO-Anwendungen und Standard für die elektronischen Mitteilungssysteme (siehe Abschnitt 1.3). Es können neben Textdateien auch beliebige Informationen übertragen werden. Um die elektronische Post nach X.400 weltweit betreiben zu können, ist ein leistungsfähiger Adreßverwaltungsmechanismus, der Directory Service, notwendig. Dazu wurden 1988 von CCITT die Empfehlungen zu X.500 und folgende verabschiedet, die von der ISO als DIS 9594 übernommen wurden.

Die Transportschicht ist die oberste Schicht eines Transportsystems, das seine Dienste dem Anwendungssystem zur Verfügung stellt. Die Schnittstelle zwischen den Schichten 4 und 5 wird als Application Program Interface API bezeichnet. Als Transportsysteme sind komplette Lösungen günstig, die transparente Verbindungen mit Funktionen zur Kopplung heterogener Systeme zur Verfügung stellen. Eine offene Systemlösung auf der Basis des OSI-Modells erfordert, daß sowohl das Transportsystem als auch das Anwendungssystem nach den Regeln der ISO-Standards realisiert worden sind. Und genau hier ist das Problem, denn die ersten Lokalen Netze wurden bereits zu Zeiten entwickelt, als die ISO-Standards noch nicht oder nur unzureichend verfügbar waren. Viele APIs wurden deshalb unterschiedlich realisiert, so daß folglich viele LAN-Anwendungen nur in Abhängigkeit der Hardware und der Betriebssystem-Software, für die sie entwickelt wurden, einsetzbar sind. Es haben sich deshalb mehrere Produktlinien herausgebildet, die sich auf unterschiedliche Standards beziehen. In Bild 6-4 sind einige interessante Realisierungen dargestellt.

TCP/IP (Transmission Control Protocol/Internet Protocol) sind Kommunikationsprotokolle, die im Rahmen eines Projektes des US-Verteidigungsministeriums für großflächige Netze entwickelt worden sind. Es sind standardisierte, herstellerunabhängige Protokolle, die für Kommunikationsaufgaben im wissenschaftlich/technischen Bereich, in Universitäten und zunehmend im kommerziellen Bereich eingesetzt werden. Für Rechner mit dem Betriebssystem UNIX wird TCP/IP als Standard behandelt. Ferner gibt es zahlreiche Endbenutzeranwendungen, die nicht offiziell Bestandteil von TCP/IP sind, aber als standardisierte Funktionen von vielen Herstellern mit angeboten werden. Einige Zeit nach den TCP/IP-Protokollen wurde das OSI-Modell entwickelt und begonnen, ISO-Normen für die einzelnen Schichten zu verabschieden. TCP und UDP lassen sich ungefähr der Schicht 4 und IP der Schicht 3 des OSI-Modells zuordnen. Ein wesentlicher Vorteil von TCP/IP ist die Möglichkeit, unterhalb des Protokolls IP verschiedene Netze und Verbindungsarten verwenden zu können, zum Beispiel Ethernet, Token-Ring, FDDI und X.25. In der Schicht 3 realisiert IP (Internet Protocol) das Weiterleiten von Informationen in Datenpaketen von einer Station zur anderen. Das kann innerhalb eines Lokalen Netzes erfolgen, aber auch über mehrere Lokale Netze oder Fern-Netze hinweg. Jeder TCP/IP-Host hat eine einmal vergebene Internet-Adresse, die aus einer zentral zugewiesenen Netzadresse und einer lokalen Host-Adresse, die auch lokal verwaltet wird, besteht. IP übergibt die Datenpakete mit Adreßinformationen an die darüber liegende Schicht. IP ist ein Übergangsprotokoll zwischen der LAN-Hardware und den Protokollen TCP und UDP. TCP (Transmission Control Protocol) ist ein Übergabe- und Steuerungsprotokoll für Nutzeranwendungen und Übetragungsprotokolle (z. B. FTP). Es erstellt individuelle Datenpakete und übergibt diese an IP. TCP realisiert Paketübertragung und enthält deshalb solche Funktionen wie Überprüfung der Paketreihenfolge sowie Übertragungswiederholung defekter Pakete (siehe Abschnitt 4.4). TCP hat außerdem eine Programm-Schnittstelle für die Erstellung individueller Kommunikationsprogramme. TCP erfordert stets IP als Protokoll in der darunter liegenden Schicht.

UDP (User Datagram Protocol) realisiert Datagrammübertragung. UDP befindet sich auf der gleichen Ebene wie TCP und benötigt ebenfalls IP in der Schicht 3. UDP übergibt Datagramme an IP zur Weiterleitung. Auch UDP hat eine Schnittstelle für die Programmierung von Kommunikationsprogrammen.

Aufbauend auf TCP/IP wurden als Standard-Anwendungen TELNET, FTP, SMTP, NFS u. a. eingeführt. TELNET (TELetype NETwork) ist ein virtuelles Terminalprotokoll und gestattet, sich in einem entfernten Rechner anzumelden und dort zu arbeiten, so als wäre das Terminal direkt angeschlossen. Dies ist auch bei unterschiedlichen Zeichensätzen und verschiedenen Betriebsarten möglich (Block- oder Zeichenübertragung). FTP

(File Transfer Protocol) ermöglicht neben der gesicherten Übertragung von Dateien und Programmen zusätzliche Funktionen wie Löschen von Dateien, Anlegen oder Löschen von Dateiverzeichnissen, Ausgabe von Dateiübersichten u. a. SMTP (Simple Mail Transfer Protocol) realisiert in Verbindung mit send mail die elektronische Post in TCP/IP-Netzen. Dabei kann eine Nachricht auch an einen Teilnehmer gesendet werden, dessen Rechner nicht aktiv ist oder dessen Paßwort nicht bekannt ist. NFS (Network File System) ist ein verteiltes Dateisystem, mit dem ein Nutzer im Netz verteilte Dateien und Programme so nutzen kann, als ob sie lokal im eigenen Rechner vorhanden wären. Der Nutzer kann diese mit seinen bekannten (lokalen) Kommandos, Programmen und Anwendungen nutzen. X-Windows ist eine Fensterverwaltungssoftware, die erlaubt, daß in jedem Fenster auf dem Bildschirm eine Applikation von einem anderen Rechner des Netzes dargestellt und bedient werden kann. SMB (Server Message Block Protocol) wird für verteilte MS-DOS-Anwendungen zur Kommunikation der Server eingesetzt. SMB-Server sind auch für UNIX-Systeme verfügbar. Häufigste Einsatzfälle sind File-Server, Print-Server und Mail-Server. In Netzen mit UNIX-Rechnern werden zur Kommunikation auch die Berkeley-Kommandos verwendet.

Für Lokale Netze mit Personalcomputern wird als LAN-Betriebssystem häufig NetWare der Firma Novell eingesetzt [2-6]. NetWare wurde bereits 1989 bei über 50 % der PC-Netze benutzt. NetWare ist hardwareunabhängig; es realisiert die Schichten 3 bis 7. NetWare ist in verschiedenen Varianten verfügbar (Advanced NetWare, NetWare 286, NetWare 386 u. a.). Nutzerkommandos und Software-Interface sind bei allen Implementierungen nahezu gleich. Zusammen mit der Stations-Shell und der Brücken-Software kann NetWare als Basis für vielfältige Anwendungen dienen. Für NetWare ist typisch, daß in den Servern auch Brücken- und Gatewayfunktionen realisiert werden. NetWare benutzt u. a. die beiden Protokolle IPX und SPX. Das IPX-Protokoll (Internet Packet Exchange Protocol) in der Schicht 3 bildet die Basis für alle NetWare-Dienste. Es stellt Verbindungen zwischen Anwendungen auf den Stationen und den NetWare-File-Servern her und wird auch von den Brücken für die Leitwegsteuerung verwendet. IPX ist ein Datagramm-Protokoll auf der niedrigen Ebene und dient zur Unterstützung weiterer Protokolle wie SPX und NetBIOS. Das SPX-Protokoll (Sequenced Packet Exchange) realisiert die Übertragungsfunktionen in der Schicht 4. Es sorgt dabei für die Zustellungsgarantie (Paketübertragung mit Quittung), was gegenüber IPX eine zusätzliche Leistung darstellt. Das IPX/SPX-System hat eine hohe Funktionalität und ist für den Datentransfer zwischen mehreren Lokalen Netzen gut geeignet. Die Protokolle IPX und SPX sind Entwicklungen von Novell und stellen Implementierungen des XNS-Protokolls dar (Xerox Network Systems) [6-7, 6-13].

Das Betriebssystem MS-DOS hat ab der Version 3.1 elementare Fähigkeiten für den Einsatz eines Personalcomputers in einem LAN. Dazu wurde von Sytek in Zusammenarbeit mit IBM das NetBIOS (NETwork Basic Input Output System Interface) entwickelt. NetBIOS besteht aus 19 Basisbefehlen und unterstützt im OSI-Modell die Schicht 2 (NetBIOS Datagram Support) und die Schicht 5 (NetBIOS Session Support) [6-8]. IBM hat NetBIOS 1984 als Firmware für IBM-PC-LAN herausgebracht. Gleichzeitig hat IBM andere Hersteller angeregt, das NetBIOS-Interface in ihren Systemen anzuwenden. Dadurch hat sich NetBIOS schnell zu einer anerkannten Kommunikationsschnittstelle für Lokale Netze entwickelt. Inzwischen gibt es NetBIOS-Emulationen oder NetBIOS-API für nahezu alle gängigen LAN-Betriebssysteme (z. B. NetWare von Novell, MS-NET von Microsoft, PCNP von IBM). Wird NetBIOS für die Programmierung einer LAN-Applikation verwendet, läuft das Programm in verschiedenen LAN-Umgebungen. Die Bedeutung von NetBIOS besteht darin, daß es den ersten Schritt in Richtung auf die allgemeine Definition einer API darstellte. NetBIOS ist relativ langsam, reichlich kompliziert im Umgang mit Applikationsprogrammen, ineffizient bei der Kopplung mehrerer Lokaler Netze und benötigt überdies etwa 80 KByte im Arbeitsspeicher jeder Station. Deshalb wird es nicht oft zur Programmierung verwendet, es existiert aber als weit verbreiteter Standard.

Gegenwärtig werden für die Interprozeß-Kommunikation in PC-Netzen neben IPX/SPX und NetBIOS noch APPC und NPMS als Quasi-Standards favorisiert. APPC (Applications-Program to Program Converter) ist ein Protokoll von IBM, das die Kommunikation zwischen verteilten Prozessen ermöglicht. APPC ist eine Untergruppe des Subnetzes LU6.2 (Local Unit 6.2) und so wie NetBIOS Teil einer konsequenten Strategie von IBM auch für zukünftige Produkte. APPC eignet sich sehr gut für den Datentransfer zwischen verschiedenen Netzen, hat allerdings einen so großen Speicherbedarf (etwa 280 KByte pro Station), daß seine Verwendung gemeinsam mit dem Betriebssystem MS-DOS ungünstig ist. Dagegen ist dies bei Systemen unproblematisch, bei denen der Hauptspeicher nicht auf 624 KByte beschränkt ist. Im Unterschied zu NetBIOS findet APPC auch außerhalb reiner PC-Netze Verwendung, zum Beispiel bei der Verbindung von Mini-und Großrechnern. LU6.2 ist ein von IBM entwickeltes Kommu-

152

nikationsprotokoll für Großrechner-Netze, das zwischen Terminals und intelligenten Arbeitsstationen unterscheiden kann. Es benutzt keine Terminal-Steuerzeichen und reduziert so erheblich die Menge der zu übertragenden Daten. Terminal-Steuerzeichen sind spezielle Kodierungen, die normalerweise einem Terminal mitteilen, wie die anschließend übertragenen Daten zu interpretieren sind.

NPMS (Named Pipes/Mail Slots) ist eine neuere Entwicklung von Microsoft und für die Kommunikation zwischen verschiedenen Netzen ebenfalls sehr gut geeignet. NPMS wird von IBM unterstützt. Das Protokoll ist leistungsfähig und hat den Vorteil einer vergleichsweise einfachen Programmierschnittstelle und Verbindungsmöglichkeit zu anderen Protokollen der Interprozeß-Kommunikation. Dabei muß allerdings beachtet werden, daß sich keine IPC einfach programmieren läßt, da dies auf sehr niedrigen Ebenen der Systemsteuerung erfolgt.

Die folgende Aufstellung enthält die standardisierten bzw. sich im Standardisierungsprozeß befindlichen OSI-Anwendungsdienste [6-16, 6-17, 10-13]:

— ACSE (Application Control Service Elements): Unterstützung der Kommunikation zwischen Applikationsprozessen.

— DB (Data Bases): Einheitliche Zugriffsmodalitäten auf Datenbanken, die in fremden Rechnern implementiert sind, unabhängig davon, von welchen Herstellern die Datenbanken entwickelt worden sind.

— DIR X.500 (Directory): Auskunftssystem, um sämtliche Adressen und Ressourcen eines übergreifenden Netzes ermitteln zu können. Suche nach gemeinsamen Eigenschaften und nach Informationen, von denen nur Fragmente bekannt sind.

— EDIFACT (Electronic Data Interchange for Administration Commerce and Transport): Elektronischer Geschäftsverkehr zum direkten Austausch von Handelsdaten zwischen unterschiedlichen DV-Verfahren in verschiedenen Rechnersystemen.

— FTAM (File Transfer, Access & Management): Direkter Austausch großer Datenmengen (Files) zwischen Rechnern verschiedener Hersteller.

— JTM (Job Transfer & Manipulation): Übertragung und Abarbeitung von Jobs an fremden Rechnern, Rückübertragung der Ergebnisse.

— MHS X.400 (Message Handling System): Elektronisches Mitteilungs-

system, elektronischer Postdienst, mit dem Nachrichten jeglicher Art –
Daten, Texte, Bilder und Sprache – in digitaler Form ausgetauscht werden können.

– MMS (Manufacturing Message Specification): Fertigungsnachrichten-
Übertragungsdienst, der den Nachrichtenaustausch zwischen Zellrechnern und programmierbaren Steuerungen ermöglicht.

– ODA/ODIF (Office Document Architecture/Office Document Interchange Format): Einheitliche Dokumenten-Architektur, damit fremde
Systeme ein Dokument originalgetreu wiedergeben und weiterver-
arbeiten können.

– ODP (Open Distributed Processing): Verteilte Informationsverarbeitung unter den Bedingungen des offenen Systems.

– SGML (Standard Generalized Markup Language): Genormte Sprache
für den Dokumentenaustausch, wobei die Partner zusätzlich Doku-
menttyp-Definitionen vereinbaren müssen.

– VTS/VTP (Virtual Terminal Services & Protocol): Terminalunterstützung für Applikationsprogramme oder Nutzer, die Terminals zur direkten Kommunikation mit anderen Hosts benötigen.

Die Anwendungsdienste JTAM und VTS haben bisher nur geringere
Bedeutung erlangt.

Zusammenfassend kann festgestellt werden, daß das OSI-Referenzmodell
die Entwicklung auf dem Gebiet der Lokalen Netze in den 80er Jahren
nachhaltig beeinflußt hat. Es dürfen jedoch trotz erheblicher Fortschritte
einige Probleme nicht unerwähnt bleiben. Die Erarbeitung der OSI-Standards ist ein diffiziler und langwieriger Prozeß, an dem eine Vielzahl von
nationalen und internationalen Standardisierungsorganisationen (ISO,
CCITT, IEEE, ECMA, DIN, CEN/CENELEC) mit einer großen Anzahl
von Arbeitsgruppen beteiligt ist (siehe auch Abschnitt 11). Dazu kommen
Organisationen und Projekte, die mit dem Ziel der praktischen Anwendung der OSI-Standards zusätzliche Festlegungen treffen (MAP, TOP,
COS, EMUG, NBS, SPAG).

Die Schichten 1 bis 3 sind hierbei weitgehend als erledigt zu betrachten.
Den Schichten 4 und 5 gelten gegenwärtig unzählige Pilotprojekte und
Erprobungen. Für den Bereich der darüberliegenden Schichten liegen bis-
her nur einige endgültig verabschiedete Protokollstandards vor. Inter-

national ist bisher nur eine beschränkte Anzahl von Produkten erhältlich, die sich auf OSI-Standards der Schichten 4 und höher beziehen.

Andererseits hat sich gezeigt, daß eine pragmatische Vorgehensweise vieler Hersteller zu verwertbaren Ergebnissen führte, bei denen das OSI-Referenzmodell zwar berücksichtigt wurde, seine Standards jedoch nicht immer korrekt eingehalten wurden. Dabei entstanden auch einige aus Hersteller- und Nutzersicht interessante Funktionen, die wiederum bei der OSI-Normung bisher kaum beachtet und bearbeit wurden, zum Beispiel Schnittstellen zu OSI-Funktionen und das Language Binding.

Das OSI-Referenzmodell ist hierarchisch strukturiert und behandelt bei einer Kommunikation in der Regel nur Informationen eines Typs, denn die Kommunikationsnormen (z. B. der Filetransferdienst FTAM) sind unabhängig von den Datenstrukturnormen (z. B. GKS) entwickelt worden. Deshalb ist das OSI-Modell mit den dazu gehörenden Standards für die Kommunikation und die Verteilte Informationsverarbeitung von Multi-Media-Informationen nicht geeignet. Für dieses Aufgabenspektrum wird ein nicht-hierarchisches Multi-Media-Modell (M^3) entwickelt, das aus Daten-, Kommunikations-, Transport- und Managementmodell bestehen und für die Offene Verteilte Verarbeitung ODP (Open Distributed Processing) geeignet sein wird [6-6].

In diesem Zusammenhang muß allerdings beachtet werden, daß der größte Teil der LAN-Nutzer nur relativ selten oder nie mit dem LAN-Betriebssystem direkt zu tun hat, da aus Applikationssicht andere, bequemere Nutzeroberflächen möglich sind (siehe auch Abschnitt 10.2). Dies ermöglichen vor allem Standardsoftware und Anwendungssoftware. Das Angebot an Standardsoftware, die in Lokalen Netzen eingesetzt werden kann, ist vielfältig. Es reicht von solchen speziellen Produkten wie dBASE IV Plus bis zu integrierten Softwarepaketen wie INSYS oder Easyware Premium 3.1. Netz-Anwendungssoftware sind etablierte Einnutzer- oder Mehrnutzer-Programmpakete, die entweder für die Nutzung im Netz angepaßt oder als neue Anwendungssoftware speziell für Lokale Netze entwickelt wurden.

7 Hardware für den Anschluß an Lokale Netze

Die wichtigsten Hardware-Komponenten eines Lokalen Netzes wurden bereits im Kapitel 2 vorgestellt. Im folgenden soll die Hardware für den Anschluß an ein Lokales Netz in ihrer Funktion betrachtet werden. Während die Netzwerk-Interfaces der ersten entwickelten Lokalen Netze noch diskret aufgebaut wurden, erfolgt dies heute ausschließlich unter Einsatz hochintegrierter Bauelemente. LAN-Controller sind bedeutend komplizierter strukturiert und aufwendiger herzustellen als zum Beispiel 16-Bit-Mikroprozessoren. Die Möglichkeiten des Anschlusses einer Station an ein Netzwerk sind in Abhängigkeit vom Computertyp (Groß-, Mini-, Mikrocomputer) und vom Netzwerktyp (Fern-Netze, Lokale Netze) sehr unterschiedlich. Da in einem LAN vorwiegend Mini- und Mikrocomputer als Host eingesetzt werden, sind für die Hardware hohe Leistung bei niedrigen Kosten entscheidend. Die Interface-Hardware zwischen LAN und Host realisiert alle Aufgaben zur Übertragungssteuerung, Adressierung und Adreßerkennung. Für diese Funktionen werden vorwiegend integrierte Bauelemente eingesetzt, von denen eine typische Realisierung in Abschnitt 7.2 behandelt wird.

7.1 Hardware-Struktur eines Netzwerk-Interface

Grundsätzlich kann die Hardware zur Kopplung eines Host an ein Netzwerk eingeteilt werden in einen netzwerkorientierten Teil, der die für das Netz erforderlichen Übertragungsfunktionen liefert, und in einen hostspezifischen Teil, der die Ein-/Ausgabe-Struktur eines bestimmten Host an das Netz anpaßt und den Datenaustausch zwischen Host und netzwerkorientiertem Teil steuert [1-18].

Die einfache Architektur und einfache Control-Strukturen der LAN haben eine Reduzierung der Komplexität und der Kosten des netzwerkorientierten Teils des Interface zur Folge. Die Anforderungen an den hostspezifischen Teil sind jedoch größer und sehr unterschiedlich, da Mikroprozessor-Systeme, Minicomputer und Großcomputer bezüglich der Komplexität der E/A-Interfaces stark voneinander abweichen.

Wegen der einfachen Busstruktur und der LSI-Peripherieschaltkreise tendieren die Interfaces für Mikroprozessor-Systeme zu geringer Komplexität. Interfaces für Minicomputer tendieren wegen der Notwendigkeit für einen „DMA"-Interfacetyp für ein breites Spektrum peripherer Geräte zu mehr Komplexität. Großcomputer haben die komplexesten E/A-Interfaces. Ferner gilt, daß die Komplexität des hostspezifischen Teils stärker davon abhängig ist, ob ein Mikro-, Mini- oder Großcomputer eingesetzt wird, als davon, ob das Interface für ein LAN oder Fern-Netz vorgesehen ist. Deshalb ist es ökonomisch gerechtfertigt, Mikrocomputer als Host in ein Lokales Netz zu integrieren, während der Einsatz von Großcomputern stets sorgfältig untersucht werden muß.

Der Anschluß eines Großcomputers an ein Fern-Netz erfogt meist über einen Front-End-Prozessor, der in der Regel auf der Basis eines Minicomputers entwickelt wurde und ein eigenes Paket-Netzwerk-Interface hat, das aber nur bestimmte standardisierte Datenübertragungsverfahren realisiert. Dadurch ist der Anschluß des Großcomputers auf Geräte oder Einrichtungen mit diesen Standard-Interfaces festgelegt, was bei Lokalen Netzen eine große Einschränkung darstellt. Andererseits ist die interne Geschwindigkeit eines Großcomputers den von LAN angebotenen Datenraten besser angepaßt als die eines Mini- oder Mikrocomputers. Deshalb ist die Entwicklung von spezialisierter Hardware und Software zum Anschluß eines Großcomputers an ein Hochgeschwindigkeits-LAN oft die günstigste Lösung und ermöglicht die beste Anpassung. Der Aufwand ist jedoch nur dann gerechtfertigt, wenn Großcomputer-Hosts in einem LAN z. B. als zentraler Datenspeicher, als spezialisierte oder zentralisierte Verarbeitungsressource oder in VIVS mit eng gekoppelten Subsystemen eingesetzt werden.

Aufbau und Funktion des hostspezifischen Teils und des netzwerkorientierten Teils eines Netzwerk-Interface sowie die Anpassung an unterschiedliche Netztypen sind interessante Probleme, die hier jedoch nicht weiter diskutiert werden können, um den Rahmen der vorliegenden Arbeit einzuhalten (siehe auch [7-1]).

7.2 Integrierte Bauelemente für Lokale Netze

Die Entwicklung integrierter Bauelemente für Lokale Netze hat zwei Auswirkungen. Sie ermöglicht einerseits eine Aufgliederung der zum Anschluß eines Hosts an ein LAN notwendigen Hardware und deren kostengünstige modulare Realisierung. Andererseits können bestimmte integrierte Bauelemente durch funktionelle Redundanz, Speicherkapazität und Programmierfähigkeit zur Anpassung an verschiedene Hosts und Netzwerk-Konfigurationen eingesetzt werden. Die folgende Auswahl enthält integrierte Bauelemente für den LAN-Anschluß:

Integrierte Bauelemente für Ethernet:

- LAN-Controller: 82586, 82588, AM 7990, MK 68590, DP 8390,
  MB 61301, 8001, R 68802,
- Serieller Interface Adapter: 82501, AM 7991, AM 7992 A,
  MK 3891, DP 8391,
- Manchester Code Converter: MB 502, 8023,
- Transceiver: 82502, AM 7995, DP 8392,
- Manchester Code Converter/Transceiver: AM 7960,

Integrierte Bauelemente für Token-Ring:

- Communication Processor: TMS 38010,
- Medium Interface: TMS 38051, TMS 38052,
- Protocol Handler: TMS 38020, TMS 38021,
- Host Interface: TMS 38030,

Integrierte Bauelemente für FDDI:

- Datenweg Controller: AM 79c82 DPC (data path control),
- Codierer und Sender: AM 7984 ETX (endec transmitter),
- Decodierer und Empfänger: AM 7985 ERX (endec receiver),
- Zugriffssteuerung: AM 79c83 FORMAC (fiber optic ring MAC),
- RAM Pufferspeicher Controller: AM 79c81 RBC (RAM buffer controller),
- Transmitter/Receiver: AM 79h 1068/1069,

Integrierte Bauelemente für Starlan:

- LAN-Controller: 82 C 551,
- Serieller Interface Adapter: SL 4000,
- Manchester Code Converter: 82C 550,

Integrierte Bauelemente für ARCnet:

- LAN-Controller: COM 9026,
- Transceiver: COM 9032.

Die Anzahl der Chips pro Knoten ist vom Integrationsgrad, von der funktionellen Aufteilung und von dem Übertragungsverfahren abhängig (sie beträgt zwischen eins und sechs). Im folgenden soll als Beispiel für einen Chipsatz eine Lösung für das Basisband-LAN mit dem CSMA-Protokoll betrachtet werden. Die gesamte Elektronikschaltung für einen Ethernet-Knoten nach IEEE 802.3 ist hier in drei Chips integriert, die folgende Funktionen ausführen [7-2].

— Coaxial-Transceiver-Interface (CTI) DP 8392: enthält Treiber, Empfangs- und Kollisions-Detektor-Schaltung,

— serielles Netzwerkinterface (SNI) DP 8391: realisiert Kodierung und Dekodierung nach dem Manchester-Verfahren und Anpassung an das Transceiver-Kabel,

— Netzwerk-Interface-Controller (NIC) DP 8390: steuert das Kommunikationsprotokoll und stellt das Interface mit eingebauter Puffer-Verwaltungshardware dar.

Das Bild 7-1 zeigt einen Ethernet-Knoten mit diesen integrierten Bauelementen der Serie DP 8390.

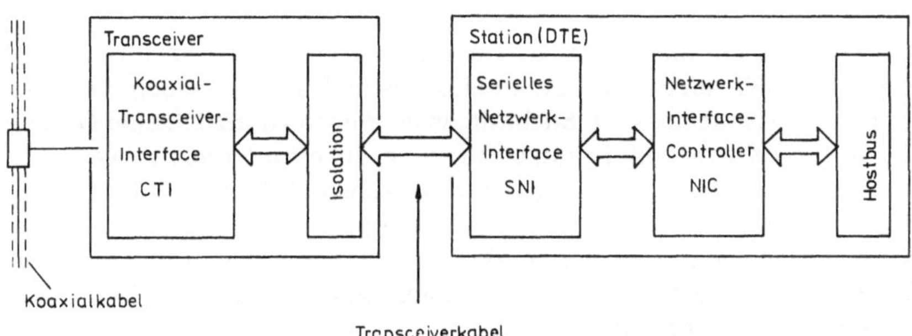

Bild 7-1. Ethernet-Knoten mit Bauelementen der Serie DP 8390 (nach [7-2])

Transceiver

Der Transceiver (MAU) ist in unmittelbarer Nähe des Koaxialkabels angeordnet, um die Kapazitätsbelastung des Kabels unter dem Grenzwert von 4 pF zu halten. Das Transceiverkabel verbindet die MAU mit dem seriellen

Netzwerkinterface. Es kann bis zu 50 m lang sein und besteht aus vier abgeschirmten, verdrillten Leitungspaaren, von denen drei für die Signalübertragung und eins für die Versorgungsspannung genutzt werden (siehe Bild 7-2).

Das CTI realisiert alle Transceiverfunktionen außer der Signal- und Versorgungsspannungsisolation. Diese erfolgt für die Signale über Impulstransformatoren und für die Betriebsspannung des Transceivers über einen Transformator, eine Zerhacker- und eine Regelschaltung. Der Koaxialtreiber muß definierte Anstiegs- und Abfallzeiten von 25 ± 5 ns aufweisen, die untereinander auf ± 1 ns übereinstimmen müssen. Dazu wird ein externer Widerstand zusammen mit einer internen Spannungsfrequenz verwendet. Ein „Japper" überwacht den Treiber und sperrt den Ausgang, wenn er länger als 20 ms aktiv ist. Der Ausgang kann auch pysikalisch vom Netz getrennt werden, indem ein Relais an den Japper-Ausgang des CTI angeschlossen wird. Das Erkennen einer Empfangskollision erfolgt im CTI durch eine 4-polige Bessel-Filteranordnung, die mit einer abgeglichenen Referenz kombiniert ist. Der Empfänger enthält außerdem Schaltungen zur Rauschunterdrückung und Reduzierung von Kabelstörungen.

Serielles Netzwerk-Interface

Auf der Seite der Station ist das Transceiverkabel ohne Transformatoren direkt am SNI angeschlossen. Empfänger und Treiber haben ähnliche Merkmale wie die des CTI. Sie besitzen aber noch zusätzlich eine Durchbruchs- und Kurzschluß-Schutzeinrichtung, die erforderlich ist, wenn ein Kabel direkt am Chip angeschlossen wird. Acht TTL-Leitungen verbinden das SNI mit dem Netzwerkcontroller NIC. Die Daten vom Controller und der Übertragungstakt werden in Manchester-Daten kodiert und über das Senderleitungspaar an den Transceiver gegeben. Im Empfangspfad erfolgt der umgekehrte Vorgang.

Die Dekodierung der Signale, die ein Gesamtjitter von bis zu ± 20 ns aufweisen, erfolgt durch eine digitale PLL-Schaltung mit einer Auflösung von 2 ns mit einem 3-Phasen-Takt von 160 MHz. Die Schaltung synchronisiert sich mit der ersten definierten Flanke, Einrasten mit voller Auflösung erfolgt nach nicht mehr als 5 Bit. Außer der Kodier/Dekodierfunktion erzeugt das SNI ein Träger-Erkennungssignal vom Empfangspaar und dekodiert für den Controller das Kollisionssignal. Außer an den NIC läßt sich der SNI mit einigen externen Logik-ICs an einige andere LAN-Controller anpassen.

160

Der Netzwerk-Interface-Controller realisiert alle Funktionen, die im IEEE-Standard 802.3/Ethernet II spezifiziert sind. Der NIC kann entweder direkt mit dem Systemspeicher des Hosts oder einem speziellen lokalen Speicher zusammenarbeiten. Dafür enthält er zwei getrennte DMA-Kanäle. Bis zu 64 KByte oder Worte des Puffer-RAM werden unterstützt. Soll ein Paket gesendet werden, so fügt der Prozessor dieses Paket im lokalen Puffer zusammen und gibt an den NIC ein Sendekommando. Der NIC übernimmt dann die Aussendung des Pakets entsprechend dem CSMA/CD-Protokoll. Er gibt mit einemAbstand von 9,6 µs von bereits ausgesendeten Trägern das Paket aus dem lokalen Puffer aus, nachdem die Vorlauf- und CRC-Bits hinzugefügt worden sind. Tritt eine Kollision auf, dann stoppt er den Sendevorgang und versucht die Übertragung erneut nach einer zufällig festgelegten Zeit.

Bei wiederholten Kollisionen erfolgen maximal sechzehn Versuche, dann wird der Hostrechner alarmiert.

Wenn ein Paket vom LAN empfangen worden ist, prüft der NIC die Bestimmungsadresse. Stimmt sie mit der Empfangsstation überein, dann verifiziert der NIC die CRC-Bits mit denen, die er selbst ermittelt hat, und speichert das Paket innerhalb des lokalen Speichers in der Empfangs-Puffer-Warteschleife ab, deren Lage und Länge vollständig programmierbar sind. Die Pakete werden immer so gespeichert, daß sie am oberen Ende einer Seite beginnen. Jeder Bereich außerhalb der Schlange kann für die Zusammenstellung von Sendepaketen verwendet werden. Es werden physikalische, Multicast- und Broadcast-Adressen unterstützt. Die Multicast-Adressen werden mit Hilfe eines programmierbaren 64-Bit-Hashing-Registers gefiltert. Alle Statusinformationen werden gemeinsam mit den Paketen gespeichert, damit ein laufender Empfang von Paketen möglich ist, ohne daß der Host aktiv werden muß, bevor der Puffer voll ist. Nach dem Auslesen des Pakets wird der Pufferbereich für das Speichern neuer Pakete genutzt.

Der NIC verfügt im Datenpfad über 16-Byte-FIFO-Register zum internen Puffern für die Betriebsarten Senden und Empfangen. Wenn die Daten im FIFO einen vorprogrammierten Schwellwert erreichen, dann initialisiert der NIC einen Burst-Transfer in den lokalen Speichern. Der NIC ist so ausgelegt, daß er leicht an übliche 8- und 16-Bit-Mikroprozessoren angepaßt werden kann.

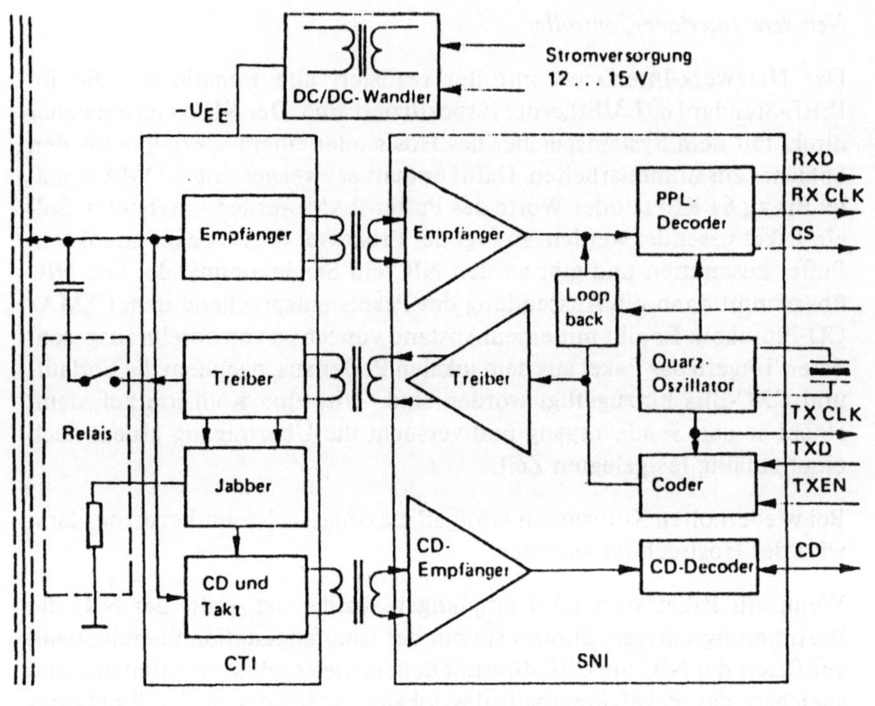

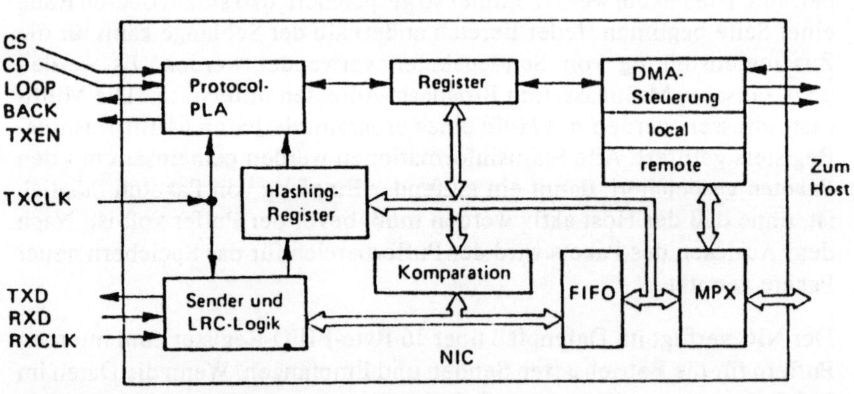

c) Netzwerk-Interface-Controller

Bild 7-2. Transceiver, Serielles Netzwerk-Interface und Netzwerk-Interface-Controller (nach [7-2])

162

8 Zusammenschluß Lokaler Netze mit anderen Netzen

8.1 Motivation und Möglichkeiten

Bisher wurde vorausgesetzt, daß die betrachteten Lokalen Netze entsprechend einer Technologie für Einzelnetze monolithisch aufgebaut sind. Obwohl ein LAN als ein Verbund von Geräten unterschiedlicher Hersteller mit verschiedenen Formen der Informationsverarbeitung sehr vielfältige Aufgaben lösen kann, werden jedoch Lokale Netze in zunehmendem Maße untereinander und mit Fern-Netzen verbunden. Dies erscheint zunächst als ein Widerspruch zur Universalität und Flexibilität eines Lokalen Netzes. Aber die weitgespannte Definition umfaßt Lokale Netze, die sich bezüglich ihrer Leistung und Funktion um mehrere Größenordnungen voneinander unterscheiden können. Deshalb ist es nicht in jedem Fall möglich oder zweckmäßig, daß alle erforderlichen Server- und Konsumtionsprozesse in einem Netz realisiert werden. Die Notwendigkeit zur Kopplung Lokaler Netze mit anderen Netzen kann sich darüber hinaus aus den folgenden Gründen ergeben [8-1, 8-4]:

1. In Abhängigkeit von den Steuerverfahren, der Topologie und den Übertragungsverfahren sind die unterschiedlichen LAN-Typen jeweils für bestimmte Anforderungen besonders geeignet. Wenn in einer LAN-Umgebung die Anforderungen an die Stationen stark voneinander abweichen, ist es günstig, jeweils die Stationen mit annähernd gleichen Anforderungen in geeigneten LAN zusammenzufassen und diese miteinander zu verbinden.

2. Wegen dieser unterschiedlichen Anforderungen sowie auf Grund einer besseren Verwaltung und höheren Sicherheit der LAN ist es in sehr großen Gebäuden oder mehreren Gebäuden oft zweckmäßiger, anstelle eines einheitlichen Lokalen Netzes ein Groß-LAN (Broad Site Network) zu nutzen.

3. Es besteht die Notwendigkeit, zwischen verschiedenen Lokalen Netzen oder zwischen Lokalen Netzen und Fern-Netzen Informationen zu übertragen.

4. Für ein oder mehrere LAN ist die Nutzung zentralisierter Hochlei-

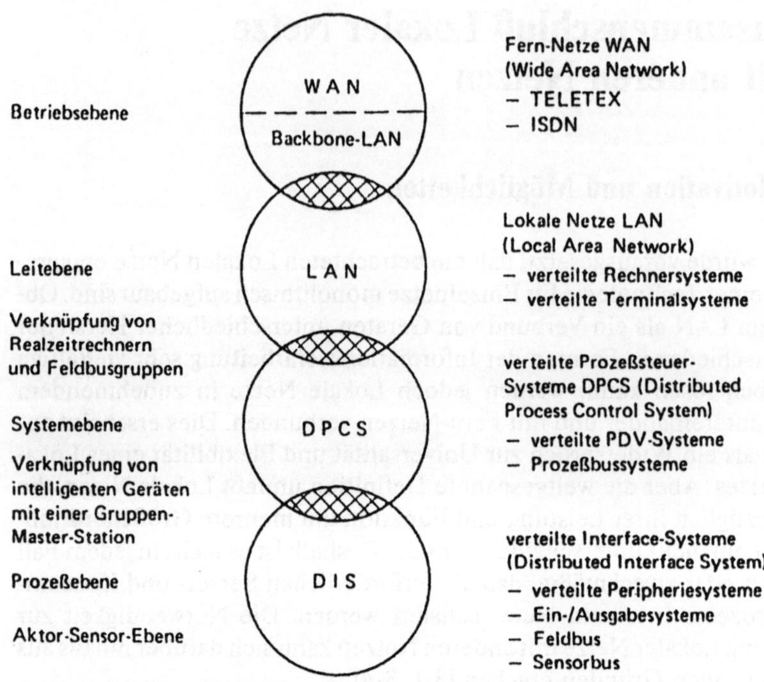

Bild 8-1. Kommunikationshierarchie in Fertigungsumgebungen (nach [8-5])

stungsressourcen erforderlich, die sehr kostenintensiv sind und deren separate Anschaffung zu aufwendig wäre.

5. Für ein oder mehrere Fern-Netze (öffentliche Netze) wird der Zugriff zu speziellen Diensten Lokaler Netze, z. B. verteilten Datenbanken, gefordert sowie der Zusammenschluß separater Hosts und geographisch verteilter LAN.

6. Ein Lokales Netz bietet ökonomisch günstige Voraussetzungen für den Anschluß von Hostcomputern (innerhalb einer begrenzeten Umgebung) zu einem oder mehreren Fern-Netzen. Anstelle der kostenintensiven direkten Kopplung an ein Fern-Netz werden alle Hostcomputer mit einem LAN verbunden, das an einer Stelle über einen speziellen Computer (Gateway) mit dem Fern-Netz gekoppelt ist. Diese Methode reduziert die Kosten, da die Host-Interfacehardware für ein LAN billiger ist als für ein Fern-Netz und nur ein einzelner Port zum

164

Fern-Netz erforderlich ist. Dies wird besonders deutlich, wenn Hostcomputer mit mehreren Fern-Netzen kommunizieren sollen.

Die Kopplung Lokaler Netze ergibt nicht nur einzelne Effekte, sondern stellt auch eine Voraussetzung für die folgenden Lösungskomplexe dar:

1. Die Integration unterschiedlicher Aufgabengebiete in den Bereichen der Industrie, der Planung und Leitung sowie der Forschung. Es gibt kein LAN, das dafür in gleichem Maße gut geeignet ist. CAD-, CAM-, CAP-, CAQ- und andere rechnergestützte Systeme können im Rahmen der industriellen Automatisierung mit Robotern, flexiblen Fertigungssystemen, NC-Systemen, Bürocomputern u. a. nur über unterschiedliche Lokale Netze effektiv miteinander gekoppelt werden.

2. Die Kommunikationshierarchie in Fertigungsumgebungen (siehe Bilder 1-3 und 8-1). Das Lokale Netz der obersten Ebene verbindet die Abteilungen des Betriebes und gewährleistet eine betriebliche Integration der vorhandenen Information. Das Lokale Netz im Bereich der Fertigung verbindet die Prozeßgruppen (Cluster) miteinander und mit übergeordneten Rechnern und Servern. Es werden vorwiegend nicht-zeitkritische Daten größeren Umfangs übertragen (Files). Auf der Prozeßbusebene werden Realzeitrechner und Feldbusgruppen miteinander verbunden, während auf der Feldbusebene intelligente Geräte miteinander und mit einem Gruppenleitrechner gekoppelt sind.

Die zunehmende Standardisierung wird die Anzahl möglicher LAN-Technologien reduzieren, aber es besteht weiterhin eine reale Notwendigkeit, verschiedene Applikationen mit unterschiedlichen Technologien zu implementieren. Dies rechtfertigt die Breite verfügbarer Netzwerkmethoden. Grundsätzlich ist zu beachten, daß für bereits implementierte kleine Computernetze, die nur lokale Aufgaben erfüllen, die Öffnung und Verbindung zu anderen Netzen mit einem zusätzlichen Aufwand verbunden ist. Deshalb muß stets geprüft werden, ob sich dieser Aufwand lohnt.

Der Zusammenschluß und die Kommunikation verschiedener Netze erfordern eine Kopplung, die durch einseitige Anpassung, zweiseitige Anpassungen und Transformation erfolgen kann.

Einseitige Anpassung bedeutet, daß (mindestens) ein System bei der Kopplung konstant gehalten wird und die anderen Systeme vollständig an die Gegebenheiten dieses Systems angepaßt werden. Das Emulatorkonzept im Sinne einer einseitigen Anpassung ist allgemein bekannt und auch für die Lösung kleiner Verbundsysteme geeignet.

Zweiseitige Anpassung basiert auf der Voraussetzung, daß beide Seiten einer Kopplung an eine neutrale Schnittstelle angepaßt werden. Das Verfahren ist vor allem bei einer Vielzahl nahezu gleichberechtigter Kommunikationspartner von Interesse und für Lokale Netze kennzeichnend.

Transformation bedeutet, daß alle am Verbund beteiligten Systeme über ihre Standardschnittstellen an ein Transformationsmedium – Brücke oder Gateway – angeschlossen werden. Der Transformator übernimmt die Anpassung der verschiedenen Funktionsebenen und Schnittstellen. Dieses Verfahren wird für den Zusammenschluß unterschiedlicher Netztypen angewendet und hat folgende Vorteile:

— Es sind wie bei der zweiseitigen Anpassung allgemeine Schnittstellen definierbar.

— Neue Systeme können leicht durch einen Zusatz im Transformator angekoppelt werden.

— Das Gesamtsystem ist nur durch den Leistungsumfang der einzelnen Systeme begrenzt. Weitgehende Flexibilität und eine Anhebung des Schnittstellenniveaus ist im allgemeinen durch die freie Definition von Schnittstellen im Transformator gegeben.

— Unabhängig von der Anzahl und Vielfalt der zu koppelnden Systeme erfolgt die Implementation in den Transformatoren.

— Die Bezugssysteme bleiben unverändert und bilden eine stabile Basis für die Leistung des Gesamtsystems.

Diesen Vorteilen stehen beim Transformatorprinzip zwei wesentliche Nachteile gegenüber:

— Der Einsatz eines Transformators erfordert in der Regel Anschaffung, Installation und Betrieb zusätzlicher Hardware.

— Die Software des Transformators ist sehr komplex, da Aufgaben wie Schnittstellenumsetzungen, Warteschlangenverwaltung, Protokollanpassungen usw. parallel abzuwickeln sind.

Die Verbindung der Netze erfolgt grundsätzlich auf der niedrigsten gemeinsamen OSI-Ebene. Wenn sich zwei Netze beispielsweise nur in den Schichten 1 und 2 unterscheiden und ab der Schicht 3 identisch sind, erfolgt die Verbindung in der Schicht 3. Dies ist bezüglich Kosten und Leistung die günstigste Lösung.

Es gibt zwei Betriebsweisen, die die Kommunikation und Kooperation der Stationen eines Lokalen Netzes mit Stationen anderer Netze realisieren [1-18]: Subnetzwerk-Verarbeitung und Internetzwerk-Verarbeitung.

Bei der *Subnetzwerk-Verarbeitung* wird ein LAN aus Subnetzen gebildet, die durch Brücken (siehe Abschnitt 8.2.2) miteinander verbunden sind. Im LAN wirken identische Protokolle, es werden kompatible Pakete und ein homogener Adreßraum verwendet.

Bei der *Internetzwerk-Verarbeitung* erfolgt die Kopplung unter Einsatz von Gateways und Routern.

Zwei Formen der Internetzwerk-Verarbeitung sind möglich:

a) Es werden mehrere Lokale Netze mit unterschiedlicher Funktionsweise gekoppelt, die sich bezüglich der verwendeten Protokolle, Paketformate, Adreßräume u. a. voneinander unterscheiden.

b) Es erfolgt ein Zusammenschluß Lokaler Netze mit Fern-Netzen. Funktionsweise und Eigenschaften weisen naturgemäß große Unterschiede auf.

Oft werden Subnetzwerk- und Internetzwerk-Verarbeitung in einem Projekt realisiert, ein Beispiel dafür ist in [8-2] beschrieben. In den letzten Jahren wurde eine Vielzahl technischer Komponenten zur Kopplung Lokaler Netze mit anderen Netzen entwickelt. Dies sind Brücken, Gateways, Router, Backbone-Netze und Kommunikations-Server sowie Front-End-Prozessor-Boards. Die von den Herstellern verwendeten Bezeichnungen für diese Komponenten sind nicht immer einheitlich. Im folgenden wird eine Terminologie entsprechend Tabelle 8-1 benutzt.

Tabelle 8-1. Funktionseinheiten in Abhängigkeit von den Schichten des ISO-Modells

ISO-Schicht	Bezeichnung
7	Applikationsübersetzungs-Gateway
6 5 4	Medien- und Protokollübersetzungs- Gateway
3	Übersetzungs-Gateway (Translation Bridge) Internet-Gateway (Encapsulation Bridges), Router
2	Brücken, MAC-Layer-Bridges
1	Repeater

8.2 Subnetzwerk-Verarbeitung

8.2.1 Prinzip und Eigenschaften

Sind mit Hilfe eines Lokalen Netzes sehr stark voneinander abweichende
Anforderungen zu erfüllen, dann ist es zweckmäßig, ein LAN aus Subnetzen mit jeweils spezifischen Eigenschaften aufzubauen (siehe Bild 8-2).
Die Subnetze sind mit möglichst unterschiedlichen Netzwerktechnologien
implementiert und realisieren verschiedene Übertragungsraten innerhalb
einer einheitlichen Adressierung und Verwaltungsstruktur. Die Subnetze
nutzen aber identische Kommunikations-Protokolle, kompatible Paket-
größen und einen einheitlichen, homogenen Adreßraum. Dort, wo die
Subnetze aneinandergrenzen, werden sie durch Brücken miteinander verbunden, die die Pakete entsprechend einer Filterfunktion von einem Subnetz zum anderen Subnetz selektiv weiterleiten. Dadurch ist es möglich,
daß nach wie vor alle Stationen des Lokalen Netzes miteinander kommunizieren können. Die Brücken können zusätzlich die Pakete zwischenspeichern und realisieren dadurch eine Geschwindigkeitsanpassung.

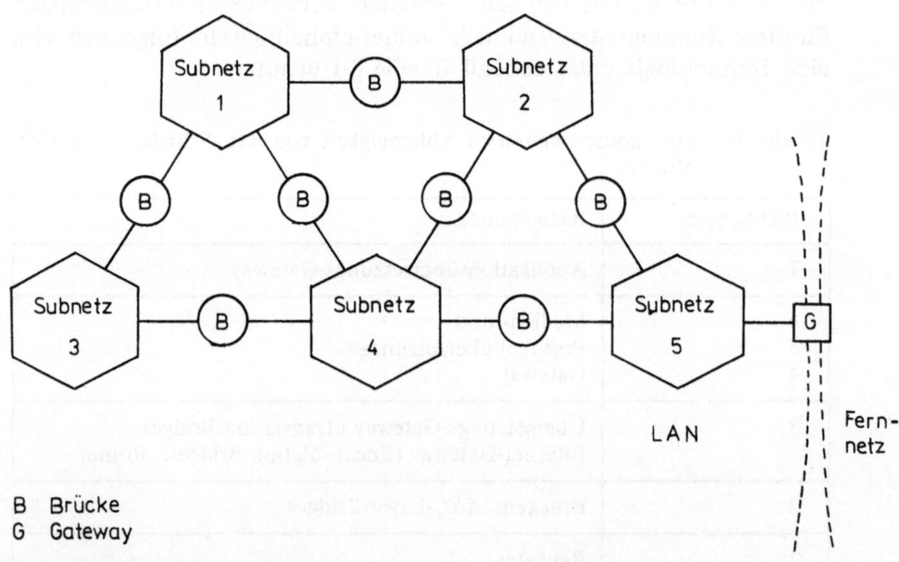

B   Brücke
G   Gateway

Bild 8-2. Subnetzwerk-Konzept

Das Subnetzwerk-Konzept ermöglicht, in einem einzelnen LAN eine Vielzahl von Technologien und Transferraten zu implementieren, die jeweils unterschiedlichen Aufgaben optimal angepaßt sind. So kann z. B. ein LAN aus einem Konkurrenzbus-Subnetz mit Koaxialkabel, einem Ring-Subnetz mit verdrillten Leitungen und einer Brücke konstruiert werden.

Subnetzwerke bieten auch geeignete Möglichkeiten zur Behandlung des Zuwachses des Verkehrsaufkommens [1-18, 8-2]. Die meisten Lokalen Netze ermöglichen, solange sie nicht stark belastet werden, einen hohen Durchsatz bei geringer Verzögerung. Wenn der Verkehr in einem Lokalen Netz mit der Zeit jedoch anwächst und keine Hochgeschwindigkeitstechnologie verfügbar ist, dann kann es zweckmäßig sein, das LAN in zwei oder mehrere miteinander verbundene Subnetze aufzuteilen. Da die Brücken, die die Subnetze miteinander verbinden, bezüglich der Übertragung der Pakete über die Brücke selektiv wirken, werden nicht alle Pakete eines Subnetzes in alle anderen Subnetze transferiert und die Verkehrsdichte eines Subnetzes wird kleiner als die des ursprünglichen monolithischen Netzwerkes.

Wenn außerdem die Verteilung der Hosts in den Subnetzen in Abhängigkeit vom Kommunikationsbedarf so erfolgt, daß Hosts mit hohen Transferraten untereinander und mit substantiell niedrigen Raten zu anderen Hosts in demselben Subnetz plaziert werden, so wird der Transfer über die Brücken minimiert und ein großer Teil der Pakete bleibt innerhalb der Subnetze, in denen sie erzeugt werden.

8.2.2 Brücken

Struktur einer Brücke

Brücken stellen Verbindungen zwischen gleichartig strukturierten Netzen her. Eine Brücke realisiert [5-4, 1-18, 8-4]:

a) eine Filterfunktion, mit der diejenigen Pakete erkannt und ausgewählt werden, die über die Brücke zu übertragen sind,

b) die Anpassung der unterschiedlichen Transfergeschwindigkeiten in den angeschlossenen Subnetzen durch eine Zwischenspeicherung,

c) den eigentlichen Transfer der Pakete von einem Subnetz in das andere und

d) Managementfunktionen.

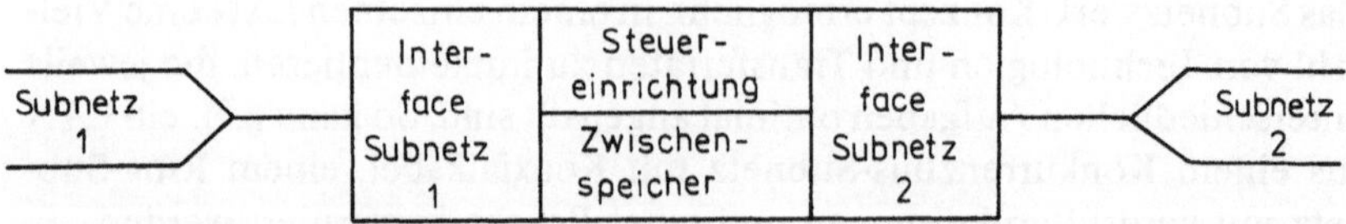

Bild 8-3. Struktur einer Brücke

Dies führt effektiv zu einer Leistungserweiterung, da die Ausdehnung und die Kapazität jedes Netzes vergrößert werden. Bezüglich der Komplexität sind Brücken zwischen den Repeatern in einem Multisegment-Konkurrenzbus-LAN (z.B. Ethernet) und den Gateways einzuordnen. Brücken dienen also zur Kopplung von Netzen mit gleicher Funktionsweise, die hier als Subnetze innerhalb eines Lokalen Netzes betrachtet werden.

In Abhängigkeit von den Übertragungsverfahren können folgende Brückentypen unterschieden werden:

— Basisband-Basisband-Brücke,
— Basisband-Breitband-Brücke,
— Breitband-Breitband-Brücke.

Soll ein Basisbandsystem mit einem Breitbandsystem über eine Brücke gekoppelt werden, so kann dies nur mit dem Frequenzband des Breitbandsystems erfolgen, in dem dasselbe Steuerverfahren wie im Basisbandsystem realisiert ist.

Das Bild 8-3 zeigt die Grobstruktur einer Brücke. Sie enthält

— zwei Netzinterfaces, die an die zu verbindenden Subnetze angepaßt sind,

— einen Paket-Zwischenspeicher und

— eine Steuereinrichtung, die die Filterfunktion durchführt und entscheidet, zu welchem Zeitpunkt die zwischengespeicherten Pakete an das jeweils andere Subnetz gesendet werden.

Da die Subnetze identisch sind, entfällt die Notwendigkeit für Protokollübersetzungen. Die Topologie der durch eine Brücke miteinander verbundenen Subsysteme bestimmt die Komplexität seiner Filterfunktion. Obwohl Brücken mit einfachen Filterfunktionen bereits durch programmierbare Steuereinrichtungen mit einer begrenzten Anzahl möglicher Zustände gebildet werden können, ist davon auszugehen, daß für Brücken meist die Fähigkeiten von Mikrorechnern erforderlich sind.

170

Eine Brücke muß die empfangene und zur Übergabe an das andere Subnetz ausgewählte Nachricht zwischenspeichern, da eine Geschwindigkeitsanpassung erfolgt, und, was genauso wichtig ist, einen günstigen Zeitpunkt bestimmen, um die Nachricht zu dem anderen Subnetz in Abstimmung mit der Steuerstruktur dieses Subnetzes zu übertragen. Der Zwischenpuffer ist auch für die Brücke zur Behandlung von Verkehrsspitzen wichtig, während derer der durch ein Subnetz angebotene Verkehr die Kapazität des anderen Subnetzes übersteigt. Diese Situation kann auftreten, wenn die Brücke Subnetze mit sehr unterschiedlichen Übertragungsraten oder Subnetze mit drastisch unterschiedlichen Verkehrsdichten miteinander verbindet. Immer dann, wenn der durch die Brücke unterstützte Cross-Brückenverkehr größer als die Aufnahmekapazität des Zielsubnetzes ist, muß die Brücke Pakete ablegen können. Entsteht in der Brücke Pufferüberlauf, dann kommt es zu Datenverlusten. Eine Wiederholung der Datenübertragung ist möglich. Besser ist es jedoch, wenn zwischen Sendestation, Brücke und Empfangsstation spezielle Flußsteuermechanismen implementiert sind. Dies erfolgt auf der Basis von verbindungsorientierten Netzwerkdiensten (connection oriented network service) [5-5] und soll hier nicht behandelt werden.

Bei der Realisierung der Brücken wird normalerweise die Tatsache ausgenutzt, daß die LLC-Subschichten (der Schicht 2) der wichtigsten Lokalen Netze identisch sind (siehe Bild 6-3). Von der MAC-Subschicht an abwärts können die zu verbindenden Subnetze unterschiedlich sein. So ist zum Beispiel eine MAC-Layer-Bridge geeignet, ein Ethernet mit einem Token-Ring zu verbinden, da ihre beiden MAC-Subschichten (IEEE 802.3 und IEEE 802.5) unterschiedlich sind, die darüberliegende LLC-Subschicht (IEEE 802.2) jedoch identisch ist.

Alle Lokalen Netze nach IEEE 802 haben dasselbe physikalische Adressierungsschema und können deshalb mit MAC-Layer-Bridges sinnvoll verbunden werden. Dies gilt zum Beispiel für Ethernet-Netze, Token-Ring-Netze und MAP/TOP-Netze. Andere Netze, die nicht den 802-Standards entsprechen, können mit Hilfe der Bridges nicht effektiv verbunden werden. Die MAC-Layer-Bridges sind für die Schichten 3 bis 7 protokolltransparent, das bedeutet, dort können beliebige Protokolle verwendet werden (z. B. ISO, TCP/IP, IPX).

Bisher wurde vorausgesetzt, daß die Subnetze dort, wo sie unmittelbar aneinander grenzen, durch Brücken verbunden werden. Wenn jedoch zwei Subnetze eines LAN miteinander zu koppeln sind, die diese Bedingung nicht erfüllen, dann werden spezielle Brücken für große Entfernungen verwendet (Long-Distance-Bridge).

Eine Brücke für große Entfernungen wird aus zwei Halbbrücken gebildet, die über eine geeignete Vollduplexverbindung miteinander verbunden sind (siehe Bild 8-4). Dies können z. B. Leitungen hoher Bandbreite, Lichtwellenleiter oder Mikrowellenverbindungen sein.

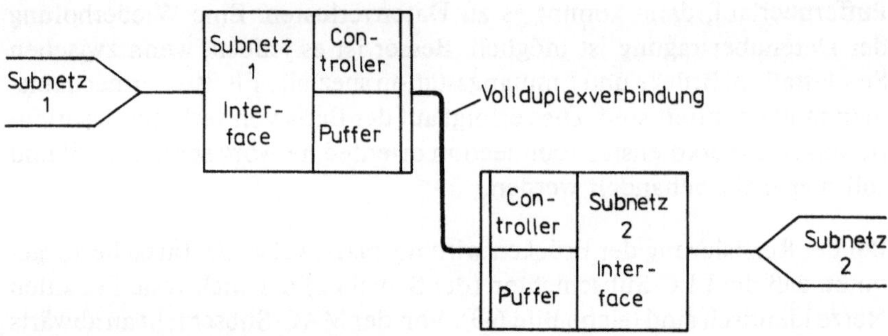

Bild 8-4. Brücken für große Entfernungen

Jede Halbbrücke enthält ein eigenes, zum angeschlossenen Subnetz passendes Interface, einen Controller, Zwischenspeicher sowie die Anpaßstufe zur Vollduplexverbindung. Zusätzlich zu seiner Filterfunktion steuert der Controller einer Halbbrücke den Datenfluß über die Übertragungsverbindung zwischen den beiden Hälften der Brücke. Es ist natürlich möglich, daß die Kommunikationsverbindung der Brücke eine niedrigere Bandbreite haben kann als die beiden zu verbindenden Subnetze. Dann können zusätzliche Paketpuffer in jeder Halbbrücke die Verkehrsspitzen glätten. Wenn jedoch die Kommunikationsverbindung zum echten Engpaß wird, dann müssen die Brücken für große Entfernungen bei Überlast Pakete genauso ablegen wie jede normale Brücke. Ist die Wirkung als „Flaschenhals" sehr stark, werden die wichtigsten LAN-Vorteile – hohe Kommunikationsbandbreite bei geringen Verzögerungen – eingebüßt.

8.3 Internetzwerk-Verarbeitung [8-4, 2-3]

Verteilte IV-Systeme werden zunehmend in einer Internetzwerk-Umgebung implementiert. Durch den Zusammenschluß Lokaler Netze untereinander und/oder mit Fern-Netzen ist es möglich, die Vorteile der unterschiedlichen Netze miteinander zu kombinieren (siehe Bild 8-5). Die funktionell zu lösende Aufgabe der Internetzwerk-Verarbeitung ist einfach zu formulieren: Prozesse in verschiedenen Endsystemen, die unterschiedlichen Netzen angehören, sollen miteinander kommunizieren und sich dabei so verhalten, als ob sie sich in demselben Endsystem befänden. Die Netze können jedoch Unterschiede in der Adressierung, den Protokollen, den Übertragungseinheiten, den Interfaces, der Ressourcenverwaltung, der Fehlersteuerung, der Datensicherung u. a. aufweisen, die sich besonders auf die Strukturen und Algorithmen auswirken. Sie haben meist außerdem voneinander abweichende Laufzeiten und Durchsatzleistungen. Deshalb ist für eine effektive Internetzwerk-Verarbeitung eine Anpassung auf einer oder mehreren Ebenen erforderlich.

Die Hard- und Softwareinterface-Funktionen sowie die Anpassungsdienste werden von Einrichtungen realisiert, die als Internetzwerk-Systeme bezeichnet werden. Die typischen Vertreter dieser Systeme sind der Router und das Gateway. Sie können bilateral oder multilateral sein, das heißt, zwei oder mehrere Netzwerke miteinander verbinden. Die Realisierung erfolgt entweder als ein selbständiger Hard-/Softwareknoten oder als eine logische Einheit innerhalb eines Hostcomputers. Als Spezialknoten wird es im allgemeinen als Multiprozessorsystem mit einem Kommunikationsprozessor und zwei Interface-Subsystemen aufgebaut [8-4] (siehe Bild 8-6). Der modulare Kommunikationsprozessor sollte eine Verarbeitungsbreite von mindestens 16 Bit besitzen. In den Interface-Subsystemen sind zweckmäßigerweise Netzcontroller enthalten.

Router sind zweckmäßig, wenn die Netzschicht-Protokolle der zu verbindenden Netze identisch sind. Router sind nicht protokolltransparent, sondern vom eingesetzten Netzwerk-Protokoll abhängig. Es gibt also eigene Router für jedes Protokoll (ISO 8473, IPX, TCP/IP u. a.). Einige Router können jedoch auch mehrere Protokolle kombinieren. Der Unterschied in der Arbeitsweise von Bridges und Routern besteht darin, daß Bridges jedes im Netz ankommende Datenpaket prüfen, ob es übertragen werden muß oder nicht. Router dagegen werden vom Absender der Daten direkt adressiert und aufgefordert, die Datenpakete entsprechend weiterzuleiten. Da-

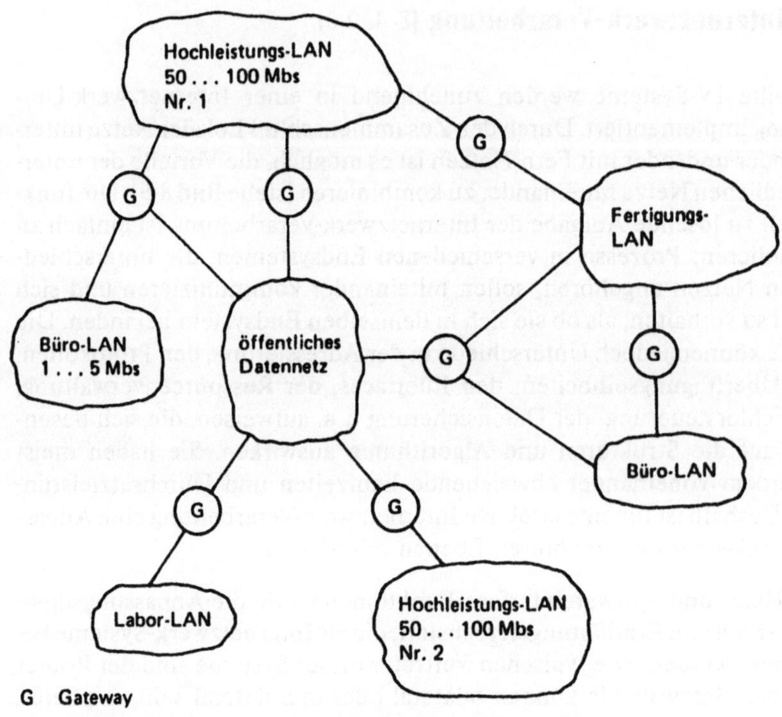

Bild 8-5. Internetzwerk-Umgebung (Beispiel)

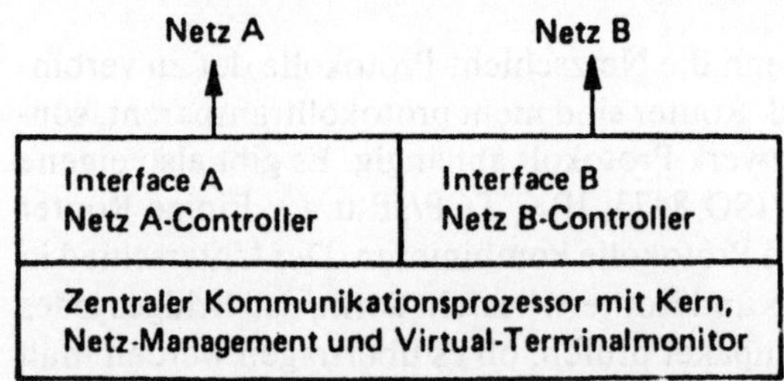

Bild 8-6. Struktur eines Internetzwerk-Systems (Gateway)

durch werden nur die tatsächlich benötigten Datenpakete von den Routern behandelt, was ihre Arbeitsweise wesentlich effizienter macht. Da die Router von den Absendern der Daten direkt addressiert werden, müssen diese von der Existenz der Router wissen. Dies wird durch Routing-Tabellen erreicht, die zu diesem Zweck in den einzelnen Stationen erstellt werden. Je nach eingesetzten Netzwerk-Protokoll und Leistung der entsprechenden Software erfolgt dies entweder manuell oder automatisch.

Sind auch die Protokolle der Netzschicht in den zu verbindenden Netzen unterschiedlich, dann muß bereits in der Schicht 3 ein Gateway eingesetzt werden. Gateways sind nicht protokolltransparent.

Man unterscheidet grundsätzlich zwischen Protokoll-Übersetzungs-Gateways und Internet-Gateways. Mit Protokoll-Übersetzungs-Gateways können die äquivalenten Dienste der Endsysteme in den einzelnen Netzen durch schrittweise Übersetzung miteinander kommunizieren. Voraussetzung dafür sind einander entsprechende Protokolle in den Schichten der Endsysteme der Netze. Bei diesen Gateways sind viele einzelne Umwandlungsschritte notwendig. Die Gateway-Software ist umfangreich und kompliziert. Deshalb wird oft den Internet-Gateways der Vorzug gegeben. Sie haben aber den Nachteil, daß ihre Funktion im allgemeinen auf die unteren drei Schichten des OSI-Modells beschränkt ist. Als Grundeinheit des Informationsflusses durch die Netze wird hier ein medien-, prozessor- und applikationsunabhängiges Internet-Paket verwendet. Es besteht aus Kopf- und Datenteil. Der Kopfteil ist in einen Steuerteil, eine Zielnetzadresse und eine Quellnetzadresse untergliedert. Zielnetz- und Quellnetzadresse bestehen in der Regel jeweils aus einer 48-Bit-Hostnummer, einer 32-Bit-Netznummer und einer 16-Bit-Sockelnummer. Dadurch ist im Internet eine einheitliche Adressierung zweckmäßig [8-10, 9-15, 5-4].

Internet-Pakete können vom Quellnetz (mit der Quellnetzadresse) zum Zielnetz (mit der Zielnetzadresse) durch eine Vielzahl von Netzen gesendet werden. Jedes Netz verpackt und entpackt das Paket in seiner eigenen, medienspezifischen Weise. Internet-Pakete weden in der Regel als Datagramme über die Gateways durch das Supernetz übertragen. Jedes Netz ist zuständig für die Konvertierung des gesamten Transfers nach außerhalb in das Internet-Format und des ankommenden Transfers vom Internet-Format in das Netz. So behält das Netz die komplette Steuerung über seine eigenen Protokolle. Gateways werden ausführlich in [8-5] behandelt. Spezielle Gateways ermöglichen den Zugriff auf Betriebsmittel über verschiedene Protokollstandards wie SNA, Asynchron, TCP/IP und X.25. Die

Kopplung Lokaler Netze mit öffentlichen Datennetzen mit Paketübertragung entsprechend der CCITT-Empfehlung X.25 ist im ISO-Standard 8881 festgelegt. Die Verbindung eines Lokalen Netzes aus Mikrocomputern an Minicomputer oder Großrechner kann über ein Host-Gateway erfolgen. Dies ist ein PC des Lokalen Netzes, mit dem eine Gruppensteuereinheit emuliert wird. Das Host-Gateway ist über Modems an einen DÜ-Vorverarbeitungsprozessor des DV-Systems angeschlossen. Eine solche Verbindung ermöglicht, mit Arbeitsplatzcomputern des Lokalen Netzes Host-Terminals zu emulieren, Host-Programme und -Daten zu verwenden und Daten in das Lokale Netz herunterzuladen.

Da die Protokoll-Umwandlungen sehr aufwendig sind, werden die Protokoll-Übersetzungs-Gateways oft von der Anwendung her beschränkt, zum Beispiel auf File Service oder Terminal-Emulation.

Zu beachten ist ferner, daß die Übersetzungs-Gateways der Schicht 3 auch als Translations Bridges und die Internet-Gateways auch als Encapsulation Bridges bezeichnet werden.

8.4 Backbone-Netze

Für größere Unternehmen, die an einem Standort angesiedelt sind, ist oft der Einsatz von Backbone-Netzen zweckmäßig. Ein Backbone-Netz (Hintergrund-Netz) ist ein Lokales Netz hoher Leistung, das entweder zur Kopplung spezialisierter Subnetze oder als Systemintegrator zur Verbindung Lokaler Netze untereinander und/oder mit Fern-Netzen genutzt wird (siehe Bild 8-7). Das Backbone wirkt wie eine Durchschalteeinrichtung zwischen den Netzen, die über Brücken oder Gateways an das Backbone angeschlossen sind. Wegen des höheren Durchsatzes und aus Kostengründen ist es zweckmäßig, wenn möglichst Brücken (Subnetzwerk-Verarbeitung) verwendet werden.

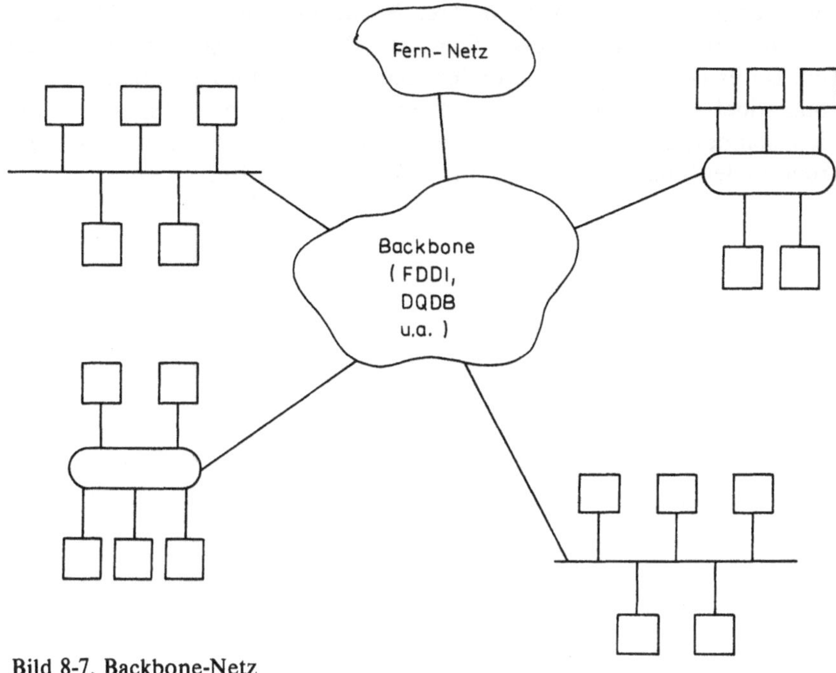

Bild 8-7. Backbone-Netz

Die meisten der gegenwärtig realisierten Backbone-Netze basieren entweder auf der Breitband-Technologie mit Koaxialkabeln oder auf Lichtwellenleiter-Netzen. Vielfach werden konventionelle Lokale Netze (Ethernet, Token-Ring u. a.) mit LWL ausgestattet und als Backbone verwendet. Dies hat den Vorteil, daß ein relativ einfacher Übergang zur Subnetzwerk-Verarbeitung erreicht werden kann. Allerdings sind die verfügbaren Übertragungsraten, die zum Beispiel bei Ethernet 10 MBit/s und beim Token-Ring 4 oder 16 MBit/s betragen, für echte Backbone-Lösungen kaum ausreichend. Echte Backbone-Netze sind dadurch gekennzeichnet, daß ihre Übertragungskapazität um mindestens einen Faktor 10 über der von konventionellen Netzen liegt. Bedeutende derartige Hochgeschwindigkeitsnetze (High-Speed-LAN, HSLAN) sind FDDI (Fiber Distributed Data Interface) und DQDB (Distributed Queue Dual Bus). Die Geschwindigkeiten dieser Netze liegen bei 100 MBit/s (FDDI) und 155 bis 600 MBit/s (DQDB). Ein wichtiger Vorteil dieser Netze besteht darin, daß sie nicht nur als Backbone-Netze eingesetzt werden können, sondern sich auch als Metropolitan Area Networks eignen. Ein MAN kann auch als eine standort-übergreifende Backbone-Lösung betrachtet werden. Dafür ist das DQDB besonders geeignet, das zum Breitband-ISDN kompatibel ist und auch die Übertragung von Sprache unterstützt. Für nicht standort-übergreifende Backbone-Lösungen hat dagegen das FDDI große Bedeutung, das im Abschnitt 9.6 behandelt wird.

9 Lokale Netze – Systembeschreibungen

Die für Lokale Netze aufgestellten Forderungen lassen sich mit unterschiedlichen, zum Teil gegensätzlich anmutenden Mitteln und Methoden lösen. Zur Veranschaulichung des Zusammenwirkens der Komponenten und Eigenschaften werden im folgenden einige Lokale Netze etwas ausführlicher behandelt. Gegenwärtig bieten über 250 Hersteller Lokale Netze kommerziell an, dazu kommen noch unzählige spezielle Realisierungen. Deshalb kann diese Auswahl nur einen geringen Teil erfassen und ist auf einige interessante, typische Lokale Netze beschränkt.

9.1 Ethernet [9-1, 9-2, 9-3]

Ethernet wird als Übertragungs- und Vermittlungssystem im untersten hardwarenahen Teil (OSI-Schichten 1 und 2) zahlreicher Lokaler Computernetze verwendet. Das Basisbandsystem wurde in den 70er Jahren entwickelt und 1980 in überarbeiteter Form von DEC, Intel und Xerox als Herstellerstandard (DIX-Spezifikation) veröffentlicht. Bis 1985 erfolgten weltweit über 40 000 Installationen. Die Ethernet-Spezifikationen, die die elektrischen und mechanischen Eigenschaften festlegen, sind inzwischen von den Normengremien der ISO, ECMA und IEEE weitgehend übernommen worden (ISO DIS 8802/3 und 8802/2).

Auf Ethernet wurde bei der Behandlung bestimmter Funktionen in den vorhergehenden Abschnitten bereits mehrfach hingewiesen. Ethernet ist ein Bussystem mit einem Random-Access-Steuerverfahren für das gemeinsam benutzte Medium, das mit einem Koaxialkabel realisiert wird. Das Netz kann aus mehreren Kabelsegmenten aufgebaut werden, die über Repeater miteinander verbunden sind (siehe Bild 2-3). Als Steuerverfahren wird CSMA/CD verwendet. Die Übertragungsgeschwindigkeit beträgt 10 MBit/s. Die logische 0 entspricht – 0,9 ... – 1,2 V bei 36 ... 38 mA. Die logische 1 wird durch den elektrischen Ruhezustand des Mediums repräsentiert. Wenn Kollisionen auftreten, wird ein adaptives Verzögerungsintervall benutzt. Die Adaptionsvorschrift ist der modifizierte Binary Exponential Backoff. Die Modifikation besteht darin, daß ab dem zehnten Versuch, ein bestimmtes Paket zu übertragen, das Intervall konstant bleibt und nach der 15. Kollision ein Abbruch der Übertragungsversuche mit einer entsprechenden Meldung an die Protokolle der höheren Schichten erfolgt. Den Anschluß einer Station an Ethernet zeigt das Bild 9-1. Ein Beispiel für eine konkrete Realisierung dazu wurde bereits im Abschnitt 7.2 behandelt.

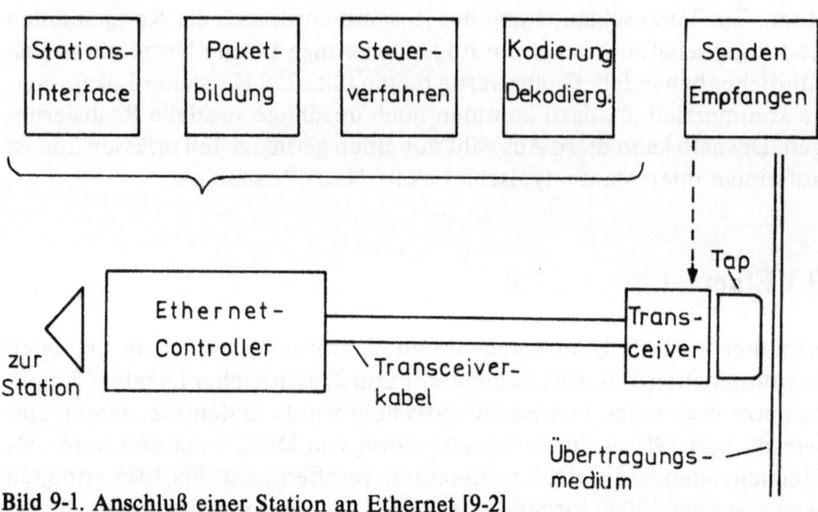

Bild 9-1. Anschluß einer Station an Ethernet [9-2]

Das Ethernet-Paketformat ist in Bild 9-2 dargestellt. Die maximale Paketgröße beträgt 1526 Bytes, davon sind 1500 Bytes für Daten vorgesehen. Die minimale Paketgröße ist 72 Bytes mit 46 Bytes Daten. Die Präambel ist eine 1-0-Folge, wobei das 64. Bit auch mit 1 belegt ist. In der Zieladresse kennzeichnet das erste Bit den Adreßtyp wie folgt:

0: das Feld enthält die Adresse einer einzelnen Station,

1: das Feld kennzeichnet eine logische Gruppe von Stationen,

Spezialfall: 48 Einsen zeigen eine Broadcast-Nachricht an.

Wenn eine einzelne Station angesprochen werden soll, dann ist die angegebene Adresse eine physikalische Adresse. Bei Gruppenadressen muß jede Station entscheiden, ob sie zu dieser Gruppe gehört. Die Anzahl der möglichen Gruppen hängt von den verwendeten LAN-Controllern ab und liegt bei 8 bis 64. Die Ethernet-Spezifikation läßt diese Anzahl offen.

180

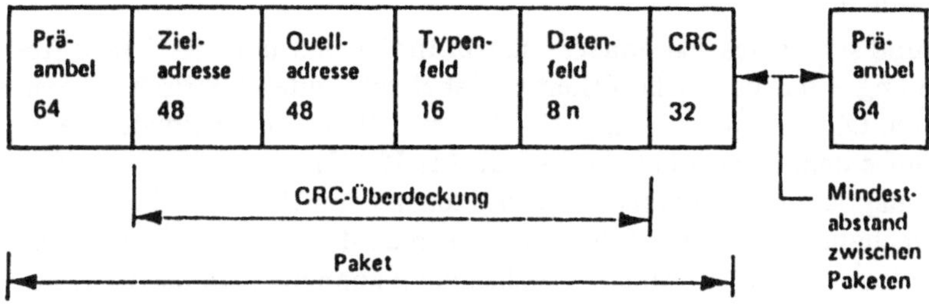

Bild 9-2. Ethernet-Paketformat [9-2]

Die Quelladresse enthält die Adresse der paketversendenden Station. Das Typfeld enthält den Typidentifikator des Paketes für die Interpretation durch eine höhere Protokollebene. Dadurch wird die Interpretation des Datenteils unterstützt. Das Datenteil enthält eine ganzzahlige Anzahl von Datenbytes im Bereich von 46 ... 1500 Bytes. Das Minimum dient zur Unterscheidung zwischen „richtigen" Paketen und Kollisionsfragmenten. Jede Bitsequenz, die kleiner als die minimale Paketlänge ist, wird als Kollisionsfragment identifiziert. Das 32-Bit-CRC-Feld enthält einen Redundanz-Prüfkode (Cyclic Redundancy Checksum), der mit Hilfe des folgenden Polygons erzeugt wird:

$$G(x) = x^{32} + x^{26} + x^{23} + x^{22} + x^{16} + x^{12} + x^{11} + x^{10} + x^8 + x^7 + x^5 + x^4 + x^2 + x + 1.$$

Ethernet überprüft auf Übertragungsfehler, überläßt aber den höheren Schichten die Organisation der Wiederholungen und der Datensicherung. Alle Pakete sind durch einen Abstand von mindestens 9,6 µs voneinander getrennt. Diese Zeit ist notwendig, damit eine Station große Pakete hintereinander empfangen kann. Die Kodierung der zu übertragenden Bits erfolgt nach dem Manchester-Verfahren. Es stellt eine Transition in der Mitte jeder Bitzeit sicher, die 100 ns beträgt. Daraus ergibt sich für Ethernet die Datenrate von 10 MBit/s.

Ethernet kann mit zwei unterschiedlichen Kabeltypen realisiert werden. Dies sind das dicke, gelbe Ethernet-Standardkabel (Yellow Cable) und das wesentlich dünnere und flexiblere Kabel RG 58-A/U. Entsprechend sind die Bezeichnungen Thick-Ethernet und Thin-Ethernet möglich.

Thick-Ethernet

Aufgrund seiner Beschaffenheit – starrer Innenleiter und vier Lagen Abschirmung – hat das dicke Ethernet-Kabel sehr gute elektrische Eigenschaften. Die Impedanz beträgt 50 Ohm ± 2 Ohm. Die maximale Dämpfung auf einem Kabelstück darf 8,5 dB bei 10 MHz nicht überschreiten. Dies entspricht in der Praxis der Charakteristik von 500 m Qualitätskabel. Entsprechend gilt für jedes Ethernet-Kabel oder -Kabelsegment eine maximale Länge von 500 m. An ein Kabelsegment können maximal 100 Transceiver angeschlossen werden, wobei der geringste Abstand zwischen den Anschlüssen 2,5 m betragen muß, damit sich möglichst keine stehenden Wellen bilden können. Das Transceiverkabel hat eine Impendanz von 78 Ohm (differentiell).

Zur Verbindung der Ethernet-Segmente werden Repeater verwendet. Ein Repeater benutzt stets zwei Transceiver, um die Segmente zu einem logischen Kanal zu kombinieren. Die Signale werden beim Durchlauf in beiden Richtungen verstärkt und regeneriert. Repeater sind für die anderen Systemkomponenten transparent. Infolge der Verwendung von Repeatern erhöht sich die maximal mögliche Anzahl der anschließbaren Stationen auf 1024. Die maximal mögliche Entfernung zwischen zwei Stationen beträgt 1,5 km. Die Ethernet-Spezifikation gestattet jedoch auch die Kopplung zweier Kabelsegmente über zwei Halb-Brücken (Remote Repeater), die ihrerseits durch ein maximal 1 km langes Kabel miteinander verbunden werden. Der maximal mögliche Abstand zwischen zwei Stationen erhöht sich dadurch auf 2,5 km. Die maximale Zeit, die ein Signal von der einen äußersten Seite des Netzes zur anderen benötigt (Round Trip Delay), beträgt 51,5 µs.

Das gelbe Ethernet-Kabel ist relativ dick, nur wenig flexibel und erlaubt deshalb keine engen Biegeradien. Dies ist bei der Verkabelung von Büroräumen, mit ihren engen Kabelschächten und den kurzen Abständen zwischen den Kabelanschlüssen, oft ungünstig. Außerdem ist das Kabel relativ teuer. Deshalb wurde das Thin-Ethernet entwickelt.

Thin-Ethernet

Das Thin-Ethernet-Kabel hat nur eine Abschirmung (Drahtgeflecht) und einen Innenleiter aus Litze. Dadurch ergeben sich auch veränderte elektrische Eigenschaften. So reduziert sich beim dünnen Ethernet-Kabel gegenüber dem dickeren Kabel die maximale Segmentlänge von 500 auf 185 m. Außerdem dürfen an ein Kabelsegment nur maximal 30 Stationen angeschlossen werden. Die Entfernung zwischen zwei Stationen muß nur noch mindestens 0,5 m betragen. Das Thin-Ethernet hat aber gegenüber dem Thick-Ethernet einen entscheidenden Vorteil. Der Anschluß der Stationen an das Kabel erfolgt nicht, wie beim Thick-Ethernet, über externe Transceiver, sondern über BNC-T-Stecker, da die Ethernet-Anschlußleiterkarten in den Stationen bereits integrierte Transceiver enthalten. Dadurch werden die Kosten für die relativ teuren externen Transceiver vermieden. Bei Thin-Ethernet darf das Hinzufügen und Entfernen von Stationen nur bei Netzstillstand erfolgen, da dabei das Kabel unterbrochen werden muß. Entsprechend darf im laufenden Betrieb der BNC-T-Stecker nicht von einer Station entfernt werden, damit sich der Wellenwiderstand nicht verändert. Die Verbindung zwischen Thin-Ethernet und Thick-Ethernet erfolgt über Repeater.

Unter der Bezeichnung Cheapernet ist ein weiteres Ethernet-Derivat bekannt geworden. Die Spezifikationen für die Installation von Cheapernet und Thin-Ethernet sind gleich, allerdings sind Thin-Ethernet-Kabel und Cheapernet-Kabel nicht identisch und können nicht miteinander vermischt installiert werden. Zusammenfassend lassen sich für Ethernet folgende wichtigen Eigenschaften ableiten:

— Einfachheit,
— günstiges Preis-/Leistungsverhältnis,
— hohe Datenübertragungsgeschwindigkeit,
— kein Schutz gegen unerlaubtes Mithören,
— keine garantierten Antwortzeiten.

Die weiteren Entwicklungen für Ethernet konzentrierten sich in den letzten Jahren auf die Anwendung in Breitbandsystemen und die Nutzung von Lichtwellenleitern (siehe Bilder 3-4 und 4-3). Entsprechend einer Studie der IDC basierten im Jahre 1987 weltweit 72% der Lokalen Netze auf Ethernet und für 1992 wird ein Anteil von 59% prognostiziert (Token-Ring 33%).

Bürosysteme

Für die Aufgaben der Büroautomatisierung bieten verschiedene Hersteller komplette Systemlösungen auf der Basis von Ethernet an. Diese Bürosysteme unterstützen die Arbeit mit Bürodokumenten (Schriftstücken und Formularen aus Text, Daten und Grafik), indem diese elektronisch erstellt, gestaltet, ausgewertet, gedruckt, verschickt und/oder abgelegt werden. Der modulare Aufbau der Bürosysteme gestattet die Anpassung an unterschiedliche Einsatzbereiche. Ein Bürosystem besteht aus den Arbeitsplatzsystemen sowie verschiedenen Servern, die zum Beispiel folgende Funktionen realisieren können:

– Ablageservice (File Service) zur elektronischen Aufbewahrung der Büroinformationen, meist hierarchisch organisiert und in Aktenschränken, Mappen, Bücher und Dokumente aufgeteilt;

– Druckservice unterschiedlicher Leistung (z. B. Laserdrucker);

– Postservice (Mail Service) für den Austausch beliebiger Informationen und Objekte zwischen den Nutzern des Netzes;

– Externer Postservice (External Mail Service) für den Postaustausch zwischen verschiedenen Postservices in separaten Netzen;

– Bibliotheksservice (Librarian Service) für die zentrale Verwaltung von Publikationen, die von einem Autorenteam innerhalb eines Netzverbundes erstellt und bearbeitet werden;

– Druckaufbereitungsservice (Formatting Print Service) für die Nutzung von an das Netz angeschlossenen Drucksystemen;

– Abtastservice (Scanning Service) zum Abtasten vorhandener Text-, Bild- und Grafikvorlagen und Eingabe in digitalisierter Form in den Rastergrafik-Editor des Arbeitsplatzsystems;

– Belichterservice (Phototypesetting Print Service) für die Ausgabe von mit den Arbeitsplatzsystemen erstellten Dokumenten auf Film;

– Stapelfernverarbeitung (Remote Batch Service) für den Austausch und die Archivierung von Dokumenten mit Host-Rechnern;

– Internetzwerkservice für die Zusammenarbeit mit anderen Netzen;

– Teletex-Übergabeservice (Teletex Gateway Service) für den Zugang zum internationalen Teletex-Verbund und zum Telex-Netz.

9.2 IBM-Token-Ring [9-4, 9-5, 9-6, 1-14]

Von IBM sind drei LAN-Typen bekannt. Dies sind der 4 MBit/s-IBM-Token-Ring, der 16 MBit/s-IBM-Token-Ring und das IBM PC Network. An der Entwicklung eines Lokalen Netzes auf der Basis des FDDI-Standards wird gearbeitet (siehe Abschnitt 9.6). Die Token-Ringe haben große Bedeutung als Anschlußmöglichkeit zu IBM-Großrechnern sowie für die

Automatisierung im Bürobereich. Die Token-Ringe sind sternförmige
Ringe (siehe Bilder 3-1 b und 3-2). Es sind Basisbandsysteme, als Steuerverfahren wird das Token-Verfahren entsprechend den Standards ISO 8802/5,
ECMA-89 und IEEE 802.5 verwendet. Die folgenden Ausführungen beziehen sich auf den 4 MBit/s-Token-Ring. Die Hardware-Basiskomponenten
des Token-Rings sind das IBM-Verkabelungssystem, Ringleitungsverteiler
(Wire Center, Multi Station Access Unit) und Adapter zum Anschluß
unterschiedlicher Endsysteme (siehe Bild 9-3).

In Verbindung mit dem IBM-Verkabelungssystem läßt sich das Netz
modular bis zum Anschluß von 260 Endsystemen ausbauen und flexibel
konfigurieren. Die Verkabelung zwischen den Endsystemen erfolgt auf der

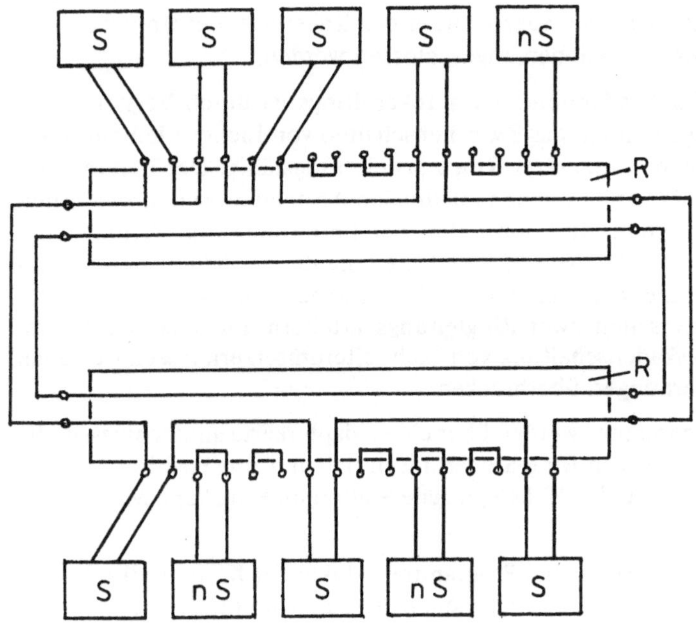

Bild 9-3. Prinzipdarstellung eines Token-Ringes mit zwei Ringleitungsverteilern

Basis eines speziellen 4-Drahtkabels (Kabel Typ 1) und von Ringleitungsverteilern. Ein Endsystem wird über Adapterkabel mit einer IBM-Steck-
dose und von hier aus über Datenkabel des Verkabelungssystems mit
einem Ringleitungsverteiler verbunden. Durch die Reaktion eines Relais
in diesem Anschluß auf ein Gleichspannungssignal des Endgerätes wird
dieses automatisch in das Netz einbezogen. Andererseits wird bei Unterbrechung der Anschlußleitung oder bei Ausschalten des Endgerätes der
Anschluß überbrückt (siehe Abschnitt 3.2).

Maximal acht Endgeräte können an einen Ringleitungsverteiler angeschlossen werden. Dadurch entsteht ein sternförmiger Ring, denn der
Datenfluß erfolgt ringförmig (physischer Stern – logischer Ring). Zum
Betrieb eines Token-Ring-Netzes ist mindestens ein Ringleitungsverteiler
notwendig. In besonderen Fällen können auch Telefonkabel verwendet
werden, wenn diese der Spezifikation des Kabeltyps 3 entsprechen und
nicht mehr als 72 Stationen angeschlossen werden.

Die räumliche Ausdehnung eines Token-Rings ist durch Verstärker für
Kupferleitungen, durch das Zwischenschalten von Lichtwellenleitern sowie das Verbinden mehrerer Ringe erweiterungsfähig. Der Leitungsverstärker IBM 8218 erlaubt einen maximalen Abstand zwischen zwei Ringleitungsverteilern im Ring von 750 m. Die Entfernung vom Verteiler zum
Endgerät ist auf 100 m begrenzt. Lichtwellenleiter ermöglichen in Verbindung mit dem Lichtwellenleiterumsetzer IBM 8219 eine Vergrößerung der
Entfernung zwischen zwei Ringleitungsverteilern auf maximal 200 m.
Durch die Kaskadenschaltung von Lichtleiterumsetzern lassen sich auch
größere Entfernungen überbrücken.

Die Personalcomputer werden über eine Adapterkarte angeschlossen, die
die vollständige Token-Ring-Steuerung enthält und eine Position für lange
Adapterkarten im IBM-PC belegt. Jede Station im Ring kann Monitorstation sein.

Auf der Software-Seite sind Programmprodukte zur Kommunikation der
im Token-Ring-Netzwerk verbundenen PC, zum Anschluß von Nutzerpro-
grammen sowie ein Wartungs- und Serviceprogramm verfügbar. Das
Adapterprogramm ist für die gesamte Netzüberwachung zuständig. Es
steuert das Einspeisen und das Auslesen der Daten (maximal 2000 Byte)
des Rings über den Token in einem 3-Byte-Block. Außerdem enthält es
Diagnosefunktionen, die während der Initialisierungsphase des Gerätes
die Adapterfunktion sowie die Verkabelung zum Ringleitungsverteiler
überprüfen. Das Programm erkennt permanente Fehler, wie zum Beispiel

186

fehlende Empfangssignale und initiiert die automatische Fehlerkorrektur.
Andere behebbare Fehler werden ebenfalls erkannt, korrigiert und an ein
Diagnoseprogramm weitergeleitet. Für Anwenderprogramme stehen
mehrere Schnittstellen zur Verfügung, um sowohl die IBM-SNA-Architektur als auch das OSI-Modell nutzen zu können. Brücken- und Gateway-
Programme bieten eine Reihe von Verknüpfungsmöglichkeiten und damit
erweiterte Anwendungs- und Kommunikationsmöglichkeiten für die Nutzer des Token-Rings.

Die in einem IBM-Token-Ring-Netz verfügbaren Kommunikationspfade
und Anschlußmöglichkeiten sind:

- PC, PC-XT, PC-AT, portable PC, 7531 und 7532 direkt,
- /370-Familie über DFV-Steuereinheiten 372x,
- /370-Familie über PC als Gateway,
- S/36 über PC/AT als Gateway,
- 4341, 4361, 4381, 308x und 3090 über 372x,
- /370, S/38, S/36 und S/1 über S/1 und PC als Gateway,
- Ethernet, 16 MBit/s-Token-Ring,
- Druckserver über PC,
- PC-Netz über PC als Gateway,
- TRN-Ring über PC als Brücke.

Die Steuereinheit IBM 3720 verfügt über 60 Leitungsanschlüsse oder 48
Leitungsanschlüsse und zwei Kanalverbindungen von zwei unterschiedlichen Token-Ringen zum Host. Das Modell 1 der Steuereinheit IBM 3725
mit der Erweiterung 3726 kann bis zu acht Anschlüsse unterschiedlicher
Token-Ringe bedienen, eine 3725-2 oder 3725-1, ohne die 3726 dagegen
nur vier.

Weiterhin können durch Brückenfunktionen bis zu acht Token-Ringe miteinander verbunden werden. Als Brücke dient ein PC-AT oder ein Industrie-PC, die jeweils mit zwei Adapterkarten Typ II (16 KB RAM) ausgerüstet sein müssen. Die Ringe können auf verschiedene Weise über
Brücken zusammengeschaltet werden; als sequentielle Ringe, als Ringe im
Ring (dynamische Lastverteilung über mehr als eine Verbindung zwischen
den Stationen), als Einfach-Backbone-Ringe (z.B. Lichtwellenleiter-
Ringe), an die mehrere Ringe angeschlossen werden können, oder als
Mehrfach-Backbone-Ringe bei höheren Sicherheitsanforderungen.

Eine Weiterentwicklung des 4 MBit/s-IBM-Token-Rings ist der 16 MBit/s-
IBM-Token-Ring, der wegen seiner hohen Leistung besonders für an-

spruchsvolle Grafik- und CAD/CAM-Anwendungen, für Kopplungen zu Großrechnern sowie als Backbone-Netz geeignet ist. Die hohe Übertragungsgeschwindigkeit wird mit der Early-Token-Release-Funktion erreicht. Dies ist eine Version des Token-Verfahrens, bei der sich zu einem bestimmten Zeitpunkt ein Token und mehrere Frames auf der Leitung befinden können.

9.3 Wang Net [9-8]

Wang Net ist wohl das bekannteste Breitbandsystem. Es ist ein Übertragungssystem für Daten, Text, Sprache, Festbild und Video mit Ausdehnungen bis etwa 3,5 km und einer Baumtopologie. Wang Net verwendet die 400-MHz-Technik mit 75-Ohm-Standard-Bauteilen und zwei parallele 75-Ohm-Koaxialkabel, eines für die Sendeleitung, das andere für die Empfangsleitung (siehe Bild 4-9).

Die zur Verfügung stehende Bandbreite wird im Wang Net in folgende vier Bänder aufgeteilt:

1. Das Interconnect-Band (10–82 MHz), das wieder in drei Gruppen unterteilt ist:

a) 64 festgeschaltete Verbindungen mit maximal 9,6 KBit/s pro Kanal für Punkt-zu-Punkt- oder Mehrpunkt-Verbindungen zwischen V.24-kompatiblen Endgeräten. Der Anschluß der Geräte erfolgt über Festfrequenz-Modems.

b) 16 festgeschaltete Verbindungen mit maximal 64 KBit/s pro Kanal für Punkt-zu-Punkt- oder Mehrpunkt-Verbindungen zwischen V.35-kompatiblen Schnittstellen. Der Anschluß erfolgt ebenfalls über Festfrequenz-Modems.

c) 256 Wählverbindungen für den Anschluß von 512 Endgeräten. Die einzelnen Kanäle stellen Punkt-zu-Punkt-Verbindungen zwischen V.24- oder V.25-Endgeräten dar. Die Übertragung erfolgt synchron oder asynchron mit maximal 9,6 KBit/s. Der Anschluß erfolgt über variable Hochfrequenz-Modems. Für die automatische Kanalverwaltung wird ein Mikrorechner verwendet.

Dieser erste Teil des Wang Net bildet ein Lokales Netz, das der V.24-Gruppe zuzuordnen ist. Wang Net unterstützt dabei synchron oder asynchron protokollunabhängige Schnittstellen.

2. Das Utility-Band (174 – 216 MHz) bietet sieben 6-MHz-Kanäle für standardmäßige Kabelfernseh-Sende- und Empfangsgeräte (Kameras, Monitore) für unterschiedliche Videoanwendungen (Videokonferenzen, Betriebsfernsehen, Videosicherheitsanwendungen u. a.).

3. Das Wang-Band (217 – 251 MHz) ist für die Kommunikation zwischen Wang VS, OIS- und Alliance-Systemen vorgesehen. Es arbeitet intern mit einer DÜ-Rate von 12 MBit/s und dem CSMA/CD-Verfahren und hat auch sonst große Ähnlichkeit mit Ethernet. Der Anschluß der Endsysteme erfolgt über CIUs (Cable Interface Units).

4. Das Peripheral-Attachment-Band enthält sechs Kanäle. Über jeden Kanal können bis zu 32 serielle Geräte mit einer Wang-CPU oder Master-Einheit verbunden werden. Das Peripheral-Attachment-Band ermöglicht, serielle Wang-Peripherie an beliebiger Stelle an das Kabel anzuschließen. Bildschirmarbeitsplätze der Serien 5300 und 6300 können an das Wang-Net-Kabel direkt angeschlossen werden. Alle übrigen Wang-Einheiten (Wang-Arbeitsplätze, Wang-Bildschirmübertragungssysteme, Hochleistungsdrucker usw.) werden über Wang-Net-Multiplexer angeschlossen. Ein Multiplexer unterstützt bis zu vier Geräte.

Im Wang Net sind mehrere unterschiedliche Steuerverfahren und Übertragungsprozeduren implementiert:

- Interconnect-Band: telefontypische Leitungssteuerverfahren,
- Utility-Band: analoge Videosignalübertragung,
- Wang-Band: CSMA/CD-Steuerverfahren, HDLC-ähnliche Datenübertragungsprozedur,
- Peripheral-Attachment-Band: Zeitmultiplexverfahren.

Ein Wang Net besteht aus den folgenden Basiskomponenten:

- Breitband-Netz,
- Interface-Einheiten,
- Einheiten mit Sonderfunktionen,
- Endsysteme.

1. Zum Breitband-Netz gehören:

- Übertragungsmedium: Es werden Standard-CATV-Koaxialkabel verwendet. Sende- und Empfangsleitung sind getrennt (Dualkabel-System).

- Kopfstation: Die Umsetzung der Informationen von der Sendeleitung auf die Empfangsleitung erfolgt durch die Kopfstation, die entweder

passiv oder aktiv sein kann. Eine passive Kopfstation enthält ein oder
zwei Pilot-Frequenz-Standard-Generatoren sowie die Netzschleife und
wird in kleineren Netzen mit geringerer Ausdehnung eingesetzt. Eine
aktive Kopfstation enthält u. a. zusätzlich Signalverstärker und wird in
Netzen höherer Leistung verwendet.

- Verteiler: Wang Net hat eine Verzweigungsstruktur (Variante der
  Baumtopologie). Aktive Verteilerelemente (Splitter) gestatten, einzelne Zweige zu bilden.

- Kabelanschlüsse, Verzweigungskabel, Anschluß-Steckdosen: Der Anschluß der Endgeräte erfordert je einen Kabelanschluß (Tap) an der Sen-
  de- und Empfangsleitung. Von den Taps führen Verzweigungskabel zu
  den Nutzer-Anschluß-Steckdosen, die als Wandbuchsen realisiert sind.

- Signalverstärker: Sie werden eingesetzt, um eine größere Netzausdehnung zu erreichen.

2. Die Interface-Einheiten sind für die vier Frequenzbänder unterschiedlich:

- Interface-Einheiten für den Anschluß an das Interconnect-Band sind
  entweder Fest-Frequenz-Modems oder variable Frequenz-Modems.

- Als Interface-Einheiten für das Utility-Band sind Standard-Produkte
  von anderen Firmen einzusetzen.

- Von der Interface-Einheit für das Wang-Band, der CIU, führen zwei
  Koaxialkabel zur seriellen Steuereinheit, die in das betreffende Wang-
  Endsystem integriert ist.

- Interface-Einheiten für das Peripheral-Attachment-Band sind RF-
  Modems. Endgeräte mit integrierten RF-Modems können direkt angeschlossen werden. Andere Endgeräte ohne eingebaute Modems können
  über Netzwerk-Multiplexer angeschlossen werden, die ihrerseits über
  integrierte RF-Modems verfügen.

3. Einheiten mit Sonderfunktionen sind:

- Wang Net-Diplexer, wenn mehr als sechs Peripheral-Attachment-Kon-
  figurationen unterstützt werden sollen. Diese Einheit, die als „In-Line"-
  Kabelkomponente in jedem Teilzweig eingesetzt werden kann, hat die
  Aufgabe, die Peripheral-Band-Signale auf der Sendeleitung unmittelbar
  wieder auf die Empfangsleitung umzusetzen und nur die Nicht-Periphe-

ral-Band-Signale zur Kopfstation weiterzuleiten. Auf diese Weise sind mehrere in sich geschlossene Peripheral-Band-Gruppen möglich.

- Wang-Data-Switch-Einheiten für die Schaltung von Wählverbindungen auf dem Interconnect-Band: Dabei wird dynamisch die wählbare Verbindung zwischen zwei beliebigen an der Kanalgruppe für Wählverbindungen angeschlossenen Endsystemen hergestellt.

4. Als Endsysteme werden im Wang Net die System-Familien VS 7000, VS 8000, OSI, Wang-PCs sowie andere Produkte eingesetzt.

Die VS-Familie umfaßt Computersysteme mit virtuellen Speichern. Das größte System VS 8480 verfügt über einen Hauptspeicher von 265 KByte, der bis zu 64 MByte aufgerüstet werden kann. Bis zu 508 Peripheriegeräte sind anschließbar, von denen 253 Bildschirmarbeitsplätze sein können.

Die OSI-Familie (Office Information Systems) besteht aus integrierten Text- und Informationssystemen für die Bürokommunikation.

Zusammenfassend kann festgestellt werden, daß das Wang Net die Kombination eines geschlossenen und eines offenen Systems darstellt.

Für verschiedene Endsysteme ist außerdem Emulations-Software für den Zugang von diesen Endgeräten zu Fremdsystemen verfügbar. Dialog- und Batch-Zugang zu IBM-Systemen und SNA-Netzen sind zum Beispiel auf diese Weise realisierbar. Außerdem ist zeilenorientierter Dialogzugang mit Hilfe der asynchronen Start/Stop-Prozedur zu beliebigen Hosts möglich.

9.4 Hyperchannel, Hyperbus [9-17, 9-18, 1-3]

Beide Systeme sind von NSC (Network Systems Corp.). Hyperchannel ist ein Hochleistungs-LAN zur Verbindung unterschiedlicher Supercomputer, Großcomputer (Mainframes) und Minicomputer. An einem Hyperchannel können gleichzeitig über zwanzig vergleichsweise große Systeme unterschiedlicher Hersteller angeschlossen werden.

Hyperchannel arbeitet mit der Basisbandübertragung bei einer Übertragungsrate von 50 MBit/s. Es wird ein 50-Ohm-Koaxialkabel verwendet. Hyperchannel ist ein Bussystem, das Kabel wird jedoch jeweils durch die Interface-Karte geführt, die Bestandteil des Ports des Hostsystems ist (siehe Bild 9-4). Dies ist ein wesentlicher Nachteil. Wenn irgendein Port vom System abgetrennt wird, ist das ganze Netz so lange funktionsunfähig, bis die Kabel wieder verbunden sind. Hyperchannel kann eine Ausdehnung von maximal 1,3 km haben. Durch den Einsatz von Repeatern ist es möglich, das Netz auf bis zu 2 km zu erweitern. Ein Adapter kann mit bis zu vier parallel arbeitenden Koaxialkabeln verbunden werden, so daß eine totale Netzwerkkapazität von 200 MBit/s erreicht wird.

Als Steuerverfahren wird in Hyperchannel das CSMA/CA (CA: Collision Avoidance) verwendet, mit dem Kollisionen vermieden werden. Es arbeitet mit Quittungen. Der Port mit der höchsten Priorität im Netz wartet ausreichend lange, um eine Empfangsbestätigung zu erhalten. Wenn das Übertragungsmedium frei ist, beginnt er zu senden. Will der Port mit der zweithöchsten Priorität senden, dann gibt er dem Port mit der höchsten Priorität ausreichend Zeit, eine Sendung zu starten. Erfolgt dies nicht und das Medium ist frei, dann beginnt er selbst eine Übertragung usw.

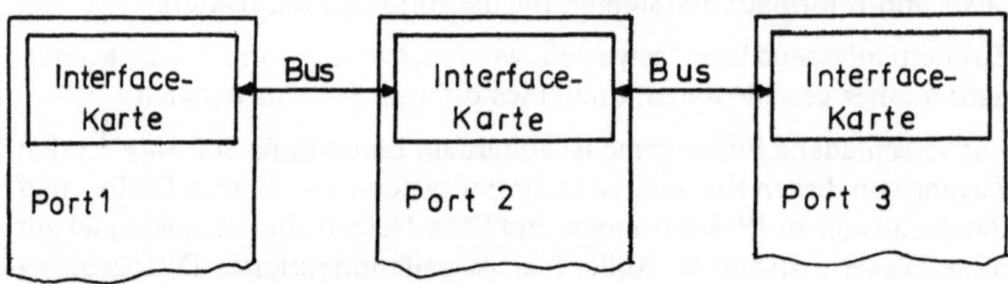

Bild 9-4. Hyperchannel-Topologie [9-18]

Die Produktfamilie besteht aus Netzwerkprozessoren, die den schnellen Datenaustausch zwischen Rechnern, Peripheriegeräten und verschiedenen Netzen ermöglichen. Die Kommunikationssoftware basiert auf TCP/IP, der OSI-Software und NETEX (NETwork EXecutive). NETEX ist eine Entwicklung von NSC für Supercomputer, Mainframes, Minicomputer und Personalcomputer. Die Adapter decken die Funktionen bis zur OSI-Schicht 3 ab, die NETEX-Software realisiert die Funktionen der übrigen OSI-Schichten 4 bis 7. NETEX stellt Mittel zur direkten Kommunikation von Großrechnern zur Verfügung. NETEX ist für mehr als sechzig verschiedene Betriebssysteme verfügbar. Ein Nutzer-Interface in der Sitzungsschicht erlaubt die Kommunikation von Anwenderprozessen untereinander. NETEX ist so die Basis für Anwendungsprogramme, wie zum Beispiel [9-17]:

192

- BFX (Buk File Transfer) File Transfer Software,

- PFX (Print File Transfer) für die Übertragung von Druckdaten auf der
  Basis von BFX.

- USER-Access Anwendungspaket für File-, Job-Transfer und interaktive
  Kommunikation unter Verwendung einer einheitlichen Bedienober-
  fläche für verschiedene Betriebssysteme,

- DDMS (Data Delivery Management System) Datenmanagement-
  System und File Transfer,

- HYPERtape Datensicherung dezentraler Systeme über Hyperchannel
  auf zentrale Speichermedien.

Mit Link-Adaptern lassen sich Hyperchannel-Systeme auch über Medien
wie Lichtwellenleiter, Mikrowellen und Satelliten weiträumig verbinden.
Dabei werden Übertragungsraten bis zu 44.7 MBit/s erreicht.

Hyperbus ist ein Terminal-Netzwerk mit einer Übertragungsgeschwindig-
keit von 6 MBit/s. Es dient dazu, eine große Anzahl Terminals an einen
Hyperchannel anzuschließen. Außerdem ist die gesamte Technik mit dem
Interface V.24 kompatibel. Hyperbus ergänzt somit Hyperchannel um die
Möglichkeit, ein breites Spektrum peripherer Geräte einzubeziehen.

9.5 MAP und TOP

Die Entwicklung von MAP hatte zum Ziel, innerhalb der Fertigungsberei-
che eine einheitliche Kommunikation zwischen unterschiedlichen Computern und anderen intelligenten Automatisierungseinheiten in einer
effektiven und konsequenten Art und Weise zu ermöglichen. Mit dem
Konzept TOP wurde grundsätzlich die gleiche Zielstellung verfolgt, allerdings mit dem Schwerpunkt „Technisches Büro". Beide Konzepte sind aufeinander abgestimmt worden. Sie sind kein einheitlicher Dienst oder etwa
nur ein Protokoll, wie die wörtliche Übersetzung assoziieren könnte. Die
Strategie für MAP und TOP bestand darin, aus der Vielzahl der Kommuni-
kationsstandards eine Auswahl zu treffen und die noch fehlenden Vereinbarungen zu definieren und festzuschreiben. Bei Auswahl und Festlegung
der Standards diente das OSI-Referenzmodell als Grundlage. Beide Konzepte enthalten für die Hersteller Vorgaben für die Produktion der entsprechenden Hard- und Softwareprodukte. Eine andere Möglichkeit besteht
darin, daß Hersteller, ausgehend von ihren individuellen Kommunika-

tionssystemen, Geräte für den Übergang auf eine normgerechte MAP/
TOP-Protokollwelt entwickeln.

In der seit April 1987 geltenden MAP-Version 3.0 sind drei MAP-Stations-
typen spezifiziert, mit denen unterschiedliche Architekturen gebildet werden können [9-9]:

- Stationen mit vollständiger MAP-Funktionalität: Full-MAP,
- Stationen mit erweiterter MAP-Funktionalität: EPA-MAP (Enhanced
  Performance Architecture) und
- Stationen mit eingeschränkter MAP-Funktionalität: Mini-MAP.

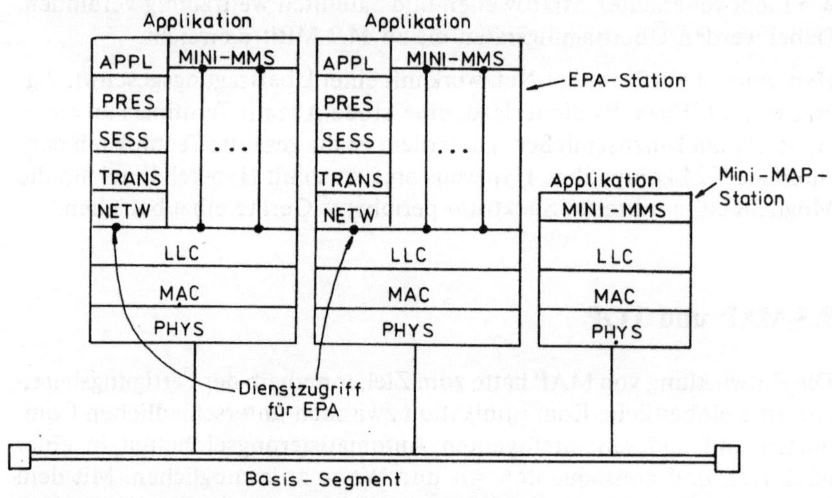

Bild 9-5. EPA- und Mini-MAP-Stationen (nach [9-19])

Das vollständige MAP hat einen 7-Schichten-Aufbau und die vollständige
Funktionalität entsprechend der MAP-Spezifikation. Die Antwortzeiten
liegen bei einigen hundert Millisekunden, deshalb sollen über dieses Netz
alle nicht-zeitkritischen Informationen übertragen werden. Das vollständige MAP wird funktionell oft als Backbone-Netz verwendet. Hardwaremäßig wird es durch einen Breitband-Token-Bus mit 10 MBit/s in 12 MHz
nach ISO 8802/4 gebildet (Bild 9-5).

194

Für zeitkritische Aufgaben können Systeme mit Mini-MAP-Architekturen eingesetzt werden, bei denen die MAP-Spezifikation auf die Schichten 1, 2 und 7 (teilweise) reduziert ist. Die Schichten 3 bis 6 entfallen (siehe Bild 9-5). Die Applikationsprozesse setzen direkt auf der Verbindungsschicht auf. Als Folge des Weglassens der Funktionen der Schichten 3 bis 6 wird das Antwortzeitverhalten auf maximal 20 Millisekunden verkürzt. Dies setzt allerdings voraus, daß die beteiligten Stationen an demselben Netzsegment angeschlossen sind, da wegen der fehlenden Netzschicht die Stationen über die Segmentgrenze hinaus nicht adressierbar sind. Mini-MAP-Strukturen sind für den Informationsaustausch zwischen programmierbaren Steuerungen, CNC-Maschinen, intelligenten Sensoren und Robotern geeignet, die meist in Fertigungszellen aufgestellt sind. Deshalb wird Mini-MAP auch als Zell- oder Prozeßbus bezeichnet. Mini-MAP-Segmente arbeiten mit einem Trägerband bei einer Datenrate von 5 MBit/s und dem Tokenbus-Steuerverfahren nach ISO 8802/4. Der direkte Zugang zur Schicht 2 in der Mini-MAP-Station hat zur Folge, daß dem Applikationsprogramm nicht die gleichen Funktionen wie bei einem vollständigen Protokollsatz angeboten werden. Der Anwender muß entscheiden, ob er mit einer 3-Schicht- oder einer 7-Schicht-Architektur arbeiten will. Die Kosten des Mini-MAP sind wesentlich geringer als die des Breitband-MAP.

EPA-Stationen haben gegenüber den Full-MAP- und den Mini-MAP-Stationen eine erweiterte Funktionalität. Sie verfügen über mehrere Zugriffspunkte zur LLC-Schicht. Ein Zugriffspunkt wird für die vollständige Architektur (Schichten 3 bis 7) zur Verfügung gestellt, die anderen dienen zum direkten Zugriff der Applikationsprogramme über eine eingeschränkte Schicht 7. Dadurch ist einerseits die vollständige MAP-Funktionalität, andererseits die Kommunikation in Subnetzen mit dem Funktionsumfang der Mini-MAP möglich. Eine Mini-MAP-Station kann nur mit einer anderen Mini-MAP-Station oder einer EPA-Station desselben Segments Nachrichten austauschen. Eine EPA-Station dagegen kann wegen ihrer vollständigen Architektur auch mit Stationen in anderen Segmenten kommunizieren.

Für MAP ist eine zweistufige Bushierarchie definiert. In der übergeordneten Ebene arbeitet ein vollständiges MAP als Backbone oder Werkbus in Breitbandtechnik. Es kann zum Beispiel auf der Betriebsebene Computer hoher Leistung integrieren und als Backbone für die MAP-Subnetze der untergeordneten Ebene dienen. Die Subnetze integrieren räumlich und logisch in sich abgeschlossene Automatisierungsbereiche. Auf der Basis von Mini-MAP bzw. EPA-MAP erfolgt in den Fertigungsabschnitten bzw. -zellen die Vernetzung von Steuercomputern, Personalcomputern, NC-Maschinen, Robotern und anderen Einrichtungen mit integrierten Mikrocomputern (siehe Bild 9-6). Backbone und Subnetze werden über Brücken oder Router miteinander verbunden. Gateway-Konzepte, einschließlich Brücken und Router, sind Bestandteil des MAP-Standards.

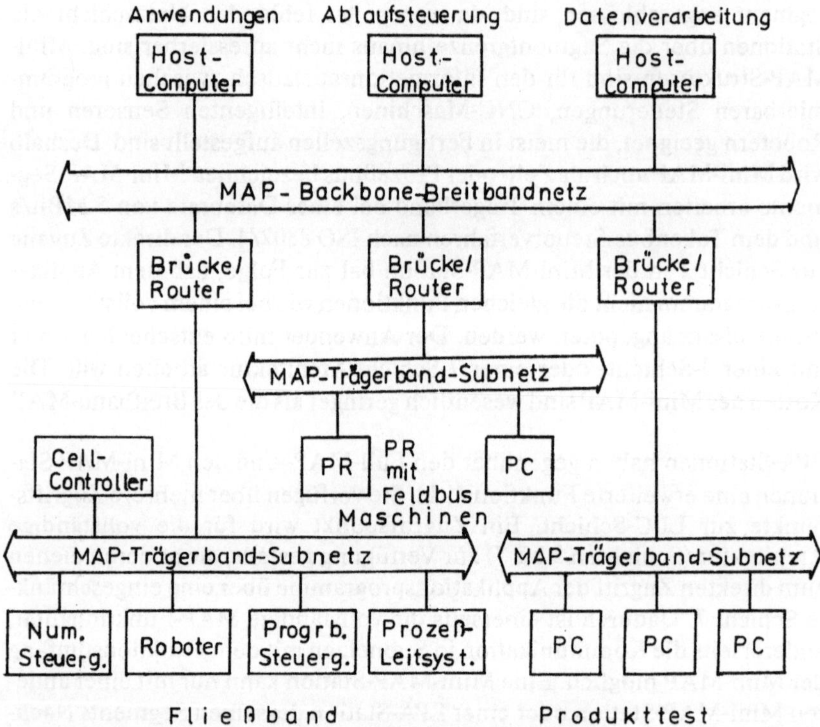

Bild 9-6. Beispiel für eine MAP-Konfiguration (nach [9-20])

Wie bereits darauf hingewiesen, bezieht sich das MAP-Konzept auf die sieben Schichten des OSI-Modells (siehe Tabelle 9-1):

Schicht 1

Gegenwärtig sind zwei Übertragungsarten möglich:

— Breitbandübertragung mit 10 MBit/s,
— Trägerbandübertragung (Carrierband) mit 5 MBit/s.

196

In beiden Fällen wird das Tokenbus-Steuerverfahren gemäß ISO 8802/4 angewendet. Grundsätzlich kann jedes beliebige Übertragungsmedium eingesetzt werden, wenn die im ISO 8802/4 beschriebene Schnittstelle zur Übergabe der MAC-Symbole eingehalten wird. Es werden Leitungen und Komponenten der Kabel-Fernseh-Technik (CATV-Technik) verwendet. Die Aufteilung der Frequenzen erfolgt nach dem Midsplit-Verfahren.

Schicht 2

MAC-Subschicht: Sie garantiert den Buszugang in einer kalkulierbaren Zeit nach dem Token-Prinzip entsprechend ISO 8802/4. Das Tokenbus-Protokoll unterstützt passive Kopplung, Prioritäten, Breitband und Basisband.

LLC-Subschicht: Das LLC-Protokoll wird entsprechend ISO 8802/2 mit dem verbindungslosen, unquittierten Datagramm-Typ (LLC-Typ 1) implementiert. Diese Festlegung erfolgte im Zusammenhang mit der Auswahl des Transportprotokolls in der Schicht 4.

Schicht 3

Als Netzprotokoll wurde das ISO-Internet-Protokoll ISO 8473 ausgewählt, das ebenfalls verbindungslos arbeitet. Die Netzschicht ist in die vier übereinander liegenden Subschichten Access-Subschicht 3.1, Intra-Subschicht 3.2, Harmonisierungs-Subschicht 3.3 und Internetzwerk-Subschicht 3.4 aufgeteilt.

Schicht 4

Implementierung des verbindungsorientierten Transportprotokolls nach ISO 8072 und 8073 Klasse 4. Die Dienste sind Flußkontrolle, Multiplexen von Nachrichten auf das Netz, Fehlererkennung und -korrektur sowie Datagramm-Betrieb.

Schicht 5

Teilweise implementiert ist auch die Sitzungsschicht, und zwar als Subset des Standards ISO 8326/8327 (Basic Combined Subset and Session Kernel), der die notwendigen Steuerungsmechanismen für Vollduplex-Übertragungen unterstützt.

Schicht 6

Bis zur MAP-Version 2.2 galt das von GM definierte Format MMFS (Manufacturing Message Format Standard), das die Verwendung binärer Datenströme bzw. ASCII-Files vorschrieb und deshalb in der Schicht 6 keine Funktionalität benötigte. Seit der Version 3.0 gelten die Standards ISO 8822 und 8823.

Schicht 7

Es können mehrere Applikationsdienste genutzt werden:

- Universeller Filetransferdienst FTAM (File Transfer, Access and Management) gemäß ISO 8571 zum Austausch fileorientierter Daten, Zugriff auf Informationen in zentralen und verteilten Datenbanken.

- MMS-Funktionen (Manufacturing Message Spezification) gemäß ISO 9506 für den Nachrichtenaustausch zwischen Zellrechnern und programmierbaren Steuerungen, z. B. Zugriff auf Variable, Programmstart, Alarmmeldungen (entspricht US-Standard RS-511 [EIA 1393]). MMS ist die wichtigste Neuerung der MAP-Version 3.0 gegenüber den vorhergehenden Versionen, es ersetzt das zuvor benutzte, vorläufige Nachrichtenformatsystem. MMS ist in eine Basisspezifikation (Generic Standard) und in Ergänzungsspezifikationen (Companion Standards) für unterschiedliche industrielle Anwendungsbereiche aufgeteilt worden (siehe Bild 9-7).

- Basissystemdienste ACSE (Application Control Service Elements) dienen zur Unterstützung der Kommunikation zwischen Applikationsprozessen nach CASE ISO 8649-2/8650-2 durch Errichten und Beenden von Kommunikationsbeziehungen sowie Durchführen der Kommunikation zwischen den Applikationseinrichtungen,

- Verwaltungsdienste zur Netzüberwachung und -steuerung,

- Directory Service zum Erkennen von Adressen und Vermeiden von Adressierungsfehlern bei der Netzbenutzung.

ACSE bietet einige relativ niedrige Funktionen (Die frühere Bezeichnung war CASE – Common Application Service Elements.). Dies bedeutet, daß das Applikationsprogramm das Einrichten einer Verbindung, den Datentransfer (mit Interface zum lokalen Filesystem) und das Ende einer Verbindung unter Einbeziehung aller möglichen Fehlerbedingungen koordinieren muß. Das hat für die Applikationsprogramme einen erheblichen Overhead zur Folge.

FTAM trägt wesentlich dazu bei, den größten Teil dieses Aufwandes zu vermeiden. Es behandelt alle Zustände einer Verbindung, nutzt dabei eine „Regime"-Struktur sowie die Eigenheiten sowohl des lokalen als auch des

198

Remote-File-Systems. FTAM wird durch einen einzigen Funktionsaufruf
der Applikation angesprochen, wodurch es relativ einfach wird, die Kommunikation in neue oder bestehende Applikationsprogramme zu integrieren. FTAM wurde weitgehend für TOP-Systeme entwickelt, innehalb derer
umfangreiche Filetransfers nichts Außergewöhnliches darstellen. Das Interface zu den übrigen Schichten befindet sich direkt auf der Schicht 6 und
nutzt keine weiteren Leistungen der Schicht 7.

MMFS stellt eine einfache Syntax für die Kommunikation von kurzen,
sehr spezifischen maschinenorientierten Nachrichten an Industriecontrol-
ler bereit, deren Möglichkeiten begrenzt sind (limited ressource industrial
controllers). Der überwiegende Teil der Funktionalität von MMFS beruht
auf einem extrem großen Vokabular an Befehlen. Im allgemeinen werden
bestimmte Maschinen jedoch nur einen Teil des gesamten Befehlsvorrates
zur Ausführung bringen. Die Implementation von MMFS setzt generell
auf CASE auf.

Bei TOP gehen die Anfänge der Entwicklung auf das Jahr 1983 zurück.
Auch hier gab es mehrere Versionen. Im April 1987 wurde die TOP-Version
3.0 veröffentlicht [9-10]. TOP ist ein Konzept für Lokale Netze im tech-
nisch-administrativen bzw. Bürobereich zur Integration heterogener (von
verschiedenen Herstellern) Computer und Bürogeräte. TOP ist in Abstim-

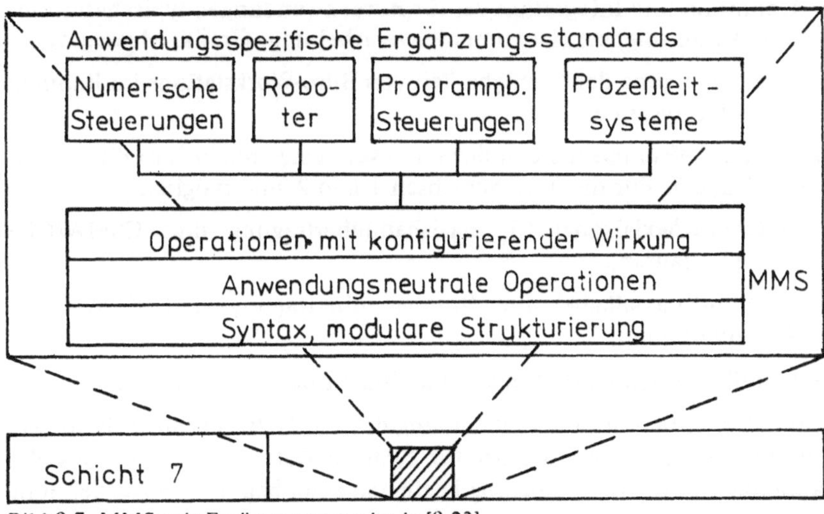

Bild 9-7. MMS mit Ergänzungsstandards [9-23]

mung mit MAP entwickelt worden. Den hohen Grad der erreichten Übereinstimmung zeigt ein Vergleich des Schichtenaufbaus der beiden Architekturen in der Tabelle 9-1.

Für das TOP-Konzept gilt folgende Zielstellung:

1. Architekturziele:

— Verbindung heterogener Geräte, Verknüpfung mehrerer Lokaler Netze zu einer effizienten Kommunikationsinfrastruktur,

— Zugang zu Fernnetzen und zu PBX-Systemen,

— Nutzung vorhandener Standards im Rahmen des OSI-Modells, Forcierung und Unterstützung der Entwicklung noch offenstehender Standards.

2. Operationale Ziele:

— Aufbau einer Institution für eine Vielzahl von Anbietern zur Schaffung eines einheitlichen Ansatzes für die Bürokommunikation,

— Unterstützung der Schaffung leistungsfähiger offener Netze,

— Verringerung der Kosten der Entwicklung und Einführung dieser Systeme,

— Definition und Integration der für Büroanwendungen typischen Kommunikationsdienste (Dokumentenverarbeitung, Grafik, Messaging),

— Beschleunigung der Verfügbarkeit von Büro-Workstations im Rahmen verteilter Systeme.

MAP und TOP unterscheiden sich im wesentlichen nur in den OSI-Schichten 1, 2 und 7. Für die TOP-Schichten 1 und 2 sind möglich:

— 50-Ohm-Koaxialkabel für Basisbandübertragung und CSMA/CD-Steuerverfahren,

— 75-Ohm-Koaxialkabel für Breitbandübertragung und CSMA/CD-Steuerverfahren,

— verdrillte Zweidrahtleitungen und Tokenring-Steuerverfahren.

Einer der Gründe für die Verwendung des CSMA/CD besteht darin, daß im Bürobereich wenig Bedarf für Realzeit-Datenübertragung besteht. Außerdem ist die Beschränkung bezüglich einer begrenzten Ausdehnung des Netzes für den Bürobereich nicht kritisch. Letztlich ermöglicht die

Tabelle 9-1. Protokoll-Spezifikationen für MAP 3.0 und TOP 3.0 [9-9, 9-10]

OSI-Schicht	MAP		TOP	
7	FTAM ISO IS 8571	MMS ISO IS 9506	FTAM ISO IS 8571	MHS CCITT X.400
	ACSE ISO IS 8649/2 ISO IS 8650/2		ACSE ISO IS 8649/2 ISO IS 8650/2	
6	ISO IS 8822 ISO IS 8823		ISO IS 8822 ISO IS 8823	
5	ISO IS 8326 ISO IS 8327		ISO IS 8326 ISO IS 8327	
4	ISO IS 8072 ISO IS 8073 Klasse 4		ISO IS 8072 ISO IS 8073 Klasse 4	
3	ISO IS 8348 ISO IS 8473 verbindungslos		ISO IS 8348 ISO IS 8473 verbindungslos	
2 b	ISO IS 8802/2		ISO IS 8802/2	
2 a	ISO IS 8802/4		ISO 8802/3	ISO 8802/5
1	—— Tokenbus ——		CSMA/CD ——	Tokenring ——
	Breitband 10 MBit/s	Trägerband 5 MBit/s	Basisband 10 MBit/s	Basisband 4 MBit/s

ISO-Norm 8802/3 eine Kompatibilität auf breiter Basis zu Ethernet. Nachdem Ethernet schon relativ lange angewendet wird und sehr verbreitet ist, kann davon ausgegangen werden, daß nicht nur gegenwärtige, sondern auch zukünftige Büroausrüstungen zu Ethernet kompatibel sind. Außerdem hat die CSMA-Technologie nachweislich die Fähigkeit zum Austausch von File Transfers, Document Interchanges und Graphics Interchanges. Durch die Möglichkeit für Tokenringe gemäß ISO 8802/5 ergibt sich die Kompatibilität zu entsprechenden IBM-Netzen. Der Mittelbau (Schichten 2 bis 6) im OSI-Modell ist für MAP und TOP gleich.

Über die Schicht 7 werden bei TOP folgende Funktionen bereitgestellt:

— Filetransferdienst FTAM,
— virtueller Terminaldienst,
— elektronische Post,
— Dokumentenaustausch,
— Grafikeinbindung,
— Directory Service,
— Datenbankunterstützung,
— entfernte Verarbeitung im interaktiven Modus.

Es wird die grafische Verarbeitung einschließlich der Übertragung grafischer Strukturen und Bilder unterstützt. Diese Dienste werden bei MAP durch Netzverwaltungsdienste und Verzeichnisdienste ergänzt.

9.6 FDDI [9-11, 9-12, 9-13, 9-14]

In der zweiten Hälfte der 80er Jahre haben sich die führenden Hersteller von Informationstechnik und Netztechnologie an der Entwicklung und Formulierung eines Standards für Hochgeschwindigkeitsnetze mit Lichtwellenleitern beteiligt. Dieser Standard heißt FDDI: Fiber Distributed Data Interface. Er spezifiziert ein LWL-Netz mit Doppel-Ringstruktur, mit Übertragungsraten von maximal 100 MBit/s und einer geographischen Ausdehnung bis 100 km. FDDI unterstützt maximal 1 000 Netzknoten, entweder 500 doppelt, d. h. an beide Ringe angeschlossene, oder 1 000 nur an einen Ring angeschlossene Geräteeinheiten. Der maximale Abstand zwischen den einzelnen Geräteeinheiten beträgt dabei zwei Kilometer. Wegen der Ausdehnung des Netzumfangs auf eine Pfadlänge von bis zu 200 Kilometern können auch einzelne Lokale Netze mit Hilfe von FDDI über große Entfernungen miteinander verbunden werden.

FDDI benutzt eine duale, gegenläufige Ringtopologie (siehe Bild 9-8). Dadurch ist es möglich, auf einen Kabelbruch oder einen Stationsausfall so zu reagieren, daß die zweite, redundant ausgelegte Leitung den Datentransport übernimmt. Die Stationen dieser Netze sind Geräte mit LWL-Doppelanschluß und werden auch als Class A-Stationen bezeichnet. Class A-FDDI-Controller verfügen über vier LWL-Anschlüsse: je ein Dateneingang und -Ausgang für den primären und für den sekundären Ring (DAS: Dual Attach Station). Fällt eine Station aus, so sorgt eine automatische Rekonfigurierung für die Aktivierung des sekundären Ringes. Die Ausstat-

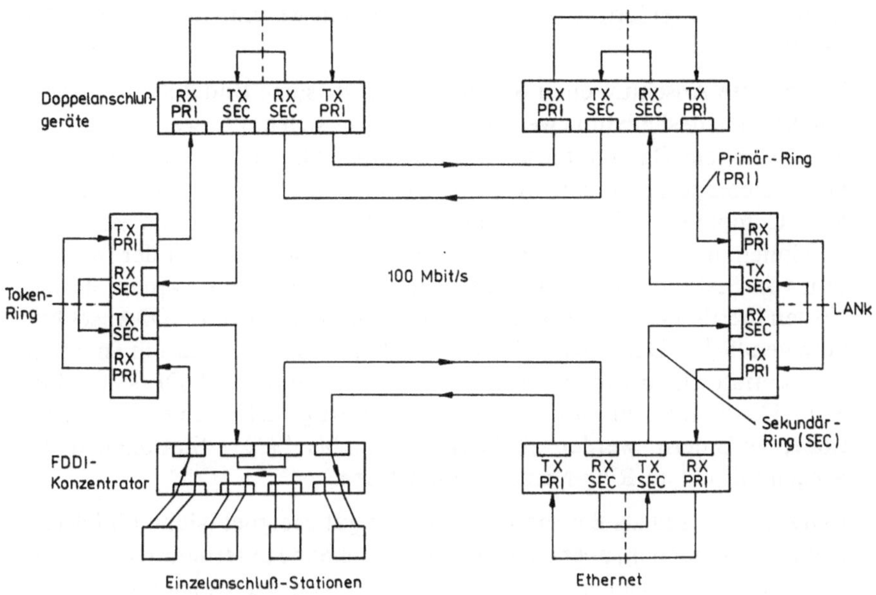

Bild 9-8. FDDI-Netzwerk [9-13]

tung mit redundanten LWL-Übertragungswegen erhöht zwar den Aufwand für die Controller, erspart aber den Einsatz von FDDI-Konzentratoren (Wiring Concentrators), die bei Class B-Stationen notwendig sind, um auch hier eine hohe Systemzuverlässigkeit zu erreichen.

Class B-Stationen sind LWL-Einzelanschlußgeräte, die nur über zwei LWL-Anschlüsse verfügen, einen Eingang und einen Ausgang. Sie sind ohne redundante Übertragungswege ausgestattet (SAS: Single Attach Station). Der Ausfall einer solchen Station kann die Übertragung im Ring unterbrechen. Um dies zu vermeiden, werden Class B-Stationen an Konzentratoren (Kabelverteiler-Boxen) angeschlossen, die ähnlich wie die Ringleitungsverteiler funktionieren. Mit den Konzentratoren werden Strukturen realisiert, die von der physikalischen Kabelauslegung her einen Stern, aber als logische Verbindung einen Ring darstellen. Fällt eine B-Station aus, so wird diese im Konzentrator vom Ring abgekoppelt. So bleibt der Ring immer geschlossen und die Integrität der Übertragung gewährleistet. Dieses fehlertolerante Verhalten ist ein wesentlicher Vorteil von FDDI.

Der direkte Anschluß einer Station an FDDI (siehe Bild 9-9) ist kostenintensiv und deshalb nur zweckmäßig, wenn es sich um Anwendungen mit extrem hohem Datendurchsatz (z. B. Grafikapplikationen) und/oder um Personalcomputer handelt, die in Bereichen eingesetzt werden, die früher Mini-Computern oder Großrechnern vorbehalten waren. Es ist wahrscheinlich, daß Ethernet- und Token-Ring-Verbindungen bei der Integration von Stationen in Netzwerke weiterhin dominieren werden, da die Kosten hierfür etwa nur ein Zehntel der Kosten für einen FDDI-Anschluß betragen [9-13]. Der Aufwand für die Ankopplung einer Station an einen Konzentrator ist niedriger als der direkte Anschluß an FDDI (siehe Bild 9-10). Da die Konzentratoren jedoch gegenwärtig auch noch hohe Investitionen erfordern, werden zunächst – etwa bis 1992 – Stationen überwiegend direkt an Ring-Netze angeschlossen.

FDDI-Netze sind als Backbone-Netze sehr gut geeignet (siehe Bild 9-11). Dabei ist es möglich, über einen einzigen Backbone unternehmensweit sowohl Ethernet- als auch Token-Ring-Datenverkehr zu realisieren. Das bedeutet, daß mittels FDDI eine Kompatibilität zwischen den Netzarchitekturen von IBM und DEC erreicht werden kann. Diese Möglichkeit ist in vielen Fällen eine entscheidende Motivation für den Einsatz von FDDI.

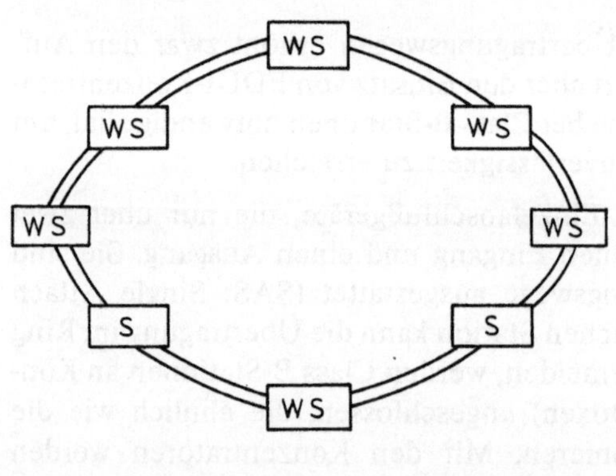

WS Workstation
S Server

Bild 9-9. FDDI-Ring mit direkt angeschlossenen Stationen (Doppelanschluß)

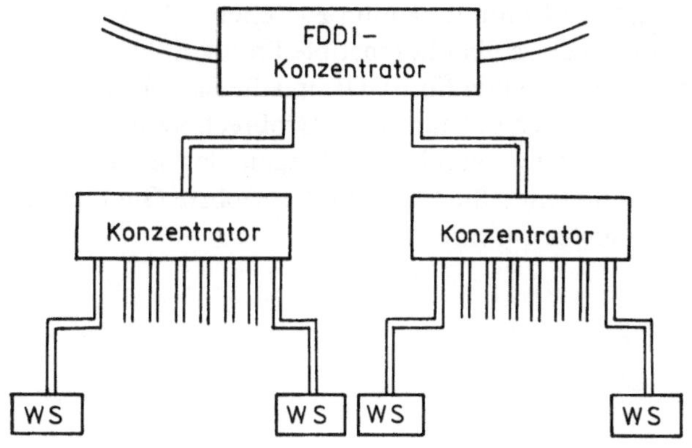

Bild 9-10. Stationen über Konzentratoren angeschlossen (Einzelanschluß) [9-13]

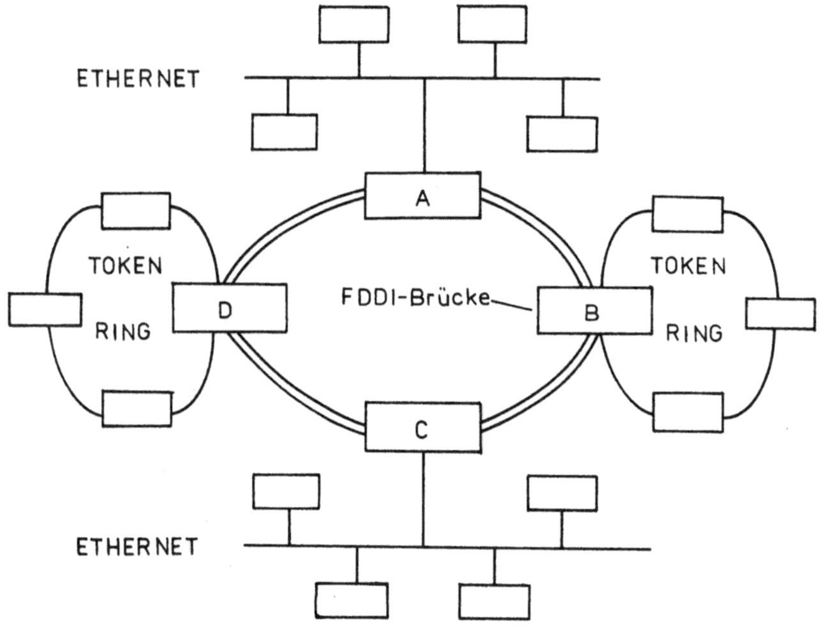

Bild 9-11. FDDI-Backbone-Netzwerk

Mit FDDI-Brücken erfolgt die Kommunikation zwischen Ethernet- und
Token-Ring-Stationen, sofern diese über kompatible Protokoll-Stacks verfügen. Ein weiteres Anwendungsgebiet für FDDI sind die Back-End-Netz-
werke. Dies sind Netze in den Rechenzentren, die Großrechner mit Hoch-
geschwindigkeits-Peripheriegeräten verbinden. Wegen der hohen Leistung wird FDDI der dominierende Standard für die nächste Generation
von Hochgeschwindigkeitsnetzen werden.

10 Netznutzung und Netzmanagement

10.1 Probleme der Einführung Lokaler Netze

Es ist schwierig, für die Organisatin der Vorbereitung, der Inbetriebnahme und des Netzbetriebes allgemein gültige Aussagen zu machen, da sowohl die Einsatzgebiete als auch Größe und Komplexität der verwendeten Lokalen Netze sehr unterschiedlich sein können. Organisatorische Erfahrungen hinsichtlich des Einsatzes dieser Technologie liegen kaum vor bzw. sind nur unzureichend bekannt. Die Entscheidung über den Aufbau eines Lokalen Netzes stellt in der Regel eine weitreichende Innovationsentscheidung dar. Sie führt zur Errichtung eines betrieblichen Informations- und Kommunikationssystems, dessen Auswirkungen auf die betriebliche Aufgabenerfüllung in der Planungsphase in vollem Umfang noch nicht absehbar sind. Der Einsatz neuer Informationstechniken hat erfahrungsgemäß ein wesentlich verändertes Nutzverhalten zur Folge, das nur zum Teil aus der Ist-Zustandsanalyse einer bestehenden Ablaufstruktur abzuleiten ist. In den meisten Einsatzfällen ist aber davon auszugehen, daß für die größte Anzahl der Abteilungen einer Einrichtung mehr oder weniger große organisatorische Änderungen notwendig sind. Dabei ist zu vermeiden, die Organisationsstruktur völlig dem neuen System anzupassen oder das System in den bestehenden organisatorischen Ist-Zustand hineinzupressen. Es ist eine Lösung anzustreben, die die Stabilität der Organisationsstruktur sichert und gleichzeitig den Anforderungen der Informationsverarbeitung entspricht. Um dies zu erreichen, sind organisatorische Probleme auf den Ebenen der Aufbau- und Ablauforganisation, der Sachmittelorganisation und der Nutzung zu beachten.

Dies sind unter anderem:

— Festlegungen über Verantwortlichkeiten und Struktur der Netzverwaltung,

— Informations- und Kommunikationsbedarf in Abhängigkeit vom Arbeitsplatztyp,

— Struktur des Informationsflusses nach Volumen, Richtung und Kommunikationsart,

– Dringlichkeit und Schnelligkeit der Informationsübermittlung,

– Veränderungen der Aufgabeninhalte, der Aufgabenverteilung und der
  Arbeitsorganisation,

– Verkabelung des Betriebsgeländes einschließlich der Fertigungs- und
  Verwaltungsgebäude,

– personelle Aspekte unter besonderer Berücksichtigung der Information, Motivation, Partizipation und Schulung der Mitarbeiter.

In der eigentlichen Planungsphase für ein Lokales Netz sind dann vor
allem folgende Sachprobleme zu behandeln:

1. Art und Umfang der Applikationen im Netz,

2. Art der zu übertragenden Informationen (Daten, Text, Sprache, Festbild, Bewegtbild),

3. Sicherung des durch die Ablauforganisation festgelegten Informationsflusses,

4. Umfang der zu übertragenden Informationsmengen – allgemein und
   in Spitzenzeiten; maximal notwendige Übertragungskapazität,

5. Anzahl und Art der zu vernetzenden Workstations (PCs, ATs, PS/2,
   Unix-Systeme),

6. Betriebssystem-Varianten der Workstations,

7. Art und Anzahl der einzusetzenden Server,

8. Vorbeugende Maßnahmen gegen Ausfall sowie Reagieren bei Ausfall
   der Server,

9. Weitere zu vernetzende Einrichtungen (PCs, MDTs, spezielle Peripherie), Kompatibilität zu vorhandenen Geräten,

10. Gleichzeitig im Netz arbeitende Stationen,

11. Nutzungsbereich des Netzes für eine Abteilung oder abteilungsüber-
    greifend,

12. Maximale und minimale Entfernung zwischen den einzelnen Statio-
    nen; räumliche Ausdehnung,

13. Auswahl eines LAN-Betriessystems zur Lösung der gestellten Auf-
    gaben,

14. Einsatz netzwerkfähiger Standard-Software in Abstimmung mit dem
    LAN-Betriebssystem,

15. Bedeutung und Aufgaben der Datensicherheit im Netz, Zuverlässigkeit der einzelnen Komponenten, Gesamtverfügbarkeit,

16. Auswahl der Übertragungstechnik (Basisband oder Breitband),

17. Auswahl des Steuerverfahrens sowie geeigneter Netzprotokolle für einen reibungslosen Kommunikationsablauf,

18. Festlegen auf eine geeignete Topologie,

19. Auswahl der Übertragungsmedien, eventuelle Nutzung bereits vorhandener Kabel und Kabelschächte,

20. Spätere Änderung der Gesamtkonfiguration möglichst ohne Störung des Betriebsablaufs,

21. Mitnutzung bereits vorhandener Netze, Aufgabenaufteilung und Kopplung zu diesen Netzen,

22. Verbindung zu anderen Netzen (Fern-Netze, andere Lokale Netze, Nebenstellenanlagen u. a.), Einsatz von Brücken und Gateways,

23. Entscheidung, ob Hardware und Software von einem Hersteller geliefert werden sollen, oder ob Produkte verschiedener Hersteller zweckmäßiger oder unausweichlich sind.

Voraussetzung für die Gestaltung eines Systems ist die Analyse des Informations- und Kommunikationsbedarfes der Arbeitsplätze, deren Tätigkeit durch das Lokale Netz unterstützt werden soll. Dabei ist für die Büroarbeit eine differenzierte Betrachtung nach den Basisfunktionen zweckmäßig (siehe Kapitel 1).

Die Arbeit der Führungskräfte der höheren Ebene ist nur in sehr geringem Maße formalisierbar oder programmierbar. Ihr Bedarf an komplexen und aktuellsten Informationen für strategische und dispositive Entscheidungen ist nur aufwendig durch den Abruf aus Informationsbanken zu decken, da eine festgelegte Struktur Voraussetzung für effiziente Speicherung und schnelle Abfrage ist, aber diese feste Strukturierung oft nicht vorliegt [10-1]. Es besteht auch die Möglichkeit, daß gespeicherte Informationen für den Leiter zu allgemein sind, wichtige Details fehlen oder erst dann zur Verfügung stehen, wenn sie nicht mehr benötigt werden. Viele Informationen für die Leitungstätigkeit sind nicht schriftlich fixiert und daher auch nicht aus Informationsbanken aufrufbar. Dazu kommt, daß bei Verhandlungen oder Abstimmungen der persönliche Kontakt für die Überzeugungskraft und das Durchsetzen einer Meinung entscheidend sein kann.

Es gilt aber, daß auf Grund der starken Leitungsorientierung der betrieblichen Informationssysteme gerade im Tätigkeitsbereich von Führungskräften Lokale Netze große Unterstützungspotentiale durch Elektronische Mitteilungssysteme, Bewegtbildkommunikation für innerbetriebliche Besprechungen oder Kurzkonferenzen u. a. bieten. Natürlich müssen bei der Gestaltung des Lokalen Netzes die oben genannten Probleme beachtet werden.

Voraussetzung für die Nutzung der gegebenen Möglichkeiten sind stets schnell erlernbare Bedienfunktionen. Leiter bevorzugen eindeutig die Sprachkommunikation. Auf der Ebene der Fachaufgaben besteht dagegen ein ausgewogener Bedarf an Informations- und Kommunikationstechnologien in bezug auf Daten, Texte, Bilder und Sprache. Das Aufgabenprofil der Fachleute hat einen hohen Anteil nicht formalisierbarer, oft wechselnder und kreativer Tätigkeiten. Dies erfordert einen hohen Kommunikationsbedarf mit anderen Fachleuten, der sich auf die verschiedenen Informationstechnologien beziehen kann. Daher lassen sich Lokale Netze hier gut einsetzen. Die Aufgaben der Sachbearbeiter sind in der Regel weniger kommunikationsintensiv als die der Führungskräfte und Fachleute. Sie sind jedoch stark formalisierbar und in großem Umfang (etwa 80%) an Papier gebunden. Das bedeutet, daß hier insbesondere integrierte LAN-Teilsysteme zur Textbearbeitung und -verarbeitung, Textkommunikation, Datenverarbeitung und -kommunikation sowie Festbildverarbeitung und -kommunikation eingesetzt werden können (z. B. EMS). Dadurch wird die Aufbereitung von Berichten, Belegen, Vordrucken u. dgl. erleichtert. Die Abstimmung mit anderen Sachbearbeitern wird verbessert, da ein gleicher Informationsstand zusammenarbeitender Partner möglich ist.

Die Struktur des Informationsflusses umfaßt Volumen, Richtung und Kommunikationsart unter Berücksichtigung von Dringlichkeit und Schnelligkeit der Informationsübermittlung. Das Ziel der Ermittlung der Struktur des Informationsflusses ist eine zweckmäßige Dimensionierung des Lokalen Netzes, das auch bei Spitzenbelastungen in der Lage sein muß, einen hohen Durchsatz zu gewährleisten. Dabei wird das Kommunikationsvolumen bestimmt, indem die Anzahl der zu übertragenden Textseiten, Grafiken, Bilder u. a. in Bits umgerechnet wird. Dies gilt auch für Anweisungen und Mitteilungen. Bei der Kommunikationsrichtung unterscheidet man zwischen externer und interner sowie unidirektionaler und bidirektionaler Kommunikation. Die externe Kommunikation bezieht sich auf die Kommunikation mit öffentlichen Netzen oder mit anderen

Lokalen Netzen. Interessant für die Planung eines Lokalen Netzes ist vor allem die interne Kommunikation. Hier ist die bidirektionale Kommunikation die Regel (bei der unidirektionalen Kommunikation wird eine Differenzierung in Nur-Senden und Nur-Empfangen vorgenommen), da die Bereitstellung eines bidirektionalen Kommunikationskanals keine Schwierigkeit darstellt und auch aus Gründen der Flexibilität bezüglich Änderungen der Informations- und Kommunikationsinfrastruktur zu fordern ist.

Um eine bedarfsgerechte Systemimplementierung zu erreichen, ist es weiterhin erforderlich zu analysieren, welche Kommunikationsarten an den einzelnen Stellen benötigt werden. Dabei muß der Anteil ermittelt werden, der elektronisch übertragen werden kann.

10.2 Netznutzer-Interface

Für die Nutzung eines Lokalen Netzes ist entscheidend, wie die implementierten Netzoperationen aktiviert und genutzt werden können. Dafür gibt es Möglichkeiten auf unterschiedlichen Ebenen. Anwender-Software-Pakete (siehe auch Anhang) haben meist eine menüorientierte Nutzeroberfläche. Grundsätzlich gilt, daß alle Menüs, die Funktionsauswahl sowie die Tastenbelegung und -nutzung einheitlich gestaltet sein sollten. Der Aufwand beim Nutzer ist am geringsten, wenn für das zu lösende Problem ein Anwender-Software-Paket nachgenutzt werden kann. Aus Nutzersicht können aber auch folgende Aufgaben notwendig sein:

— Eigenentwicklung von Anwender-Software-Paketen,

— Entwicklung von Applikationsprogrammen mit Netzoperationen,

— unmittelbare Abarbeitung ausgewählter Netzoperationen.

Die Lösung dieser Probleme erfolgt mit Hilfe des Netznutzer-Interfaces, das die Schnittstelle zwischen Nutzer und LAN-Software bildet. Dieses Problem soll in Anlehnung an die SKRNET-Software diskutiert werden, mit der ein Nutzer solche unterschiedlichen Operationen wie Filemanipulationen in entfernten Stationen (Transfer, Löschen, Umbenennen u. a.), Zugriff zu entfernten Files auf Satzebene und Task-zu-Task-Kommunikation realisieren kann [10-2]. Dabei wird ein hoher Grad an Transparenz für die Nutzeroperationen erreicht. Für einige Applikationen ist es jedoch zuweilen notwendig, einen direkten Zugriff zu netzspezifischen Operationen

Tabelle 10-1. Netzzugriffsebenen [10-2]

Nutzersprache	Netzoperation	Sprachrufe	Zugriffsebene
SCL	Netzterminal-anweisungen Entfernte Filemanipulation Task-zu-Task-Kommunikation	SCL-Anweisungen	Transparenter Netz-zugriff mit SCL
Höhere Sprachen	Entfernter File-zugriff (Files und Sätze) Task-zu-Task-Kommunikation	E/A-Anweisungen höherer Sprachen	Transparenter Netzzugriff mit RMS
Makros oder höhere Sprachen	Entfernter File-zugriff (Files und Sätze) Task-zu-Task-Kommunikation	RMS-Dienstrufe	
Makros oder höhere Sprachen	Task-zu-Task-Kommunikation	Systemdienstrufe	Transparenter und nichttransparenter Netzzugriff mit QIO

zu haben. Für diese Zwecke ermöglicht die Software auch die nichttransparente Kommunikation.

Das Netznutzer-Interface enthält folgende Möglichkeiten:

— SCL-Kommandos und SCL-Kommandoprozeduren;

— Ein/Ausgabeanweisungen höherer Programmiersprachen;

— Makros oder höhere Sprachen, die RMS-Dienstrufe verwenden;

— Makros oder höhere Sprachen, die Systemdienstrufe verwenden.

Die System-Kommandosprache SCL dient zur Kommunikation des Nutzers mit dem Betriebssystem. Mit dem Satzverwaltungsservice RMS (Record Management Services) werden Dateien definiert sowie Satzcharakteristiken, Dateispezifikationen und Laufzeitcharakteristiken festgelegt. Die direkte Anwendung von SCL- und RMS-Anweisungen ist aufwendig. Deshalb sind für viele Applikationen die höheren Programmiersprachen wie Ada, Basic, C, Fortran, LIS, Pascal und PL/1 besser geeignet. Mit jeder dieser Sprachen ist es bei SKRNET möglich, auf entfernte Files zuzugreifen und Tasks zu erzeugen, die Daten durch das Netz austauschen.

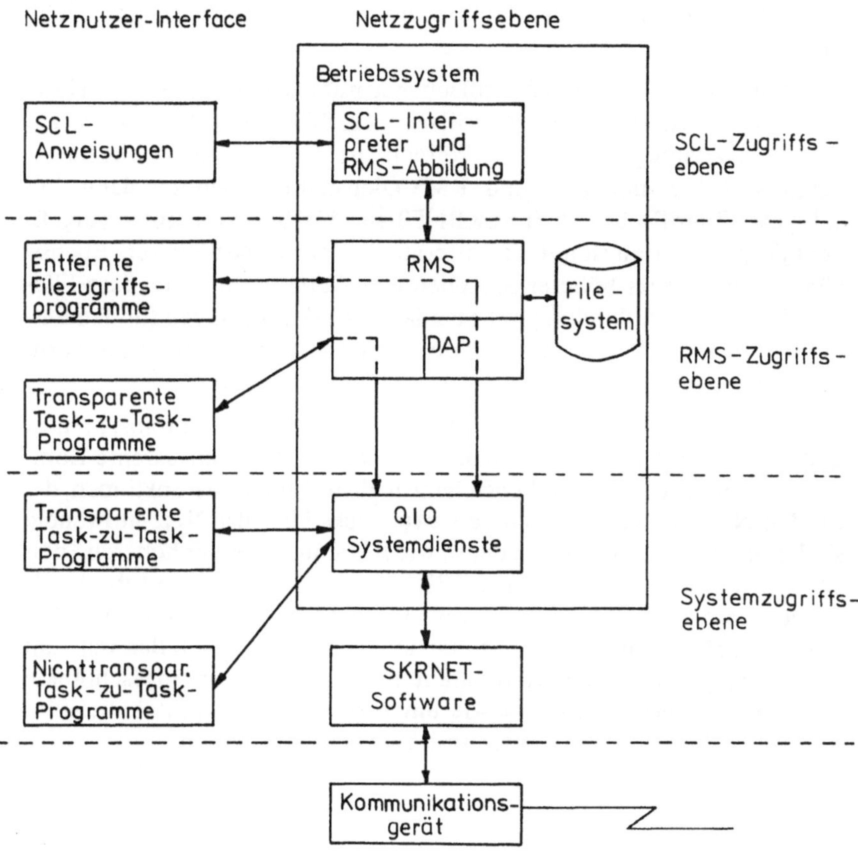

Bild 10-1. Netznutzer-Interface und Netzzugriffsebenen [10-2]

Die verwendete Sprache und die gewünschten Netzoperationen bestimmen die Art des Netzzugriffs. So erfolgt zum Beispiel in einem Makroprogramm der entfernte Filezugriff über Standard-RMS-Rufe, während für die Kommunikation zwischen den Makroprogrammen in einer Applikation mit Task-zu-Task-Kommunikation Standard-Systemrufe verwendet werden. Die Verbindung zur Netzsoftware erfolgt durch die QIO-Systemdienste (Queued I/O services, I/O funktionscodes, I/O modifiers), die Funktionen zum Terminalschreiben und -lesen, zum Terminalmodeabfragen und -setzen sowie zum Mailboxschreiben und -lesen enthalten (siehe Bild 10-1).

Das Bild zeigt auch die drei Zugriffsebenen mit den entsprechenden Netzoperationen. Die ersten zwei Zugriffsebenen, SCL und RMS, sind für den Nutzer vollständig transparent. Werden für den entfernten Filezugriff Standard-SCL-Kommandos und -RMS-Dienstaufrufe benutzt, dann sind auf dieser Zugriffsebene keine SKRNET-spezifischen Rufe notwendig. In der Filespezifikation ist nur die entfernte Station zu spezifizieren. Ebenso können auch Tasks höherer Sprachen eine Variation der Standard-Filespezifikation in Verbindung mit Standard-E/A-Anweisungen für den entfernten Taskzugriff und Informationsaustausch verwenden. Diese Form der Task-zu-Task-Kommunikation ist ebenfalls transparent.

Die dritte Zugriffsebene, die der Systemdienste, liefert ein transparentes und ein nichttransparentes Netznutzer-Interface. Die transparente Kommunikation auf der Systemdienstebene realisiert alle Basisfunktionen, die für den Nachrichtenaustausch von zwei Tasks über das Netz notwendig sind. Diese Operationen sind ebenso wie E/A-Interfaces der höheren Sprachen transparent, weil sie keine SKRNET-spezifischen Rufe erfordern. Es werden vielmehr Standard-Systemrufe verwendet, um sie zu implementieren. Die nichttransparente Kommunikation erweitert diesen Basissatz um Funktionen, die einer nichttransparenten Task vielfache uneingeschränkte Verbindungen ermöglichen, sowie um zusätzliche Netzprotokolleistungen, wie wahlweise Nutzerdaten und Interruptnachrichten.

10.3 Netzmanagement [6-2, 10-3, 10-4, 10-5, 10-6]

Mit zunehmender Verbreitung wächst die Abhängigkeit der Betriebe und Einrichtungen von einem ordnungsgemäßen Funktionieren der Lokalen Netze. Hier hat das Netzmanagement mit seinen administrativen Funktionen steigende Bedeutung. Sie ist umso größer, je umfangreicher und komplexer ein Gesamtnetz und je heterogener der Nutzerkreis sind.

Im OSI-Modell werden die administrativen Funktionen in die drei Kategorien Anwendungsverwaltung, Systemverwaltung und Schichtenverwaltung eingeteilt [6-2]. Die Anwendungsverwaltung dient zur Verwaltung von verteilten Anwendungsprozessen in der Schicht 7. Die Systemverwaltung behandelt netzrelevante Prozesse und Ressourcen unabhängig von ihrer Zuordnung zu den Schichten des OSI-Modells (siehe auch Abschnitt 2.2.3). Die Schichtenverwaltung wird aus Komponenten einer Schicht zur Verwaltung von Prozessen und Ressourcen dieser Schicht gebildet. Diese Festlegungen des OSI-Modells sind im OSI Management Framework weiter spezifiziert worden [10-3]. Danach werden die Funktionen des Netzmanagements in die folgenden Gruppen eingeteilt (siehe Bild 10-2):

— die Konfigurationsverwaltung (KM) mit Inbetriebnahme, Umkonfigurierung (Change Management) und Außerbetriebnahme behandelt den Netzzustand,

— die Betriebs- oder Leistungsverwaltung (PM) ist für die Leistungsfähigkeit des Netzes verantwortlich,

— die Abrechnungsverwaltung (AM) erfaßt die Leistungsinanspruchnahme der einzelnen Netzeinrichtungen,

— die Fehlerverwaltung (FM) realisiert Fehlerdiagnose und Fehlerbehandlung im Netz,

— die Sicherheitsverwaltung (SM) ist für die Netz-Sicherheitseinrichtungen zuständig.

Die administrativen Funktionen benutzen in jedem Endsystem eine gemeinsame Management-Informationsbasis (MIB), die Verwaltungsinformationen über netzrelevante Objekte (Stationen, Nutzer, Verbindungen, Aufträge u. a.) enthält. Zur MIB haben alle Prozesse des jeweiligen Endsystems Zugriff, die solche Informationen benötigen.

Der überwiegende Teil der oben genannten Aufgaben des Netzmanagements kann netzintern gelöst werden. Ein neuer Produkttyp, das Netzmanagementsystem, liefert Hardware- und Software-Tools für Betreiben, Überwachen und Warten eines Netzes. Eine Übersicht dazu ist in [10-6] enthalten. Wesentlicher Bestandteil eines leistungsfähigen Netzmanagementsystems ist das Netzsteuerprogramm (Network Control Program NCP). Dies ist ein System von Dienstprogrammen zum Konfigurieren,

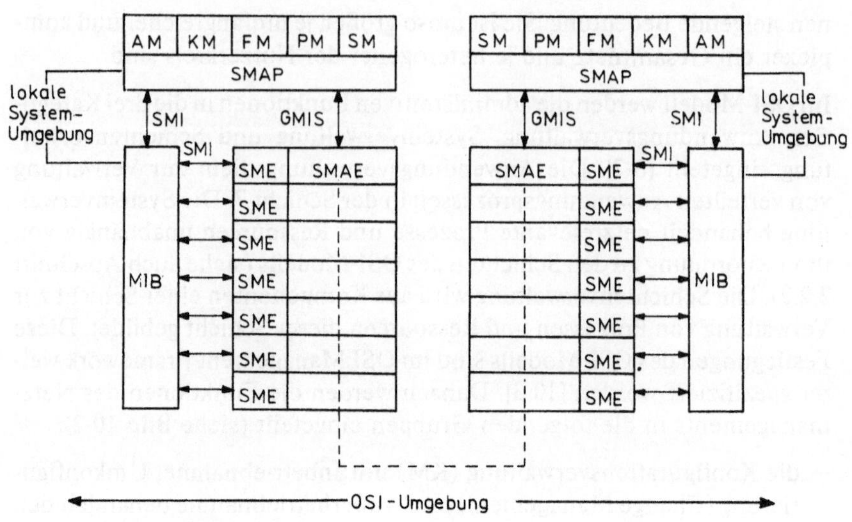

AM – Abrechnungsmanagement
GMIS – Gemeinsame Management-
    Informations-Services
FM – Fehlermanagement
KM – Konfigurationsmanagement
MIB – Management-Informationsbasis
PM – Performance-Management

SM – Sicherheitsmanagement
SMAE – System-Management-
    Anwendungs-Entity
SMAP – System-Management-Prozeß
SME – Schichten-Management Entities
SMI – Struktur der Management-
    Information

Bild 10-2. OSI-Management-Struktur [10-3]

Steuern, Anzeigen und Testen von Netzkomponenten. Zu jedem NCP gehört eine Kommandosprache, mit der Systemprogrammierer und Operatoren Befehlsfolgen selbst erstellen und abarbeiten können.

Für die externen Aufgaben des Netzmanagements sind entsprechend qualifizierte Mitarbeiter zuständig. Bei hinreichend großen Netzen ist eine gesonderte Struktureinheit zweckmäßig, die als Netzkontrollzentrum oder Netzführung bezeichnet wird. Mit einem Netzkontrollzentrum läßt sich ein Gesamtnetz einfacher, leistungsfähiger und sicherer verwalten. Dabei wird ein großer Teil der Tätigkeiten durch die Tools unterstützt oder ließe sich durch solche unterstützen.

Grundsätzlich sind für die Verwaltung eines großen Netzes die strikte Anwendung von Standards – einschließlich betriebsinterner Festlegungen – sowie eine umfassende und aktuelle Dokumentation notwendig.

216

Das Netzkontrollzentrum ist für die Planung, die Installation und den Betrieb eines Lokalen Netzes zuständig. Die Aufgaben der Planung bestehen darin, unter Berücksichtigung der Anforderungen Konzepte für eine Realisierung zu erarbeiten. Dazu gehören unter anderem:

- Konzeption der logischen und physikalischen Topologie,
- Kapazitätsplanung,
- Konzeption der Hardware- und Softwareressourcen,
- Festlegung der Protokolle,
- Regelungen für Netzerweiterung und Anschluß neuer Stationen,
- Festlegung der Zugangsberechtigungen,
- Finanzierung.

In der Implementierungsphase erfolgen Aufbau und Inbetriebnahme des Netzes. Dazu gehören unter anderem:

- Installation des Übertragungsmediums,
- Inbetriebnahme und Anschluß der Stationen,
- Test einzelner Komponenten und des Gesamtsystems.

Die Aufgabe des Betriebes besteht darin, einen transparenten, sicheren und effektiven Netzbetrieb zu ermöglichen. Dies erfordert unter anderem:

- Systembedienung und -verwaltung,
- Aktivierung, Deaktivierung und Anpassung von Ressourcen,
- Funktions- und Informationsbereitstellung,
- Zulassung, Ausschluß von Nutzern,
- Beratung, Schulung,
- Leistungsmessung, Optimierung, Kostenerfassung.

Die Netzverwaltung umfaßt somit die über die rein technischen Belange hinausgehenden Dienste für die Bewältigung der alltäglichen Aufgaben der mit dem Netz Arbeitenden und der für das Netz Verantwortlichen. Im einzelnen ergeben sich folgende Aufgaben und Verantwortlichkeiten:

- Der Endnutzer fordert nutzerfreundliche Zugangsmöglichkeiten zum Netz. Dazu gehören z. B. einheitliche Befehlsstruktur für die verfügbaren Netzressourcen, Selbsterklärungsfähigkeit, Erlernbarkeit, Fehlertoleranz, Verläßlichkeit, Steuerbarkeit.

- Der Operateur installiert, konfiguriert, aktiviert und deaktiviert Netzwerkressourcen. Er überwacht ihre Zustände und veranlaßt die Behebung von Fehlerzuständen.

– Der Planer ist für die Planung der Betriebsmittel, ihrer Kapazitäten und Leistungen sowie der Protokolle und Zugangsmöglichkeiten zuständig. Er plant und koordiniert außerdem Konfigurationsänderungen.

– Der Entwickler entwickelt und testet neue Netzwerkkomponenten und fertigt die dazugehörigen Dokumentationen an.

– Der Berater hat die Aufgabe, bereits in der Vorbereitungsphase und während des Betriebes Nutzer zu beraten und zu schulen. Diese haben einen Bedarf an Unterstützung, der nicht technologie- sondern anwendungsorientiert ist.

– Der Ökonom ist für die betriebswirtschaftliche Seite verantwortlich. Dazu gehören finanzielle Kalkulationen und Planungen, Bestellungen, Überwachung der Lieferungen u. dgl.

Die beschriebenen Tätigkeiten überlappen sich mehr oder weniger stark. Außerdem gilt in der Praxis, daß oft unterschiedliche Tätigkeiten von gleichen Mitarbeitern verantwortlich durchgeführt werden. Da ein Netz durch ständig wechselnde, zumeist wachsende Anforderungen an seine Funktionalität und seine Leistungsfähigkeit sowie durch neue technische Entwicklungen einer ständigen Änderung seiner logischen und physikalischen Struktur unterworfen ist, muß auch ein System zu seiner Verwaltung so dynamisch und flexibel sein, daß es begleitend ebenfalls angepaßt werden kann.

10.4 Veränderungen der Aufgabeninhalte, der Aufgabenverteilung und der Arbeitsorganisation

Eine Automatisierung mit Einsatz eines Lokalen Netzes führt in der Regel zu Veränderungen der Aufgabeninhalte, der Aufgabenverteilung und der Arbeitsorganisation für die beteiligten Berufsgruppen. Über den Umfang dieser Veränderungen Aussagen zu machen, ist deshalb schwierig, weil hierfür von einer bestimmten gerätetechnischen Grundlage ausgegangen werden muß. Deshalb gelten die folgenden Aussagen nur für den Bürobereich, wobei die Nutzung eines Elektronischen Mitteilungssystems vorausgesetzt wird. In [10-7] sind vier Multifunktionale Arbeitsstationen, elf Textsysteme, zwei Datei-Server und zwei Laser-Drucker in einem Lokalen Netz integriert. Es wurden in diesem Projekt folgende Veränderungen festgelegt:

a) Veränderungen der Aufgabeninhalte

Für die Sekretärin ergeben sich im Zusammenhang mit der Multifunktionalen Arbeitsstation folgende Aufgaben:

- Textgestaltung,
- Druckaufbereitung und Druckausgabe,
- Umsetzung von Tabellen in Grafik.

Aufgaben der Sekretärin mit dem Textsystem:

- Einrichten und Pflege von Ablageplänen,
- Ausgabe von Informationen und Texten auf elektronische Aktenschränke,
- Verteilergruppen einrichten,
- elektronische Mitteilungen verfassen und weiterleiten,
- Überwachung des elektronischen Terminkalenders,
- Kurzinformationen aus älteren Berichten und Unterlagen in die Informationssammlung übernehmen.

Solche Tätigkeiten wie Kopieren, Vermittlung von Telefongesprächen, Aktivitäten im Rahmen des Postein- und Postausgangs werden reduziert.

Die Aufgabeninhalte der Fach- und Leitungskräfte werden durch die Benutzung der Arbeitsstation nicht grundsätzlich verändert, sondern ergänzt durch:

- elektronischen Empfang und elektronische Weitergabe von Informationen anstelle von Telefongesprächen und Schreiben,

- anspruchsvollere Anfertigung von Unterlagen für Besprechungen und Präsentationen, die mit dem System auch kurzfristig erstellt und verändert werden können,

- intensivere Arbeit an Texten für Berichte usw.,

- kreative Entwicklung von Tabellen, Grafiken, Texten usw.,

- persönliche und direkte Nutzung der elektronischen Büroinstrumente,

- intensiven Ausbau von Informationsbasen.

b) Veränderungen in der Aufgabenverteilung

Folgende Veränderungen in der Aufgabenverteilung zwischen Fach- und Leitungskräften einerseits und Sekretärinnen andererseits sind möglich:

- Fach- und Leitungskräfte nehmen weniger Unterstützungsleistungen für die Ablage von Informationen in Anspruch.

- Korrekturen an Texten werden vom Autor selbst am System vorgenommen.

- Die Terminplanung mit dem elektronischen Kalender wird von allen gemeinsam geführt.

- Als Folge der elektronischen Kommunikation werden Texte weniger ausgedruckt und kopiert, sondern elektronisch weitergeleitet. Die Verteilung, z. B. an Mitarbeiter, erfolgt nicht mehr durch die Sekretärin.

- Unterstützungsleistungen, z. B. das Auffinden von Informationen durch die Sekretärin, werden reduziert, die Wartezeiten verringert.

- Programmierte Aufgaben mit Tabellenrechnen und Grafikerstellung werden zunehmend auch von Sekretärinnen durchgeführt.

- Jeder Mitarbeiter, auch die Sekretärin, kann mit Hilfe des Systems Grafiken zeichnen.

c) Veränderungen der Arbeitsorganisation

Die Arbeitsorganisation wird für alle mit dem System arbeitenden Mitarbeiter verändert:

- Aktivitätenplanung und -kontrolle sowie Terminplanung und -kontrolle werden konsequent unterstützt und durchgeführt.

- Viele Tätigkeiten können als Gesamtheit durchgeführt und müssen nicht mehr zergliedert werden.

- Viele Vorgänge müssen nicht mehr geplant, sondern können ad hoc am System erledigt werden.

- Mitteilungen werden über das System ohne Verzug eingegeben und abgeschickt.

- Eine Idee für eine grafische Darstellung kann schnell und auch versuchsweise umgesetzt werden.

- Der Arbeitsablauf wird durch das Abspeichern und Wiederauffinden von Informationen nicht mehr gestört.

- Während der Arbeit müssen die Arbeitsmittel seltener gewechselt werden, so daß weniger Verluste durch Umstellung auf andere Arbeitsmittel entstehen.

— Als Folge der elektronischen Kommunikation wird die Arbeit seltener
  unterbrochen und gestört.

10.5 Verkabelung

Die Verkabelung eines Betriebsgeländes einschließlich der entsprechenden Fertigungs- und Verwaltungsgebäude für eine innerbetriebliche Kommunikation sollte langfristig als eine strategische Aufgabe verstanden
werden. Die Verkabelung eines Betriebes sollte mit einer ausreichenden
und auch langfristig geplanten Kapazitätsreserve vorgenommen werden.
Sie sollte unabhängig von den Endsystemen erfolgen, da es unzweckmäßig
wäre, die Raumplanung in Gebäuden über längere Zeiträume durchzufüh-
ren. Die Flexibilität in der Raumplanung und -belegung durch das Ver-
legen von Kabeln einzuschränken, kann unter Umständen im Moment
Kosten einsparen, ist aber auf längere Sicht nicht ökonomisch. In [Boe 86]
werden Varianten für ein Verkabelungskonzept diskutiert. Die Verkabelung muß hierarchisch strukturiert werden und bestehende Infrastruktu-
ren sanieren. Meist sind Technikräume notwendig, denn eine Verkabelung
auf einem Betriebsgelände muß überwachbar sein.

Praktische Aspekte zur Installation der Einrichtungen und Übertragungsleitungen für Lokale Netze werden in [10-8] behandelt. Dabei werden die
Möglichkeiten zur zweckmäßigen vertikalen und horizontalen Kabelver-
legung innerhalb von Gebäuden sowie die einzuhaltenden Bedingungen
für Verbindungen zwischen Gebäuden ausführlich diskutiert. Die Integration von Netzwerk und Geräten ist besonders wichtig. In diesem Zusammenhang soll auch darauf hingewiesen werden, daß bereits in der Imple-
mentationsphase eine sorgfältige Dokumentation für das Lokale Netz als
Voraussetzung für den Betrieb und die Wartung zu erarbeiten ist.

11 Stand der Standardisierung

Anzustrebendes Ziel für die Kommunikation sind offene, d. h. hersteller-unabhängige Lokale Netze, die eine immer größere Bedeutung gewinnen, weil sie einerseits sehr flexible Lösungen unterstützen und andererseits auf Grund ihrer weiten Verbreitung zu kostengünstigen Ergebnissen führen. Die Integrierbarkeit von Systemen unterschiedlicher Hersteller erfordert in steigendem Maße eine Standardisierung. Es ist zweckmäßig, wenn diese auf der Basis des OSI-Referenzmodells erfolgt. Dieses Modell selbst ist keine Norm, sondern stellt den Rahmen für die Einordnung vorhandener und die Entwicklung neuer Protokolle und Schnittstellen für die Kommunikation dar. Die sieben Schichten des OSI-Modells sind inzwischen für eine weltweite einheitlich strukturierte Normungsarbeit unentbehrlich [6-2].

Im Mai 1980 erschien das Ethernet-Blaubuch von DIX. Dieser Herstellerstandard markiert den Beginn der Standardisierung für Lokale Netze [9-2].

Außer einigen Herstellern, die ihre LAN-Werkstandards erfolgreich durchsetzen konnten (ein anderes Beispiel ist MAP), befassen sich vor allem Gremien von ISO, IEEE, IEC, ECMA und CCITT mit der Standardisierung auf dem Gebiet der Lokalen Netze. Im folgenden sollen einige wichtige Aktivitäten dargestellt werden.

11.1 ISO-Standards

In der Internationalen Organisation für Standardisierung (ISO) befaßt sich das Projekt 16 des Subkomitees 6 des Technischen Komitees 97 mit dem Thema „Local Area Network". Dabei werden die von IEEE und ECMA vorgeschlagenen Standards berücksichtigt. Die folgende Aufstellung enthält die Ergebnisse dieser Projektgruppe und die im Zusammenhang mit dem OSI-Modell verabschiedeten sowie in Vorbereitung befindlichen ISO-Standards, deren Bedeutung für Lokale Netze jedoch unterschiedlich ist. Bei der Einordnung ist zu beachten, daß die Standards 8802/1 und 8802/3 bis 8802/6 mehrere Schichten umfassen (siehe Bild 6-3). Aus den Chiffren ist auch der aktuelle Bearbeitungsstand ersichtlich. Dabei bedeuten die Abkürzungen DP Vorschlagsentwurf (Draft Proposal), DIS Internationaler Standardentwurf (Draft IS) und IS Internationaler Standard.

Schichtenunabhängig:
ISO IS   7498 OSI-Basic Reference Modell
ISO DIS 7498-4 OSI-Management Framework

Schicht 1:
ISO IS   8802/3 CSMA/CD (entspricht IEEE 802.3)
ISO IS   8802/4 Token Bus (entspricht IEEE 802.4)
ISO IS   8802/5 Token Ring (entspricht IEEE 802.5)
ISO IS   8802/6 Slotted Ring
ISO IS   9314/2 FDDI

Schicht 2:
ISO DIS 8886 Data Link Service
ISO IS   8802/2 Logical Link Control (entspricht IEEE 802.2)
ISO IS   8802/3 bis 8802/6 (teilweise, MAC-Subschicht)
ISO IS   7776 HDLC (Interface für paketverm. Netz)
ISO IS   9314/2 FDDI (teilweise, MAC-Subschicht)

Schicht 3:
ISO IS   8802/1 LAN General Indroduction
ISO DIS 8880/1/2/3 LAN Conversion Protocols
ISO IS   8348 Network Service Definition
                (Connectionless/Connectionoriented)
ISO DIS 8473 Connectionless Internet Protocol
ISO DIS 8208 Packet Level Protocol X.25
ISO DP 8648 Internal Organization of Network Layer
ISO DIS 8881 X.25 Packet Level Protocols in LANs

Schicht 4:
ISO IS   8072 Transport Service Definition
ISO IS   8073 Transport Protocol Specification
ISO IS   8602 Connectionless Transport Protocol
ISO IS   8073/DAD 2 Class 4 Transport Protocol
                over Connectionless Network Service

Schicht 5:
ISO IS   8326 Connection-Oriented Session Service
ISO IS   8327 Connection-Oriented Session Protocol
ISO IS   8328 Connectionless-Mode Session Service using
                Connectionless-Mode Transport Service

Schicht 6:

ISO IS   8822 Connection-Oriented Presentation Service
ISO IS   8823 Connection-Oriented Presentation Protocol
ISO IS   8824 Abstract Syntax Notation, Specification
ISO IS   8825 Abstract Syntax Notation, Kodierung
ISO IS   8613 Text Structures
ISO IS   6937 Character Set for Text Communication

Schicht 7:

ISO IS   8571/1-4 File Transfer Access & Management (FTAM)
ISO IS   8613 Office Document Architecture/Office Document Interchange Format (ODA/ODIF)
ISO IS   8831 & 8832 Job Transfer & Manipulation (JTM)
ISO IS   8649/1-3 & 8650/1-3 Application Control Service Elements (ACSE)
ISO DIS 8211 Specification for a Data Descriptive File
ISO IS   8879 Standard Generalized Markup Language (SGML)
ISO IS   9040 & 9041 Virtual Terminal Service & Protocol (VTS)
ISO IS   9075 Data Bases, SQL-Instruction Set
ISO IS   8505 & IS 8883 Message Handling System (MHS)
ISO IS   9594 Directory Service
ISO IS   9595 & 9596 Management Services
ISO IS   9597 Data Bases, RDA-Protocol
ISO IS   9735 Electronic Data Interchange for Administration, Commerce and Transport (EDIFACT)

Es wäre zweckmäßig, wenn sich die Dienste an der Grenze zwischen den Schichten 4 und 5 zu Universalstandards entwickeln würden. Dies hätte zur Folge, daß die Probleme der Netztechnologie in den Hintergrund treten und LAN-Applikationen dominieren würden. Der Einsatz Lokaler Netze für vielfältige Anwendungen würde dadurch erleichtert.

ISO IS 8802/1 Data Communication-LAN-Part 1: General Introduction

In diesem Standard sind die allgemeinen Grundsätze für die Datenkommunikation in Lokalen Netzen festgelegt.

ISO IS 8802/2 Logical Link Control

Hier sind die folgenden Dienste definiert:

— Verbindungsloser Dienst ohne Quittung liefert die Hilfsmittel, mit denen Netzanschlüsse die Dateneinheiten der Verbindungsebene austauschen können, ohne daß eine Verbindungsebenen-Verbindung aufgebaut wird. Der Transfer kann als Punkt-zu-Punkt-, Broadcast- oder Rundsendung erfolgen.

- Verbindungsloser Dienst mit Quittung analog dem obigen mit dem Unterschied, daß Empfangsbestätigung erfolgt.

- Verbindungsorientierter Dienst, um LLC-Verbindungen einzurichten, sie zu benutzen, rückzusetzen und sie zu beenden.

ISO IS 8802/3 CSMA/CD – Zugriffsverfahren

Für LAN mit CSMA/CD und 10 MBit/s werden

- die Dienste, die an der Schnittstelle zwischen Physikalischer Schicht und Sicherungsschicht anzubieten sind, definiert sowie

- die Funktionen der Physikalischen Schicht und die elektrischen Eigenschaften für die Verbindung zwischen Endsystem und Kabel spezifiziert.

Das CSMA/CD-Verfahren wurde im Abschnitt 5.2.1 behandelt.

ISO IS 8802/4 Token-Bus – Zugriffsverfahren

Die Beschreibung des Verfahrens erfolgte in Abschnitt 5.4. Der Standard beinhaltet Token-Passing-Breitband-LAN und Einkanal-(Basisband-)-LAN. Er wurde im September 1983 vom IEC-Komitee gleichzeitig unter dem Namen Proway C verabschiedet. Der Standard hat in Verbindung mit MAP für die Industrieautomation große Bedeutung.

Für Lokale Netze mit dem Token-Bus-Steuerverfahren werden spezifiziert:

- die elektrischen und physikalischen Eigenschaften des Übertragungsnetzwerkes,

- die elektrischen Eigenschaften der Verbindung zwischen Endsystem und Übertragungsnetzwerk,

- die Funktionen der Physikalischen Schicht,

- die Dienste eines konzeptionellen Interfaces zwischen MAC- und LLC-Subschicht,

- die Funktionen innerhalb der MAC-Subschicht.

Das Verfahren ist im Abschnitt 5.3 erklärt. Der Token-Ring ist definiert mit Beipässen zur eventuellen Abschaltung einer fehlerhaften Station. Dies wird nach Fehlermeldung vom Stationsmanagement in einer höheren Ebene vorgenommen.

Für Lokale Netze mit dem Token-Passing-Ring-Steuerverfahren werden

– das Frame-Format einschließlich Begrenzer, Adressen und Prüfzeichen definiert und Timer, Frame-Zähler und Prioritäten-Stack eingeführt;

– das Medium-Zugangs-Protokoll definiert;

– die notwendigen Dienste der Medium-Zugangs-Steuer-Subschicht zum Netzwerk-Management, zur LLC und zur Physikalischen Schicht beschrieben;

– die physikalischen Steuerfunktionen zur Zeichenkodierung, zum zeitlichen Ablauf und zur Pufferung definiert sowie

– die geschirmte Zweidraht-Leitung zum Endsystem einschließlich des Medium-Interface-Anschlusses geschaltet.

11.2 IEEE-Standards

Das im Februar 1980 in der IEEE (Institution of Electrical and Electronic Engineers) gestartete Projekt 802 hatte die Standardisierung von Protokollen für Lokale Netze zum Gegenstand.

Dafür wurden sieben Arbeitsgruppen (WG) und zwei technische Beratungsgruppen (TAG) gebildet:

WG 802.1:   HILI (High Level Interface)
WG 802.2:   LLC (Logical Link Control)
WG 802.3:   CSMA/CD-Bus
WG 802.4:   Token Passing Bus
WG 802.5:   Token Passing Ring
WG 802.6:   MAN (Metropolitan Area Network)
TAG 802.7:   Broadband
TAG 802.8:   Fiber Optics
WG 802.9:   IVDLAN (Integrated Voice and Data LAN)

Jede der Arbeitsgruppen hat das Recht, eigene Standardisierungsvorschläge zur Abstimmung zu bringen. Dadurch ist eine unterschiedliche Bearbeitungsdauer bei den diskutierten Verfahren möglich.

Der IEEE-Standard 802 stellt eine Familie von LAN-Standards dar, die im wesentlichen die OSI-Schichten 1 und 2 behandeln (siehe Bild 11-1). Der Verbindungsschicht bei ISO entsprechen die beiden Subschichten Logische Verbindungskontrolle LLC und Medium-Zugriffskontrolle MAC. Die Physikalische Schicht wird unterteilt in physikalische Signalerzeugung PLS, Anschlußeinheiten-Interface AUI und Medium-Anschlußeinheit MAU.

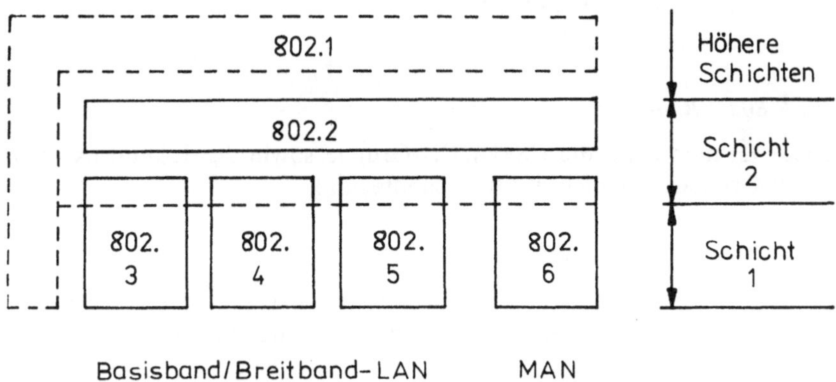

Bild 11-1. IEEE-Standard 802 [6-9]

IEEE 802.1 HILI

Dieses Interface zu den höheren Schichten behandelt die Beziehungen zwischen den einzelnen IEEE-Standards, ihre Einbettung in das OSI-Modell, Aspekte der Internetzwerk-Verarbeitung, des Netzwerk-Managements und der Adressierung.

IEEE 802.2 Logical Link Control

IEEE 802.3 CSMA/CD-System

IEEE 802.4 Token-Bus

IEEE 802.5 Token-Ring

Diese Standards hat die ISO mit nur unwesentlichen Abweichungen übernommen; sie sind im vorhergehenden Abschnitt bereits kurz kommentiert worden.

IEEE 802.6 MAN (Metropolitan Area Network)

Gegenstand dieses Standards sind u. a.:

- die Spezifikation für DQDB (Distributed Queue Dual Bus)
- Dienste, die von einem Netz für ein Großstadtzentrum erbracht werden sollen,
- die Verbindung LAN-MAN-LAN,
- entsprechende Zugriffsmethoden.

IEEE 802.7 Breitband

Diese Gruppe berät die CSMA/CD-Gruppe sowie die Token-Bus- und MAN-Gruppe bezüglich der Breitbandtechnik.

IEEE 802.8 Lichtwellenleiter

Die Aufgabe dieser Beratungsgruppe besteht darin, die anderen Gruppen in bezug auf die Lichtwellenleiter-Technik zu unterstützen.

IEEE 802.9 Multi-Service LAN Interface

Der Standard beschreibt ein IVLAN-Interface für integrierte Lokale Netze mit Sprach- und Datenübertragung. Es werden die Medium-Zugriffssteuerung (MAC) und die physikalischen Schichten definiert, die mit den Standards und Architekturen von IEEE 802 und ISDN kompatibel sind.

IEEE 802 Netzwerk-Management

Im IEEE-Standard sind für alle Schichten aller Versionen Netzwerk-Management-Schnittstellen definiert. (Diese umfangreichen Management-Funktionen fehlen bei ECMA.) Der Anhang C des Standards beschreibt den weiteren Ausbau des Managements.

IEEE 802 Internetzwerk-Verarbeitung

In einem weiteren Anhang wird die Internetzwerk-Verarbeitung für Lokale Netze behandelt, Funktionen für die Realisierung dieses Verkehrs sind

228

Basisfunktionen wie Adressierung über Netzwerkgrenzen und Routing in den Gateways sowie Ergänzungsfunktionen, die dann notwendig sind, wenn die verschiedenen Netze in einer Verbindung nicht im selben Umfang Dienste ausüben.

11.3 ECMA-Standards

ECMA (European Computer Manufactures Association) ist eine Vereinigung europäischer Computer-Hersteller, um gemeinsam interessierende Probleme zu beraten und Vorschläge für deren Lösung in Form sogenannter ECMA-Standards zu erarbeiten. Gegenwärtig existieren über 100 ECMA-Standards. Mit internen Netzen befassen sich die Technischen Komitees:

- TC 23 Zusammenschluß offener Systeme,
- TC 24 Kommunikations-Protokolle,
- TC 25 Daten-Netzwerke.

Von ihnen wurden u.a. folgende Schriften verabschiedet:

- ECMA TR/13: Network Layer Principles (Sept. 1982)

- ECMA TR/14: Local Area Networks/Layers 1 to 4/Architecture and Protocols (Sept. 1982)

- ECMA TR/19: Safety Requirements for Local Area Networks (Sept. 1984)

- ECMA TR/21: Local Area Networks/Internetworking for Distributed Systems (Sept. 1984)

- ECMA TR/29: OSI/Distributed Interactive Processings Environment (Sept. 1985)

- ECMA TR/32: OSI Directory Access Service and Protocol (Dez. 1985)

- ECMA TC 32-TG: Print Services (1989)

- Standard ECMA-72: Transport Protocol (2. Ausgabe Sept. 1982)

- Standard ECMA-75: Session Protocol

- Standard ECMA-80: Local Area Networks (CSMA/CD Baseband) Coaxial Cable System (2. Ausgabe März 1984)

- Standard ECMA-81: Local Area Networks (CSMA/CD Baseband) Physical Layer (2. Ausgabe März 1984)

- Standard ECMA-82: Local Area Networks (CSMA/CD Baseband) Link Layer (Sept. 1982)

- Standard ECMA-84: Data Presentation Protocol (Sept. 1982)

- Standard ECMA-85: Virtual File Protocol (Sept. 1982)

- Standard ECMA-89: Local Area Networks/Token Ring Technique (Sept. 1983)

- Standard ECMA-90: Local Area Networks/Token Bus Technique (Sept. 1983)

- Standard ECMA-92: Connectionless Internetwork Protocol (Sept. 1984)

- Standard ECMA-97: Local Area Networks/Safety Requirements (Sept. 1985)

- Standard ECMA-101: Office Document Architecture (ODA) and Interchange Format (Dez. 1988)

Da die ECMA-Standards teilweise mit den ISO- und IEEE-Standards identisch sind, interessieren im folgenden nur einige ECMA-typische Besonderheiten:

ECMA TR/13: Prinzipien der Netzwerk-Schicht

Der Anhang A behandelt Lokale Netze im OSI-Modell. Danach gibt es folgende Möglichkeiten der Übereinstimmung:

1. Die LAN-Architektur ist geschlossen. Es besteht keine Übereinstimmung mit dem OSI-Modell.

2. Die LAN-Architektur ist geschlossen. Es besteht graduell eine Übereinstimmung mit dem OSI-Modell, aber das LAN ist eine externe unsichtbare Komponente eines Endsystems. Diese Variante wird noch mehrfach unterteilt.

3. Das LAN existiert als Subset für den Zweck des Zusammenschlusses kompletter Endsysteme.

ECMA TR/14: LAN/Schichten 1 bis 4/Architektur und Protokolle

Dieser Bericht enthält

- eine Architektur für die Schichten 1 bis 4 für die direkte Kopplung von Lokalen Netzen;

230

— die Protokolle und Medien, die in diesen Schichten für einfachen Basis-
transfer innerhalb der Grenzen eines LAN-Subnetzes erforderlich sind.

ECMA TR/29: OSI/Verteilte interaktive Verarbeitungsumgebung

Dies ist der erste Report einer Serie, in der ECMA seine Ergebnisse zu verteilten Applikationen vorstellt. Es werden die für interaktive verteilte IV
notwendigen Merkmale beschrieben. Einige davon existieren nicht in der
OSI-Standardisierung.

Standard ECMA-80: LAN (CSMA/CD-Basisband) – Koaxialkabel-System

Für Basisband-LAN mit CSMA/CD und 10 MBit/s werden spezifiziert:

— die elektrischen und physikalischen Eigenschaften des Kabels,
— die elektrischen und physikalischen Eigenschaften des Kabelanschlus-
  ses und des Kabelabschlusses,
— die Konfigurierungsregeln für das Netz,
— die Installationsregeln für das Kabel und
— die Umgebungsbedingungen für das Kabelsystem.

Standard ECMA-81: LAN (CSMA/CD-Basisband) – Physikalische Schicht

— entspricht den Standards ISO DIS 8802/3 und IEEE 802.3.

Standard ECMA-82: LAN (CSMA/CD-Basisband) – Verbindungsschicht

Es werden

— die Dienste der Verbindungsschicht in abstrakter Form definiert,

— die Dienste an der Schnittstelle zwischen Verbindungsschicht und Physikalischer Schicht definiert,

— die Funktionen innerhalb der Verbindungsschicht spezifiziert,

— die Struktur und die Kodierung der Link-Protokoll-Dateneinheit spezifiziert und

— der Protokollumfang und die Zeitparameter der Verbindungsschicht
  spezifiziert.

Standard ECMA-85: Virtuelles File-Protokoll

Der Standard definiert

— ein virtuelles File-Modell,

– die Anwendung dieses Modells als abstrakte Wechselwirkung zwischen
zwei Nutzern des virtuellen File-Dienstes,
– das Protokoll zur Unterstützung dieses Dienstes und seine Abbildung
im darunterliegenden Anpassungsdienst und

spezifiziert die Bedingungen für die Übereinstimmung mit diesem Protokoll.

Standard ECMA-89: LAN-Token-Ring-Technik

Der Standard entspricht ISO DIS 8802/5 und IEEE 802.5.

Standard ECMA-90: LAN-Token-Bus-Technik

Der Standard entspricht ISO DIS 8802/4 und IEEE 802.4.

Standard ECMA-97: Sicherheitsanforderungen für LAN

Dieser Standard gilt für Netze, die aus (Fern-)Kabeln, Medium-Zugriffs-
einheit (MAU), Medium-Interface-Anschlüssen (MIC) und Kabeln
zwischen Endsystemen und den Netzwerkkomponenten bestehen. Der
Standard gilt nur für LAN mit normaler Arbeitsspannung, nicht über 25 V
Wechselstrom oder 60 V Gleichstrom.

Standard ECMA-101: Büro-Dokumenten-Architektur

Der Standard hat die Aufgabe, den Austausch von Bürodokumenten zu
erleichtern. Er liefert

– die Definition eines abstrakten Dokumentenmodells für die Darstellung von Bürodokumenten,

– die Definition von Text- und Bildinhaltsarchitekturen,

– das Format des Datenflusses für den Austausch strukturierter Dokumente entsprechend dem Modell,

– die Anforderungen für Implementierungen dieses Standards,

– die Spezifikation eines Dokumenten-Verarbeitungsmodells.

Weitere Arbeiten bei ECMA zu Lokalen Netzen betreffen:

– Einbindung von LAN/WAN-Gateways in die Architektur,

– Subschichten 3 a und 3 b in LAN,

– integrierte Schaltkreise in der Architektur,

– verbindungsorientierte Store-and-Forward-Internet-Gateways,

– verbindungslose Datenübertragung und mögliche andere nicht-verbindungsorientierte Arten der Transportschicht-Funktion,

– Sprach- und Bildübertragung in der Architektur,

– Management-Funktionen in der Architektur,

– detaillierte Adressierung für die vier unteren Schichten,

– zusätzliche Konkurrenzsteuerungen,

– Datensegmentierung in der Netzwerk- und Sicherungsschicht,

– weitere Protokollsätze,

– verbindungsorientierte Datenübertragung,

– Anpassungsspezifikation und Test.

11.4 Standardisierungsvorhaben FDDI

Für Lokale Netze hoher Leistung mit Lichtwellenleitern wurde im Jahre 1987 vom Komitee ANSI X3T9.5 (ANSI-American National Standards Institute) der Standardentwurf FDDI veröffentlicht. FDDI besteht aus den folgenden vier Hauptelementen [9-13]:

PMD-Layer (Physical Medium Dependent Layer),
PHY-Layer (Physical Layer Protocol),
MAC-Layer (Media Access Protocol),
SMT-Layer (Station Management).

Die drei erstgenannten Sektionen hatten Ende 1989 bereits den DIS-Status erreicht. PMD beschreibt die optischen Eigenschaften von FDDI-Lichtwellenkabeln: Wellenlänge, Lichtintensität, Flanke und Jitter des Signals. PHY enthält die Kodierung und die Dekodierung nach dem 4B/5B-Verfahren. MAC definiert, wie FDDI-Datenpakete aufgebaut sind. Die vierte Sektion, das Stations-Management, behandelt die Netzkonfiguration und -steuerung. SMT implementiert Mechanismen für die Fehlererkennung und Fehlerkorrektur. Fallen Stationen aus, sorgt das SMT dafür, daß das Netzwerk entsprechend umkonfiguriert wird. Der wichtigste Teil des SMT, das Connection-Management, überwacht die Eingliederung neuer Stationen in einen bestehenden Ring. Der FDDI-Standard wurde 1990 ratifiziert. Zwei zusätzliche Sektionen für Single-Mode Physical Medium

Dependent (SM-PMD) sowie die Hybrid Ring Control (HRC) befinden sich zur Zeit noch im Entwurfsstadium. Der SM-PMD definiert die Konfigurations-Regeln für FDDI bei Verwendung von Single-Mode-LWL.

FDDI basiert auf den Standards ISO 8802/5 für Token-Ring mit 4 MBit/s und ANSI-LDDI für Token-Bus mit 50 MBit/s. Es wird ein modifiziertes Token-Ring-Steuerverfahren verwendet. Die Ringverweilzeit beträgt nur einige Millisekunden.

Für die digitale Sprach- und Videokommunikation ist das 1988 initiierte Standardisierungsvorhaben FDDI-2 besonders geeignet. Mit Hilfe des dort verwendeten hybriden Steuerverfahrens ist es möglich, in ein und demselben Lokalen Netz sowohl kontinuierlich anfallende (Stream-) Nachrichten als auch stoßartig auftretende (Burst-)Daten zu übertragen [9-12].

Literaturverzeichnis

[1-1] Stollenmayer, P.: Telekommunikationsanlagen zur Rechnerkommunikation. HMD Bd. 26 (1989), Nr. 148, S. 89/101

[1-2] Kauffels, F.-J.: Lokale Netze – Status Quo und Progreß. Angewandte Informatik Bd. 25 (1983), Nr. 11, S. 465/475

[1-3] Moericke, M.: Lokale Netze – ein Vergleich. HMD Bd. 20 (1983), Nr. 111, S. 27/35

[1-4] Lindemann, B.: Lokale Netze und Nebenstellenanlagen. Nachrichtent. Elektronik Bd. 38 (1988), Nr. 7, S. 253/256

[1-5] Mierzowski, K.: CIM – die Konzeption für die Fabrik der Zukunft? Elektron. Rechenanlagen Bd. 27 (1985), Nr. 1, S. 31/34

[1-6] Kaminski, M. A.: Protocols for Commun. in the Factory. IEEE Spectrum Bd. 23 (1986), Nr. 4, S. 56/62

[1-7] Szyperski, N.; Grochla, E.; Höring, K.; Schmitz, P.: Bürosysteme in der Entwicklung. Braunschweig-Wiesbaden 1982

[1-8] Höring, K.; Bahr, K.; Struif, B.; Tiedemann, C.: Interne Netzwerke für die Bürokommunikation. Heidelberg 1983

[1-9] Garbe, K.: Steuerung und Überwachung des Betriebes eines lokalen Rechnernetzes. Das Rechenzentrum Bd. 2 (1985), S. 79/83

[1-10] Abraham, V.: Observations on Operating a Local Area Network. Computer 1985, Nr. 5, S. 51/65

[1-11] Kündig, A.: Rechnernetze – Begriffe, Konzepte, Anwendungen. HMD Bd. 26 (1989), Nr. 148, S. 3/31

[1-12] Durr, M.; Gibbs, M.: Praxis der PC-Vernetzung. Bonn u. a.: Addison-Wesley 1990

[1-13] Tietz, W. (Hrsg.): CCITT-Empfehlungen der F-Serie. Sonderband Mitteilungs-Übermittlungsdienste und Verzeichnisdienste. Serien F.400 und F.500. Heidelberg 1989

[1-14] Kauffels, F.-J.: Lokale Netze – Systeme für den Hochleistungs-Informationstransfer. 2. Aufl., Köln-B. 1986

[1-15] Szypersky, N.; Höring, K.: Elektronische Mitteilungssyteme – Ein aktuelles Medium für die Bürokommunikation. net-spezial 1985, Nr. 10, S. 4/8

[1-16] Pickering, G. R.; Morris, H. A.: LANs – Eine Lösung für morgen. HMD Bd. 20 (1983), Nr. 111, S. 37/52

[1-17] Bayer, B.; Eckardt, K.; Kießling, W.; Killar, D.: Verteilte Datenbanksysteme. Informatik-Spektrum Bd. 7 (1984), S. 1/19

[1-18] Clark, D. D.; Progran, K. T.; Reed, D. P.: An Introduction to LANs. Proc. of the IEEE Bd. 66 (1978), Nr. 11, S. 1497/1517

[1-19] Blomeyer-Bartenstein, H. P.: Netze, die alles verbinden. Online 1983. Nr. 3, S. 107/108

[1-20] Boell, H.-P.: Lokale Netze. ÖVD/Online 1981, Nr. 6, S. 450/454

[1-21] Ravasio, P. C.; Hopkins, G.; Naffah, N. (Hrsg.): Local Computer Networks. Amsterdam, New York, Oxford 1982

[1-22] Cohen, D.: Using LANs for Carrying Online Voice. In [1-21], S. 13/21

[1-23] Krönert, G.: Die Rolle von ODA/ODIF für den Austausch von Bürodokumenten. Online 91, Hamburg 4.-8.2.1991, Bd. 3, S. 6.1-6.17

[1-24] Thomas, H.: EDIFACT-Standardisierungsprozeß. Online 91, Hamburg 4.-8.2.1991, Bd. 3, S. 2.1-2.22

[2-1] Liu, M. T.: Distributed Loop Computer Network. In Adv. in Computers 17, New York 1978, S. 163/221

[2-2] Nehmer, J.: Verteilte Systeme. it Bd. 29 (1987), S. 377/378

[2-3] Davies, D. W.; Holler, E.; Jensen, E. D.; Kimbleton, S. R.; Lampson, B. W.; Lann, G. Le; Thurber, K. J.; Watson, R. W.: Distributed Systems – Architecture and Implementation. Berlin u. a. 1983

[2-4] Tanenbaum, A. S.; Renesse, R. van: Distributed Operating Systems. ACM Comput. Surv. Bd. 17 (1985), S. 419/470

[2-5] Lindemann, B.; Radmanesh, R.: Verteilte DV-Systeme. Ztschr. rt/dv Bd. 17 (1980), Nr. 8, S. 7/10

[2-6] Zenk, A.: Leitfaden für Novell Netware. Bonn Addison-Wesley 1990

[2-7] Steinmetz, R.; Schmutz, H.; Nehmer, J.: Netz-Betriebssystem / verteiltes Betriebssystem. Informatik-Spektrum Bd. 13 (1990), Nr. 1, S. 38/39

[2-8] Dowsing, R. D.: Software for Distributed Computing. Comp. Physics Comm. Bd. 26 (1982), S. 35/40

[2-9] Enslow, P. H.: Distributed Data Processing Systems. Infotech State of the Art, 1978, S. 141/156

[2-10] Enslow, P. H.: What is a Distributed Data Processing System? Computer Bd. 11 (1978), Nr. 1, S. 13/21

[2-11] Lindemann, B.: Verteilte DV-Systeme – Verarbeitungsprinzipien und Komm.Systeme. Ztschr. rt/dv Bd. 20 (1983), Nr. 8, S. 10/15

[2-12] Giloi, W. K.: Rechnerarchitektur. Berlin u. a. Springer 1981

[2-13] Dobnik, O.: Verteiltes DV-System. Informatik-Spektrum Bd. 4 (1981), S. 274

[2-14] Technology Focus: Bussystems and Networks. Electronic Engineering, March 1983, S. 117/128

[2-15] Bass, C.; Kennedy, J. S.; Davidson, J. M.: Local network gives new flexibility to distributed processing. Electronics Bd. 53 (1980), Nr. 25, Sept., S. 114/122

[2-16] Lindemann, B.: Lokale Computernetze. Berlin 1988

[2-17] Boell, H.-P.: Klassifikation des Marktes für Lokale Netze. ÖVD/ Online 1982, Nr. 6, S. 58/62

[2-18] Wagner, B.: Zum Problem der Namen in einem lokalen Netz. Informatik-Spektrum Bd. 7 (1984), S. 166/171

[2-19] Dobnik, O.: Was ist Telematik? El. Rechenanlagen Bd. 27 (1985), Nr. 1, S. 23/27

[2-20] Donner, H.; Poschenrieder, W.: Offen für alles. COM Bd. 21 (1986), Nr. 2, S. 11/14

[2-21] Mamrak, S. A.; Leinbaugh, D. W.; Berk, T. S.: Software Support for Distributed Ressource Sharing. Comp. Networks and ISDN Syst. Bd. 9 (1985), Nr. 2, S. 91/107

[2-22] Radszus, F.: Kompatibilitätsprobleme bei DDP mit mehreren Rechnern. Online 1981, S. 976-979

[2-23] Saltzer, J. H.: On the Naming and Binding of Network Destinations. In [1-21], S. 311-317

[2-24] Schneeweiss, W.: Selbstdiagnose in lokalen Rechnernetzen. Elektron. Rechenanlagen Bd. 26 (1984), Nr. 6, S. 298/304

[2-25] Tsay, D.P.; Liu, M.T.: Mike – a Netw. Operating System. IEEE
Trans. Softw. Eng. SE Bd. 9 (1981), Nr. 2, S. 143/154

[2-26] Emery, J.C.: The Design and Management of Distr. Computing
Systems. Infotech State of the Art, 1978, S. 117/137

[2-27] Wah, B.W.; Lien, Y.N.: Design of distr. Databases on Local Comp.
Systems with a Multiaccess Network. IEEE Trans. Software Eng. SE
Bd. 11 (1985), Nr. 7, S. 606/619

[3-1] Kraus, G.: Einführung in die Datenübertragung. München, Wien
1978

[3-2] Dallas, I.N. (Hrsg.): Ring Technology LANs. Proceed. of the IFIP
WG 6.4, Kent 28.-30.9.1983, North-Holland 1984

[3-3] Saltzer, J.H.; Progran, K.T.: A Star-Shaped Ring Network with high
Maintainability. Computer Networks Bd. 4 (1980), Nr. 5, S. 239/244

[3-4] Wiemann, B.; Ries, W.; Palz, M.; Farber, G.; Demmelmeier, F.: Bussysteme. rtp Bd. 25 (1983), Nr. 4, S. 33/36; Nr. 7, S. 45/48; Nr. 10,
S. 61/64; Nr. 11, S. 69/72

[3-5] Farber, D.J.: A Ring Network. Datamation Bd. 21 (1975), Nr. 2,
S. 44/46

[3-6] Local Net 84: Proc. of the Conf. New York 1984

[3-7] Sinnema, W.: Electronic transmission technology. New Jersey 1979

[3-8] Walke, B.: Vor- und Nachteile der Datenpaketvermittlung. Informatik-Spektrum Bd. 7 (1984), Nr. 4, S. 221/236

[3-9] Hayes, J.F.; Sherman, D.N.: Traffic Analysis of a Ring Switched
Data Transmission System. Bell. Syst. Techn. Journ. Bd. 50 (1983),
S. 2947/2978

[3-10] Lindemann, B.: Lokale Rechnernetze als Ringsysteme. Nachrichtent./Elektronik Bd. 35 (1985), Nr. 9, S. 346/351

[4-1] Hawlik, R.: Verkabelungsarten, Kabeltypen. LANline Bd. 2 (1990),
Nr. 2/3, S. 26/33

[4-2] Gallagher, R.T.: All-Optical Bidirectional Local Network. Electronics Bd. 55 (1982), Nr. 29.12., S. 47/48

[4-3] Philippow, E. (Hrsg.): Taschenbuch der Elektrotechnik Bd. 4, Berlin
1989

[4-4] O.V.: Verstärkerchip für Glasfaserleitungen. ÖVD/Online 1984, Nr. 4, S. 32

[4-5] Baues, P.: Lokale Netze mit LWL. Informatik-Spektrum Bd. 8 (1985), S. 260/272

[4-6] Michaelis, F. De; Mirra, C.: Signal Transmission over Electric Power Distr. Network. Cired 85,8. Intern. Conference Electr. Distrib. Brighton 20.5.-24.5.1985. Conf. Publ. No 250, London 1985, S. 266/269

[4-7] Rush, J.W.: Microwave links add Flexibility to Local Networks. Electronics Bd. 55 (1982), Nr. 13.1, S. 164/167

[4-8] Gregory, J.: Infrared links between offices. Data Processing Bd. 27 (1985), Nr. 2, S. 20/27

[4-9] Thurber, K.J.; Freeman, H.A.: Many Makers unlosse a Flood of Local Nets. Electronics Bd. 55 (1982), Nr. 27. Jan., S. 90/95

[4-10] Barsch, A.; Jäncke, K.-H.: ROLANET1 mit Lichtwellenleitern. MP Bd. 2 (1988), Nr. 12, S. 360/363

[4-11] Brick, D.B.: Overview of Fiber Local and Wide Area Networks. Mini/Micro Northeast, 1984 Comp. Conf. and Exhibition. Los Angeles 1984, Bd. 9/1, S. 1/10

[4-12] Favre, J.L.: Carthage – a Multiservice Local Network on a Fiber Optic Loop. In [1-21], S. 23/37

[4-13] Finley, M.E.: Optical Fibers in LAN. IEEE Comm. Mag. Bd. 22 (1984), Nr. 8, S. 22/35

[4-14] Ikemann, H.; Lee, E.S.; Boulton, P.I.: High Speed Network uses Fiber Optics. Electronics Week Bd. 57 (1984), Nr. 22.10., S. 95/100

[4-15] Rahm, M.W.: Broadband network – A User Perspective. IEEE Commun. Mag. Bd. 22 (1984), Nr. 7, S. 7/10

[4-16] Watson, I.: The Integrated Services Local Network. Br. Telecom. Technol. J. (GB) Vol. 2 (1984), Nr. 4, S. 26/33

[5-1] Spaniol, O.: Konzepte und Bewertungsmethoden für lokale Rechnernetze. Informatik-Spektrum Bd. 5 (1982), Nr. 5, S. 152/170

[5-2] Tobagi, F.: Multiaccess Protocols in Packet Communication Systems. IEEE Transactions on Communications Vol. COM-28 (1980), Nr. 4, S. 468/488

[5-3] Chlamtac, I.; Franta, W. R.; Patton, P. C.; Wells, B.: Performance Issues in Back-End Storage Networks. Computer Bd. 13 (1980), Nr. 2, S. 18/31

[5-4] Tanenbaum, A. S.: Computer Networks. Englewood Cliffs: Prentice Hall 1982

[5-5] Bux, W. u. a.: A LAN based on reliable Token Ring System. In [1-21], S. 69/82

[5-6] Stieglitz, M.: A LSI Token Controller. COMCON 82, 22.-25. Feb. San Francisco, S. 115/120

[5-7] Pierce, J. R.: How far can Data Loops go? IEEE Trans. Commun. COM-20 (1974), S. 527/530

[5-8] Steward, E. H.: A Loop Transmission System. Proceedings of the Intern. Communicat. Conf. 1970, S. 36.1/36.9

[5-9] Farmer, W. D.; Newhall, E. E.: An Exp. Distributed Switching System, Proc. ACM Symp. Probl. Optim. Data Comm. Syst., S. 1/33

[5-10] Weller, D. R.: A Loop Comm. System. Proc. Soc. Conf. 1971, S. 77/80

[5-11] Bux, W.: Local Area Subnetworks – A Performance Comp. IEEE Transact. on Comm. Bd. 29 (1981), Nr. 10, S. 1465/1474

[5-12] Lindemann, B.: Lokale Netze – Zugriffsverfahren. Nachrichten-techn. Elektronik Bd. 34 (1984), H. 9, S. 326/330

[5-13] Liu, M. T.; Babic, G. A.; Pardo, R.: Traffic Analysis of the Distributed Loop Computer Network (DLCN). Proc. Nat. Telecomm. Conf. 1977, S. 31.5.1./31.5.7.

[5-14] Löffler, H.: Lokale Netze. Berlin 1987

[5-15] Fayolle, G.; Gelenke, E.; Labetoulle, J.: Stability and Control of Packet-Switched Broadcast Channels. Journal of ACM. Bd. 24 (1977), S. 375/386

[5-16] Arden, B. W.; Lee, H.: Analysis of Chordal Ring Network. IEEE Trans. on Comm. Bd. 29 (1981), H. 4, S. 291/295

[5-17] Babic, G. A.: Performance Analysis of Loop Computer Network. In [1-21], S. 477/502

[5-18] Chlamtac, I.; Ganz, O.: Comm. Interface for Multiple Access Bus Networks. Comput. Networks and ISDN Syst. Bd. 9 (1985), Nr. 3, S. 177/189

[5-19] Davidson, J.M.: Connection-oriented Protocol of Net/One. In [1-21], S. 319/331

[5-20] Davies, D.W.; Barber, D.L.; Price, W.I.; Solonides, C.M.: Computer Networks and their Protocols. London 1979

[5-21] Eisenhard, B.: Omninet. COM CON 82, 22.-25.2., San Francisco, S. 174/181

[5-22] Goel, R.K.; Elhaheem, A.K.: A Hybrid Fara CSMA/CD Protocol for Voice Data Integration. Comp. Netw. and ISDN Syst. Bd. 9 (1985), Nr. 3, S. 223/240

[5-23] Hübner, H.: Codemultiplexanordnung mit Direktmodulation. DBP Forschungsinstitut beim FTZ, TBR 61, Februar 1980

[5-24] Lazarev, V.G.: Control of Flow in Computer Networks. Tekh. Kibern. (UdSSR), Bd. 21 (1983), Nr. 5, S. 85/97

[5-25] Levin, D.P.: Comparing Local Communic. Alternatives. Data Commun. Bd. 14 (1985), Nr. 3, S. 243/256

[5-26] Murphy, J.A.:Token Passing Protocol boots Througput. Electronics Bd. 55 (1982), Nr. 8.9., S. 158/163

[5-27] Pflügl, M.; Damm, A.: Kommunikationsmechanismen verteilter Systeme und ihre Echtzeitfähigkeit. Informatik-Spektrum Bd. 12 (1989), Nr. 2, S. 121/132

[6-1] Ganzhorn, K.: Beziehungen zwischen Informationsverarbeitung und Kommunikation. In: Andres, A.; Schünemann, C. (Hrsg.): Informationsverarb. und Kommunikation. München, Wien 1979

[6-2] ISO: Data Processing-Open System Interconnection-Basic Reference Modell. Draft Proposal ISO/IS 7498, 1984

[6-3] Bulin, K.; Schragl, R.: Session Synchronisationsfunktionen. Informatik-Spektrum Bd. 7 (1984), S. 214/220

[6-4] Bochmann, G.v.; Sunshine, C.A.: Formal Methods in Comm. Protocol Design. IEEE Trans. on Comm. COM-Bd. 28 (1980), Nr. 4, S. 624/631

[6-5] Garbe, K.; Heymer, V.: Das OSI-Referenzmodell. Ztschr. rt/dv Bd. 25 (1988), Nr. 7, S. 5/9

[6-6] Zander, K.: Kommunikationstechnik der Zukunft. Fachtagung KomCom 89, TU Dresden, 14.-16.2.1989

[6-7] Novell: Netware 386 v 3.0. Prospekt, Düsseldorf 1990

[6-8] Sollfrank, E.: APIs – Ein Blick auf NetBIOS. LANline 1989, H. 8, S. 22/27

[6-9] IEEE Computer Society: IEEE Project 802, LAN Standards, Draft D, Dec. 1982

[6-10] Lindemann, B.; Radmanesh, R.: Das Verteilte DV-System ATLAS für die exp. Foschung (russ.). 1. Intern. Kolloquium zur Anwend. der wiss. Forschung. Pushino/Moskau 22.9.-2.10.82

[6-11] IBM: Systeme verbinden – Kommunikation mit IBM AS/400. IBM Form GE 12-2020-3, 1990

[6-12] Sunshine, C.A.: Adressing Problems in Multi-Networks Systems. Proceedings of the IEEE Infocom, March 1982

[6-13] Novell: Communicating in the NetWare Environment. Provo 1990

[6-14] Vollmer, R.: Anwender setzen weltweit Standards. Online 1986, Nr. 1, S. 44/49

[6-15] Berry, D.: Protocol standardization. Electronics Bd. 57 (1984), Nr. 14.6., S. 148/151

[6-16] Sacher, D.: Internationale Standards als Basis zukünftiger Büro-lösungen. Online 91, Hamburg 4.-8.2.1991, Bd. 3, S. 3.1-3.14

[6-17] Kauffels, F.-J.: Open Systems Interconnection: Anwendungsdienste, Management, Sicherheit. Wege zur europaweiten Kommunikation. Online 91, Hamburg 4.-8.2.1991, Bd. 3, S. 24.1-24.38

[7-1] Lindemann, B.: Hardware für den Anschluß an Lokale Netze mit Basisbandübertragung. Nachrichtentechn. Elektronik Bd. 38 (1988), Nr. 10, S. 377/381

[7-2] Balakrishnan, R.V.: Kostengünstige Netzwerkknoten mit Ethernet/Chapernet-IC-Satz. Elektronik Bd. 33 (1984), Nr. 22, S. 91/95

[7-3] Beach, R.; Galin, R.; Kornhauser, A.; Mashe, S.; Van-Mierop, D.: System-level functions enhance controller IC. Electronics Bd. 55 (1982), Nr. 6.10., S. 95/97

[7-4] Coleman, V.; Ermlovich, T.; Vittera, J.: Controller Chips. Electronics Bd. 55 (1982), Nr. 6.10., S. 92/94

[7-5] Hindin, H. J.: Chip sets. Computer Design Bd. 24 (1985), Nr. 6, S. 69/74

[7-6] Hofer, R.: VLSI-Controller übertrifft Ethernet-Forderungen. Elektronik 31 (1982), Nr. 22.10., S. 67/71

[7-7] Pittroff, L.; Cooper, S.: VLSI Manchester Encoder-Decoder. Electronics Bd. 56 (1983), Nr. 17.11., S. 148/150

[7-8] Schütt, D.: Parallelarbeitende Maschinen. Informatik-Spektrum Bd. 3 (1980), Nr. 2

[7-9] Way, D.: Front-end processors smooth local network-computer integration. Electronics Bd. 57 (1984), Nr. 3, S. 135/139

[7-10] Lineback, J. R.: TI Pares chip set for IBM Token Ring. Electronics Bd. 59 (1986), Nr. 20, S. 36/37

[8-1] Danthine, A. A. S.: Network Interconnection. In [1-21], S. 289/308

[8-2] Dalal, Y. K.; Metcalfe, R. M.: Reserve Path Forwarding of Broadcast Pakets. Comm. of the ACM, Bd. 21 (1978), Nr. 12, S. 1040/1048

[8-3] Estin, J.; Carrico, B.: Gateways promise to link Networks. Electronics Bd. 55 (1982), Nr. 22.9., S. 145/150

[8-4] Lindemann, B.: Subnetzwerk-Verarbeitung und Internetzwerk-Verarbeitung in Lokalen Netzen. Nachrichtentechn./Elektronik Bd. 35 (1985), Nr. 12, S. 461/467

[8-5] Pfeifer, T.; Rühle, W.: Derzeitige Situation und Chancen von MAP. atp Bd. 28 (1986), Nr. 3, S. 109/116

[8-6] Lackner, H.; Zorn, W.: LINK-Lokales Informatiknetz Karlsruhe. Elektron. Rechenanl. Bd. 26 (1984), Nr. 5, S. 254/260

[8-7] Lindemann, B.: Funktionseinheiten für den Zusammenschluß Lokaler Netze mit anderen Netzen. TH Leipzig, 5. Wiss. Konferenz Anlagenautomatisierung. 20.-22. 5. 1986, Bd. 2, S. 79/82

[8-8] Bohrländer, E.; Gora, W.: Netzwerke sind kein Luxus. Deckblatt 1990, Nr. 7, S. 18/24

[8-9] Oppen, D. C.; Dalal, Y. K.: The Clearinghouse. Xerox Office P.D. Palo Alto OPD-T 8103, 1981

[8-10] Shoch, J. F.: Internetzwork Naming, Adressing and Routing. 17th IEEE Comp. Soc. Intern. Conf. Sept. 1978, S. 430/437

[8-11] Swoboda, J.: Digitale Nebenstellenanlagen im dienstintegrierten digitalen Netz ISDN. Informatik-Spektrum Bd. 7 (1984), Nr. 2, S. 138/153

[8-12] Networks 84. Proc. of the Europ. Comp. Comm. Conf. London 3. 7.-5. 7. 1984

[9-1] Metcalfe, R. M.; Boggs, D. R.: Ethernet-Distributed Packet Switching for Local Computer Networks. Comm. ACM Bd. 19 (1976), Nr. 7, S. 395/404

[9-2] Xerox, Intel, DEC: Ethernet: A Local Area Network-Data Link Layer and Physical Link Layer Specifications. Version 1.0. Stanford 1980

[9-3] Suppan-Burowka, J.: Ethernet-Handbuch. Puhlheim 1987

[9-4] O. V. Ethernet LANs get a path to IBM's Token Ring. Electronics Bd. 58 (1985), Nr. 11.11., S. 58/59

[9-5] Reithmann, N.: IBM-Token-Ring-Netzwerk. Haar 1987

[9-6] IBM-Großrechner jetzt auch an Token-Ring anschließbar. it Bd. 28 (1986), Nr. 4, S. 263/264

[9-7] Franke, H. W.: Kommunikation zwischen multifunktionalen Arbeitsstationen über lokale Netze. HMD Bd. 19 (1982), Nr. 108, S. 89/103

[9-8] Wang Laboratories Inc.: Herstellerunterlagen zu Wang NET. Lowell, MA 1982

[9-9] General Motors: MAP 3.0, Warren 1987

[9-10] Boeing Computer Service: TOP 3.0, Seattle 1987

[9-11] Annamalal, K.: FDDI Physical Layer Implementation Considerations, Proc. Spie. Int. Soc. Opt. Eng. Vol. 991 (1988), S. 88/95

[9-12] Eberspächer, J.; Heiss, L.: Ein breitbandiges Lokales Netz mit kombinierter Ring-Stern-Struktur. ntz Archiv Bd. 10 (1988), Nr. 9, S. 247/257

[9-13] Cooper, M.; Sauer, C.: FDDI-Strategie der 90er Jahre. Datacom Bd. 7 (1990), Nr. 3, S. 148/154

[9-14] Schneider; Koch: Ethernet/FDDI-Router. Der Netzwerker 1990, Nr. 9, S. 8/10

[9-15] Dalal, Y. K.: Use of Mutiple Networks in Xerox's Network System. COMCON 1982, 22.-25. 2. San Franc., S. 391/397

[9-16] Dieterle, G.: Weg zu MAP und TOP. rtp Bd. 28 (1986), Nr. 4, S. 162/168

[9-17] Network Systems: Höchste Zeit für Hochgeschwindigkeit. Prospekt 1990

[9-18] Burr, E.; Carpenter, R. J.: Wideband local area nets. Electronics Bd. 57 (1984), Nr. 3.5., S. 145/150

[9-19] Rzehak, H.: Die Abwicklung von Realzeit-Aufträgen in MAP-Netzen. atp Bd. 30 (1988), Nr. 10, S. 488/495

[9-20] Mierzowski, K.: Anwender von MAP und TOP „erschlagen". Online 1987, H. 6, S. 8/10

[9-21] Sauer, A. M.: A Local Area Multiprocessor Network. COMCON 82, IEEE Catalog 82, S. 1 739/1 742, 1 787/1 791

[9-22] Buchner, K. H.: Techn. Kommunikation in der Automatisierungstechnik. atp Bd. 28 (1986), Nr. 3, S. 117/121

[9-23] Büsing, W.: MAP für die Prozeßleittechnik: Die Herausforderung bleibt. atp Bd. 29 (1987), Nr. 10, S. 457/461

[10-1] Goebel, P.: Die organisatorische Problematik lokaler Netzwerke. Angewandte Informatik Bd. 26 (1984), Nr. 7, S. 273/279

[10-2] Robotron-Vertrieb: RVS K 1800. Programmtechn. Beschreibung Netzsoftware. Berlin 1988

[10-3] ISO: OSI Management Framework-DP ISO/TC97/SC21/. 14. 9. 1986

[10-4] Witt, K. U.: Netzmanagement-Problembestimmung und Lösungsansätze. Angewandte Informatik Bd. 1 986, Nr. 8, S. 323/328

[10-5] Garbe, K.: Rechnernetzverwaltung. Ztschr. rt/dv Bd. 26 (1989), Nr. 1, S. 17/24

[10-6] Wesseler, B.: Netzmanagement, mehr schlecht als recht. Online 1989, Nr. 1, S. 22/29

[10-7] Kinder, K.: Erste Erfahrungen aus dem laufenden Pilotprojekt „Netzwerksystem Ethernet in einem Großunternehmen". In: [1-24], S. 38/55

[10-8] Kreager, P.S.: Practical Aspects of Data Communications. New York u.a. Mc Graw Hill 1983

[10-9] Bittmann, P.: Erfahrungen beim Betrieb eines lokalen Netzes in einem HS-RZ. Das Rechenzentrum 1985, Nr. 1, S. 18/27

[10-10] Boell, H.-P.: Verkabelung als Strategie. ÖVD/Online 1986, Nr. 2, S. 19

[10-11] Kauffels, F.-J. (Hrsg.): LAN-Praxis. Köln 1985

[10-12] Lindemann, B.; Sprinz, H.; Jung, R.; Sack, G.: Automatisierung der MWE und MWV eines NMR-Spektometers und Integration in ein LCN. Isotopenpraxis Bd. 22 (1986), Nr. 1, S. 32/35

[10-13] Hegenbarth, B.: IT-Ratsbeschluß der EG aus Herstellersicht: Einfluß auf IT-Strategie, Normenkonformität der OSI-Implementierungen, IBM-Produktentwicklungen. Online 91, Hamburg 4.-8.2.1991, Bd. 3, S. 13.1-13.14

Anhang

LAN-Software-Pakete

Programm-name	Unterstützte Netzwerke	Entwickler Anbieter	Paßwortschutz Record Locking Datenmodell	Bemerkungen/ Schnittstellen zu
Datenbank-Programme				
Adad 3.0 +	IBM Token R. IBM PC Net	Simware	BG/B/D/DS/F RL/Rel	Programmierung ähnlich dBaseIII
Adimes	alle LAN mit DOS, Novell	ADI Soft-ware	BG/B/D RL/Rel	Pascal, C, Fortran, dBaseIII, Lotus, Multiplan
dBase III Plus	IBM Token R. IBM PC Net 3COM	Ashton Tate	BG/B/D/DS/F RL/Rel	Schnittstellen zu höheren Sprachen, Entwicklungstool
Concept 16	IBM Token R. Novell, 3COM	Vectorsoft	F RL/Rel	viele Programmier-sprachen, Textkom.
Delta 4.3	Ethernet IBM Token R. 3COM, Novell	Compsoft	BG/B/D/DS/F RL/Rel/Hier	Lotus 1-2-3, Word-star, Word Perfect, Multiplan
F + A	IBM PC Net IBM Token R. Netware, 3Plus	ABC Tra-ding	RL/Hier	Paßwortschutz und Concurrent Update programmierbar
PC/Focus	IBM Token R. Novell	Berger&Co	B/D/DS/F RL/Hier	Mainframe (IBM, VAX und Wang)
Freebase	Novell, alle mit DOS 3.1-Kommandos	Soft-System	B/F RL	Datenmodell voll textinvertiert, Volltext-Suchsystem
Ingres PC	Ethernet Novell	Relational Technology	BG/B/D/DS/F RL/Rel	Beliebig viele Daten-banken verknüpfbar
Inovis X86	PC Net Novell	Inovis	B/D RL/Rel	Schnittstelle für Pascal, C, Fortran

Name	Netze	Hersteller	Eigenschaften	Bemerkungen
LAN-Know-ledgeman2	IBM Token R. 3COM, Novell	ADV/Orga	BG/B/D/DS/F RL/Rel	weitere Module sind K-Grafik, K-Paint u. a.
Lars	IBM Token R. PC-Net, Novell	Midas	BG/B/D/DS/F	Archivierungs- und Recherchesystem
Oracle Profess.	alle Netze mit DOS-K.	Oracle	B RL/Rel	SQL-Tools
Paradox 2.0	IBM Token R. Starlan, 3COM Novell, PC-LAN	Markt& Technik	BG/B/D/DS/F RL/Rel	Nutzer können gleich-zeitig Daten editieren, Report erstellen, sortieren u. abfragen
Rbase System	IBM Token R. IBM PC Net 3COM, Novell	Microsoft	BG/B/D/DS RL/Rel	Datenübernahme in dBaseIII, Multiplan, Symphonie, Lotus 1-2-3 und Visicalc
Unicom-merz ML	Corvus, 3COM, IBM Token R. SK Net, Novell	Unicom-merz	BG/B/D/DS/F RL	mit nur 13 Befehlen programmierbar, 0,2 sec Zugriffszeit/Satz

Integrierte Pakete

Name	Netze	Hersteller	Eigenschaften	Bemerkungen
OCIS	SINEC, Ethernet, Token-R.	Siemens-Nixdorf	BG/B/D RL Rel/Hier	Office Communication & Information Services
Open Access II Net	IBM PC Net 3COM, Novell	SPI Soft-ware Products	BG/B/D/DS RL/Rel	Programmierb. Daten-bank, 3 D-Grafiken, Kalkulations-Modul, Word-Textprogramm
Smart	IBM PC Net AT&T, Starlan SK Net, 3COM	Organa	BG/B/D RL/Rel	Datenbank, Tabellen-kalkulation m. Grafik, Textverarbeitung

Kalkulations-Programme

Name	Netze	Hersteller	Eigenschaften	Bemerkungen
Multiplan 3.01	IBM PC Net IBM Token R. 3COM, Novell	Microsoft	BG/B/D/DS/F	File Locking, Anwahl der Druckerschnitt-stelle vom Programm aus
Super-calc 4 Version 1.1	IBM Token R. IBM PC Net 3COM, Novell	Computer Associat.	RL/Rel	Tabellenkalkulation mit Datenbank und Grafik

Textverarbeitungs-Programme

Elite (Wordcraft)	IBM Token R. PC-LAN, 3COM Novell	Midas	B/D Rel	mit integrierter frei definierbarer Datenbank, Bildverarbeitung, Rechnen im Text mögl.
LEX-86	Novell und alle mit DOS-Kommandos	Bacs GmbH	BG/B/D/DS/F RL	Textprogramm mit integrierter Datenbank
Multimate	IBM Token R. IBM Net 3COM Plus Novell	Ashton Tate	B	dBase-Dateien im sequent. Dateiformat für Multimate-Mischdruck nutzbar
Samna Word IV	IBM PC Net IBM Token R. AT&T, 3COM Starlan Novell, 3Plus	Samna GmbH		Formelverarbeitung, Integration von Grafiken, Rechtschreibprüfen
Samna Word IV Plus	wie Samna Word IV	Samna GmbH		zusätzlich zu Samna Word IV ist Tabellenkalkulation und Textrecherche integriert
Textstar 3.0	Ethernet IBM Token R. 3COM, Novell	Omnitex	RL/Rel/Hier	direkter Zugriff auf dBase III, Paßwortsch. auf versch. Ebenen
MS-Word 5.0	IBM Token R. Ethernet, Nov. 3COM, Corvus	Microsoft		Programm läuft im Netz wie die Einzelversionen
Word Perfect 5.1 Network	IBM PC Net 3COM, Novell	Word Perfect Software	B/D	für kommerzielle und wiss./techn. Aufgaben Nutzeroberfläche und Druckerunterstützung

Sonstige Programme

Daten-Expreß	IBM Token R. G-Net, Novell	Midas		DFÜ-Programm, bedient untersch. Modems
Scientex-Publisher	IBM Token R. PC-Net Comfonet Novell	Midas	BG/B/D	Text- und Desktop-Publishing-Programm für Satz, Layout und Montage aus Textver.

Paßwortschutz für: BG-Benutzergruppe, B-Benutzer, DS-Datensatz, D-Datei, F-Feld
RL-Record Locking; Datenmodell: Rel-relational, Hier-hierarchisch.